高等职业教育系列教材

供配电技术项目化教程

主编 李 荣
参编 陈 伟 穆亚东 杨 军
　　　徐志刚 张 维

机械工业出版社

本书按照"项目引导、任务驱动、教学做一体化"的原则编写。本书以项目为单元,其下设不同的任务,用于激发读者的学习兴趣;以应用为主线,将理论知识融入实践项目的任务中,体现项目化课程的特色与设计思想;项目任务的开发均结合实际工作情境,有利于岗位技能提升。

全书分6个项目,将供配电技术理论知识与工作任务进行了有机的组合与调整,内容涵盖供配电系统基础知识、供配电系统计算、一次设备的运行维护与选择、供配电系统的继电保护、二次回路与变电站自动化、防雷接地及电气安全。通过对本书的学习,读者能够熟悉供配电系统相关知识,掌握其运行维护、安装检修及设计等方面的基本技能,从而具备供配电系统的初步设计、安装和检修能力。

本书可作为高职高专电气类相关专业的教材,也可供电大、成教学院相关专业选用和工程技术人员参考。

本书配有电子课件,需要的教师可登录www.cmpedu.com免费注册,审核通过后下载,或联系编辑索取(微信:15910938545,电话:010-88379739)。

图书在版编目(CIP)数据

供配电技术项目化教程/李荣主编. —北京:机械工业出版社,2019.8(2024.1重印)
高等职业教育系列教材
ISBN 978-7-111-63396-9

Ⅰ.①供… Ⅱ.①李… Ⅲ.①供电系统-高等职业教育-教材②配电系统-高等职业教育-教材 Ⅳ.①TM72

中国版本图书馆CIP数据核字(2019)第170104号

机械工业出版社(北京市百万庄大街22号 邮政编码100037)
策划编辑:和庆娣 责任编辑:和庆娣 韩 静
责任校对:杜雨霏 责任印制:单爱军
北京虎彩文化传播有限公司印刷
2024年1月第1版第7次印刷
184mm×260mm・13.25印张・370千字
标准书号:ISBN 978-7-111-63396-9
定价:45.00元

电话服务 网络服务
客服电话:010-88361066 机 工 官 网:www.cmpbook.com
010-88379833 机 工 官 博:weibo.com/cmp1952
010-68326294 金 书 网:www.golden-book.com
封底无防伪标均为盗版 机工教育服务网:www.cmpedu.com

高等职业教育系列教材
电子类专业编委会成员名单

主　　任　　曹建林

副 主 任（按姓氏笔画排序）

　　　　　于宝明　王钧铭　任德齐　华永平　刘　松　孙　萍
　　　　　孙学耕　杨元挺　杨欣斌　吴元凯　吴雪纯　张中洲
　　　　　张福强　俞　宁　郭　勇　曹　毅　梁永生　董维佳
　　　　　蒋蒙安　程远东

委　　员（按姓氏笔画排序）

　　　　　丁慧洁　王卫兵　王树忠　王新新　牛百齐　吉雪峰
　　　　　朱小祥　庄海军　关景新　孙　刚　李菊芳　李朝林
　　　　　李福军　杨打生　杨国华　肖晓琳　何丽梅　余　华
　　　　　汪赵强　张静之　陈　良　陈子聪　陈东群　陈必群
　　　　　陈晓文　邵　瑛　季顺宁　郑志勇　赵航涛　赵新宽
　　　　　胡　钢　胡克满　闾立新　姚建永　聂开俊　贾正松
　　　　　夏玉果　夏西泉　高　波　高　健　郭　兵　郭雄艺
　　　　　陶亚雄　黄永定　黄瑞梅　章大钧　商红桃　彭　勇
　　　　　董春利　程智宾　曾晓宏　詹新生　廉亚因　蔡建军
　　　　　谭克清　戴红霞　魏　巍　瞿文影

秘 书 长　　胡毓坚

出版说明

《国家职业教育改革实施方案》(又称"职教20条")指出:到2022年,职业院校教学条件基本达标,一大批普通本科高等学校向应用型转变,建设50所高水平高等职业学校和150个骨干专业(群);建成覆盖大部分行业领域、具有国际先进水平的中国职业教育标准体系;从2019年开始,在职业院校、应用型本科高校启动"学历证书+若干职业技能等级证书"制度试点(即1+X证书制度试点)工作。在此背景下,机械工业出版社组织国内80余所职业院校(其中大部分院校入选"双高"计划)的院校领导和骨干教师展开专业和课程建设研讨,以适应新时代职业教育发展要求和教学需求为目标,规划并出版了"高等职业教育系列教材"丛书。

该系列教材以岗位需求为导向,涵盖计算机、电子、自动化和机电等专业,由院校和企业合作开发,多由具有丰富教学经验和实践经验的"双师型"教师编写,并邀请专家审定大纲和审读书稿,致力于打造充分适应新时代职业教育教学模式、满足职业院校教学改革和专业建设需求、体现工学结合特点的精品化教材。

归纳起来,本系列教材具有以下特点:

1) 充分体现规划性和系统性。系列教材由机械工业出版社发起,定期组织相关领域专家、院校领导、骨干教师和企业代表召开编委会年会和专业研讨会,在研究专业和课程建设的基础上,规划教材选题,审定教材大纲,组织人员编写,并经专家审核后出版。整个教材开发过程以质量为先,严谨高效,为建立高质量、高水平的专业教材体系奠定了基础。

2) 工学结合,围绕学生职业技能设计教材内容和编写形式。基础课程教材在保持扎实理论基础的同时,增加实训、习题、知识拓展以及立体化配套资源;专业课程教材突出理论和实践相统一,注重以企业真实生产项目、典型工作任务、案例等为载体组织教学单元,采用项目导向、任务驱动等编写模式,强调实践性。

3) 教材内容科学先进,教材编排展现力强。系列教材紧随技术和经济的发展而更新,及时将新知识、新技术、新工艺和新案例等引入教材;同时注重吸收最新的教学理念,并积极支持新专业的教材建设。教材编排注重图、文、表并茂,生动活泼,形式新颖;名称、名词、术语等均符合国家有关技术质量标准和规范。

4) 注重立体化资源建设。系列教材针对部分课程特点,力求通过随书二维码等形式,将教学视频、仿真动画、案例拓展、习题试卷及解答等教学资源融入教材中,使学生的学习课上课下相结合,为高素质技能型人才的培养提供更多的教学手段。

由于我国高等职业教育改革和发展的速度很快,加之我们的水平和经验有限,因此在教材的编写和出版过程中难免出现疏漏。恳请使用本系列教材的师生及时向我们反馈相关信息,以利于我们今后不断提高教材的出版质量,为广大师生提供更多、更适用的教材。

机械工业出版社

前言

供配电技术是高职高专电气及自动化类专业的一门专业课程，是理论与实际联系紧密、培养学生职业能力的核心课程。为适应高职院校项目化教学课程建设的要求，促进高职学生职业能力的提高，在经过充分的企业岗位调研，结合多年企业实际工作经验和教学成果的基础上编写了本书。本书在内容编写上力求通俗易懂，注重理论联系实际，突出能力培养；在内容选定方面做了一些新的尝试，紧跟供配电技术发展，增加了一些有实用价值、体现新技术方面的内容。书中项目任务的设置遵循"对接岗位、理实交融、能力递进"的原则，具有以下特点：

1. 理论知识通俗化。重构了"基于工作过程"的理论知识体系，将理论与实践生动地联系起来，以此激发学生的学习兴趣，强化知识理解，提升学习质量。

2. 教材课程任务化。采用"项目导向，任务驱动"的编写模式，使学生在完成任务的过程中逐步掌握供配电技术相关专业知识，熟悉供配电技术岗位工作任务。

3. 项目任务典型化。各项目任务均结合工厂情境，案例具有极强的代表性，符合企业岗位实际需求，有利于学生岗位技能提升。

本书编写时将供配电技术理论知识与工作任务进行了有机的组合与调整，内容共包括6个项目：项目1供配电系统，项目2负荷计算与短路电流计算，项目3供配电设备，项目4供配电系统的继电保护，项目5二次回路与变电站自动化，项目6防雷接地及电气安全。

本书由四川信息职业技术学院李荣任主编并编写项目1，同时完成对全书的统稿工作；四川信息职业技术学院陈伟编写项目2，穆亚东编写项目3，杨军编写项目4，徐志刚编写项目5，张维编写项目6。

由于编者水平有限，书中难免有疏漏之处，恳请读者批评指正。

编　者

目 录

出版说明
前 言
项目1 供配电系统 ·· 1
  1.1 任务1 认识供配电系统 ·· 1
    1.1.1 供配电系统概述 ·· 1
    1.1.2 电力系统的组成 ·· 1
    1.1.3 供配电系统 ··· 4
    1.1.4 电力系统基本要求 ··· 6
    1.1.5 变电站系统实训 ·· 9
    1.1.6 问题与思考 ··· 10
    1.1.7 任务总结 ·· 10
  1.2 任务2 供配电系统运行 ·· 12
    1.2.1 电力系统中性点运行方式 ··· 12
    1.2.2 电气主接线 ··· 16
    1.2.3 变配电所的运行管理 ··· 21
    1.2.4 供配电系统运行实训 ··· 23
    1.2.5 问题与思考 ··· 25
    1.2.6 任务总结 ·· 25
  1.3 习题 ·· 25
项目2 负荷计算与短路电流计算 ··· 27
  2.1 任务1 负荷计算与无功补偿 ·· 27
    2.1.1 供配电系统负荷计算 ··· 27
    2.1.2 用电设备容量的确定 ··· 27
    2.1.3 负荷曲线 ·· 29
    2.1.4 计算负荷的确定 ·· 31
    2.1.5 无功功率补偿 ·· 35
    2.1.6 尖峰电流的计算 ·· 36
    2.1.7 负荷计算实训 ·· 37
    2.1.8 无功补偿实训 ·· 39
    2.1.9 问题与思考 ··· 40
    2.1.10 任务总结 ··· 41
  2.2 任务2 短路电流计算 ··· 41
    2.2.1 短路概述 ·· 41
    2.2.2 无限大容量电力系统及其三相短路分析 ··· 43
    2.2.3 短路电流计算 ·· 45
    2.2.4 标幺值法计算短路电流实训 ·· 51
    2.2.5 问题与思考 ··· 53
    2.2.6 任务总结 ·· 53
  2.3 习题 ·· 53
项目3 供配电设备 ·· 55
  3.1 任务1 变压器、互感器的运行及选择 ·· 55

		3.1.1 电力变压器	55

- 3.1.1 电力变压器 55
- 3.1.2 互感器 62
- 3.1.3 三相变压器参数的测定 69
- 3.1.4 电测量仪表与互感器实训 71
- 3.1.5 问题与思考 73
- 3.1.6 任务总结 73

3.2 任务2 高低压开关设备 74
- 3.2.1 高低压开关电器 74
- 3.2.2 高低压成套配电装置 88
- 3.2.3 KYN28A-12型高压开关柜安装调试实训 94
- 3.2.4 问题与思考 97
- 3.2.5 任务总结 97

3.3 任务3 配电导线和电缆 97
- 3.3.1 电缆线路的结构与敷设 98
- 3.3.2 导线和电缆的选择 101
- 3.3.3 干包式终端头制作实训 105
- 3.3.4 问题与思考 107
- 3.3.5 任务总结 107

3.4 习题 108

项目4 供配电系统的继电保护 109

4.1 任务1 继电保护基本知识 109
- 4.1.1 继电保护装置的概念 109
- 4.1.2 继电保护装置的组成及常用保护继电器 110
- 4.1.3 保护装置的接线方式 115
- 4.1.4 电磁式电流、电压继电器特性实训 117
- 4.1.5 问题与思考 121
- 4.1.6 任务总结 121

4.2 任务2 供配电系统保护 121
- 4.2.1 高压配电的继电保护 121
- 4.2.2 电力变压器的继电保护 128
- 4.2.3 低压配电系统的保护 134
- 4.2.4 定时限过电流保护实训 137
- 4.2.5 反时限过电流保护实训 138
- 4.2.6 问题与思考 140
- 4.2.7 任务总结 140

4.3 习题 140

项目5 二次回路与变电站自动化 142

5.1 任务1 二次回路和自动装置 142
- 5.1.1 二次回路概述 142
- 5.1.2 操作电源 143
- 5.1.3 高压断路器控制回路 145
- 5.1.4 绝缘监测监视 148
- 5.1.5 二次回路安装接线图 149
- 5.1.6 自动重合闸装置 152
- 5.1.7 备用电源自动投入装置 154
- 5.1.8 高压断路器的控制与信号回路 156
- 5.1.9 供配电系统的备用电源自动投入实训 157

- 5.1.10 问题与思考 ······160
- 5.1.11 任务总结 ······160
- 5.2 任务2 变电站自动化 ······160
  - 5.2.1 概述 ······160
  - 5.2.2 变电所的微机保护 ······161
  - 5.2.3 变电所的微机监控系统 ······163
  - 5.2.4 变电站综合自动化系统实例 ······165
  - 5.2.5 微机保护装置参数整定及变电自动化实训 ······169
  - 5.2.6 问题与思考 ······176
  - 5.2.7 任务总结 ······176
- 5.3 习题 ······176

项目6 防雷接地及电气安全 ······178
- 6.1 过电压与雷电的防御 ······178
- 6.2 电气装置接地 ······185
- 6.3 静电及其防护 ······190
- 6.4 电气安全 ······192
- 6.5 接地电阻测试 ······195
- 6.6 问题与思考 ······198
- 6.7 任务总结 ······198
- 6.8 习题 ······198

附录 ······200
- 附录A 常用设备的需要系数、二项式系数及功率因数 ······200
- 附录B 绝缘导线和电缆的电阻、电抗值 ······201
- 附录C S9系列6~10kV级铜绕组低损耗电力变压器的技术数据 ······202
- 附录D 绝缘导线允许载流量 ······203

参考文献 ······204

项目1 供配电系统

供配电技术主要研究电能的供应和分配问题。本项目介绍供配电系统的基本知识,包括:电力系统的组成及基本要求,供配电系统的构成,电力系统的中性点运行方式,供配电系统主接线形式以及供配电运行管理等知识。通过学习和实训使学生对供配电系统有较全面的认识,为将来从事供配电工作奠定一定的基础。

1.1 任务1 认识供配电系统

【任务描述】 供配电系统基本知识包括:电力系统的概况及基本要求,供配电系统、变配电所的基本知识等。

【知识目标】 了解供配电技术的发展概况,正确理解电力系统的各个环节,掌握发电厂、变配电所、电力网的基本知识等。

【能力目标】 理解电力系统的概念、电力系统的基本要求和供电质量,正确理解变电所的作用、类型等。

1.1.1 供配电系统概述

电能是现代人们生产和生活的重要二次能源。电能有很多优点,它能转换成其他能量(机械能、热能、光能、化学能等);电能的输送、分配简单经济,便于控制、调节和测量,应用灵活。因此,电能在现代工农业生产及整个国民经济生活中得到了广泛应用。

回顾人类科学技术发展史,正是由于电能的应用才开启了工业电气化时代。电能的广泛使用使工业生产大大增加产量,提高产品质量,提高劳动生产率,降低生产成本,减轻工人的劳动强度,改善工人的劳动条件,实现生产过程自动化。但另一方面,电能的突然中断,则会对工业生产、人民生活、社会稳定造成严重影响。

工厂企业及人们生活所需要的电能,绝大多数是由公共电力系统供给的,为了切实保证生产和生活用电的需要,并做好节能工作,供配电工作必须达到以下基本要求:

1) 安全。在电能的供应、分配和使用中,不应发生人身事故和设备事故。
2) 可靠。应满足电能用户对供电可靠性及供电连续性的要求。
3) 优质。应满足电能用户对电压和频率等方面的质量要求。
4) 经济。应使供配电系统的投资少、运行费用低,并尽可能地节约电能和减少有色金属的消耗量。

此外,在供配电工作中,还应合理地处理局部与全局、当前与长远的关系。

1.1.2 电力系统的组成

电力系统是由发电厂、电力网和电能用户组成的一个发电、输电、变电、配电和用电的整体，如图 1-1 所示。电能的生产、输送、分配和使用的全过程，实际上是同时进行的，即发电厂任何时刻生产的电能等于该时刻用电设备消耗的电能与输送、分配中损耗的电能之和。

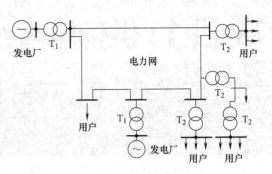

发电机生产电能，在发电机中机械能转化为电能；变压器、电力线路输送、分配电能；电动机、电灯、电炉等用电设备使用电能。在这些用电设备中，电能转化为机械能、光能、热能等。这些生产、输送、分配、使用电能的发电机、变压器、电力线路及各种用电设备联系在一起组成的统一整体，就是电力系统。

图 1-1 电力系统的组成

与电力系统相关联的还有"电力网络"和"动力系统"。电力网络或电网是指电力系统中除发电机和用电设备之外的部分，即电力系统中各级电压的电力线路及其联系的变配电所；动力系统是指电力系统加上发电厂的"动力部分"，所谓"动力部分"，包括水力发电厂的水库、水轮机，热力发电厂的锅炉、汽轮机、热力网和用电设备，以及核电厂的反应堆等。所以，电力网络是电力系统的一个组成部分，而电力系统又是动力系统的一个组成部分，这三者的关系如图 1-2 所示。

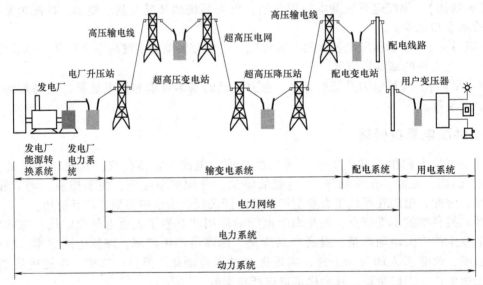

图 1-2 动力系统、电力系统、电力网络的关系示意图

1. 发电厂

发电厂是将自然界蕴藏的各种一次能源转换为电能（二次能源）的工厂。发电厂有很多类型，按其所利用的能源不同，分为火力发电厂、水力发电厂、核能发电厂以及风力、地热、太阳能、潮汐发电厂等类型。目前在我国接入电力系统的发电厂最主要的有火力发电厂和水力发电厂，以及核能发电厂（又称核电站）。

1) 水力发电厂，简称水电厂或水电站。它利用水流的位能来产生电能，主要由水库、水轮机和发电机组成。水库中的水具有一定的位能，经引水管道送入水轮机推动水轮机旋转，水轮机与发电机联轴，带动发电机转子一起转动发电。其能量转换过程是：水流位能→机械能→电能。图 1-3 所示为堤坝式水电厂生产过程示意图。

2) 火力发电厂，简称火电厂或火电站。它利用燃料的化学能来产生电能，其主要设备有

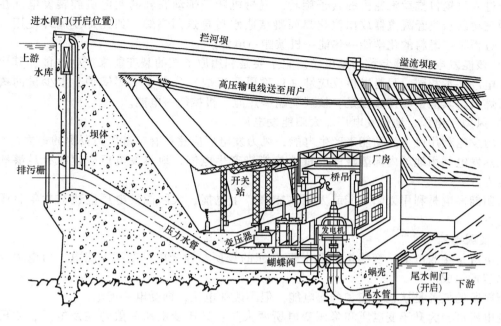

图 1-3 堤坝式水电厂生产过程示意图

锅炉、汽轮机、发电机。火力发电厂中的原动机可以是凝汽式汽轮机、燃气轮机或内燃机，我国大部分火力发电厂采用凝汽式汽轮发电机组。图 1-4 为凝汽式火力发电厂生产过程示意图，具体过程如下：首先通过燃烧加热锅炉中的水使之变成高温、高压蒸汽，过热蒸汽经主

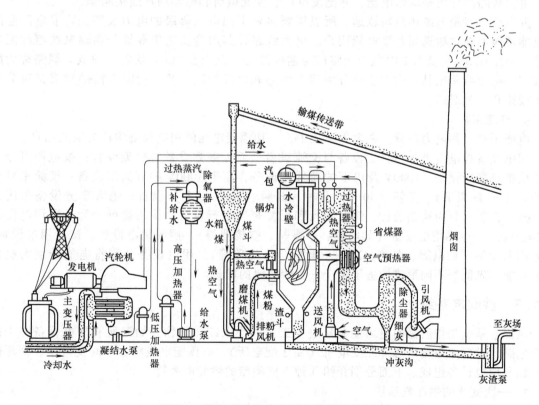

图 1-4 凝汽式火力发电厂生产过程示意图

蒸汽管进入汽轮机推动汽轮机的转子旋转，汽轮机转子带动联轴的发电机旋转发电。在汽轮机内做完功的蒸汽经凝汽器放出汽化热而凝结成水后再送回锅炉，如此重复循环使用。其能量转换过程是：燃料的化学能→热能→机械能→电能。

3) 核能发电厂，通常称为核电站。它主要是利用原子核的裂变能来产生电能，其生产过程与火电厂基本相同，只是以核反应堆（俗称原子锅炉）代替了燃煤锅炉，以少量的核燃料代替了煤炭。其能量转换过程是：核裂变能→热能→机械能→电能。

4) 风力发电厂、地热发电厂、太阳能发电厂。

风力发电利用风力的动能来产生电能，风力发电厂应建在有丰富风力资源的地方。

地热发电利用地球内部蕴藏的大量地热能来产生电能，地热发电厂应建在有足够地热资源的地方。

太阳能发电是利用太阳光能或太阳热能来产生电能，太阳能发电厂应建在常年日照时间长的地方。

2. 变配电所

变电所是接收电能、变换电压和分配电能的场所，即受电—变压—配电，由电力变压器和配电装置组成。

配电所的任务是接收电能和分配电能，但不改变电压，即受电—配电。

变电所可分为升压变电所和降压变电所两大类：升压变电所一般建在发电厂，主要任务是将低电压变换为高电压；降压变电所一般建在靠近负荷中心的地点，主要任务是将高电压变换到一个合理的电压等级。降压变电所根据其在电力系统中的地位和作用不同，又分为枢纽变电站、地区变电所和工业企业变电所等。

3. 电力线路

电力线路的作用是输送电能，并把发电厂、变配电所和电能用户连接起来。

发电厂一般距电能用户均较远，所以需要多种不同电压等级的电力线路，将发电厂生产的电能源源不断地输送到各级电能用户。电力线路按其用途及电压等级分为输电线路和配电线路。电压在35kV及以上的电力线路称为输电线路，电压在10kV及以下的电力线路称为配电线路。电力线路按其架设方法可分为架空线路和电缆线路，按其传输电流的种类又可分为交流线路和直流线路。

4. 电能用户

电能用户又称电力负荷。在电力系统中，一切消费电能的用电设备均称为电能用户。

用电设备按电流可分为直流设备与交流设备，而大多数设备为交流设备；按电压可分为低压设备与高压设备，1000V及以下的属低压设备，高于1000V的属高压设备；按频率可分为低频（50Hz以下）、工频（50Hz）及中、高频（50Hz以上）设备，绝大部分设备采用工频；按工作制可分为连续运行、短时运行和反复短时运行设备；按用途可分为动力用电设备（如电动机）、电热用电设备（如电炉、干燥箱、空调器等）、照明用电设备、试验用电设备、工艺用电设备（如电解、电镀、冶炼、电焊、热处理等）。用电设备分别将电能转换为机械能、热能和光能等不同形式的适于生产、生活需要的能量。

1.1.3 供配电系统

供配电系统是指所需的电力能源从进入工厂、小区或建筑物开始到所有用电设备终端的整个电路。供配电系统由总降压变电所（高压配电所）、高压配电线路、车间变电所、低压配电线路及用电设备组成。下面分别介绍几种不同类型的供配电系统。

1. 一次变压的供配电系统

（1）只有一个变电所的一次变压系统

对于用电量较少的小型工厂或生活区，通常只设一个将6~10kV电压降为380/220V电压的变电所，这种变电所通常称为车间变电所。图1-5a所示为装有一台电力变压器的车间变电所，图1-5b所示为装有两台电力变压器的车间变电所。

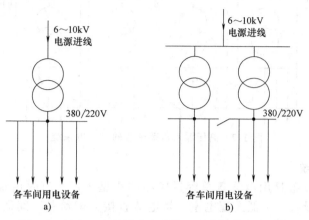

图1-5 只有一个降压变电所的一次变压供配电系统
a）装有一台电力变压器的车间变电所 b）装有两台电力变压器的车间变电所

（2）具有高压配电所的一次变压供配电系统

一般中、小型工厂多采用6~10kV电源进线，经高压配电所将电能分配给各个车间变电所，由车间变电所再将6~10kV电压降至380/220V，供低压用电设备使用；同时，高压用电设备直接由高压配电所的6~10kV母线供电，如图1-6所示。

（3）高压深入负荷中心的一次变压供配电系统

某些中、小型工厂，如果本地电源电压为35kV，且工厂的各种条件允许时，可直接采用35kV作为配电电压，将35kV线路直接引入靠近负荷中心的工厂车间变电所，再由车间变电所一次变压为380/220V，供低压用电设备使用。图1-7所示的这种高压深入负荷中心的一次变压供配电方式，可节省一级中间变压，从而简

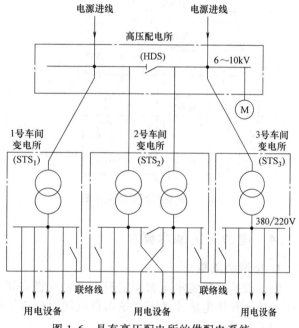

图1-6 具有高压配电所的供配电系统

化了供配电系统，节约了有色金属，降低了电能损耗和电压损耗，提高了供电质量，而且有利于工厂电力负荷的发展。

2. 二次变压的供配电系统

大型工厂和某些电力负荷较大的中型工厂，一般采用具有总降压变电所的二次变压供配电系统，如图1-8所示。该供配电系统一般采用35~110kV电源进线，先经过工厂总降压变电所，将35~110kV的电源电压降至6~10kV，然后经过高压配电线路将电能送到各车间变电所，再将6~10kV的电压降至380/220V，供低压用电设备使用；高压用电设备则直接由总降压变电所的6~10kV母线供电。这种供配电方式称为二次变压的供配电方式。

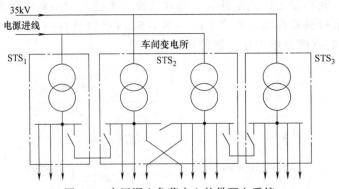

图1-7 高压深入负荷中心的供配电系统

3. 低压供配电系统

某些无高压用电设备且用电设备总容量较小的小型工厂，有时也直接采用380/220V低压。电源进线侧只需设置一个低压配电室，将电能直接分配给各车间低压用电设备使用，如图1-9所示。

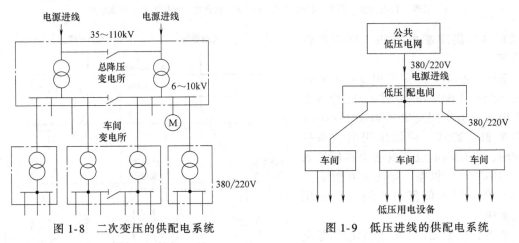

图1-8 二次变压的供配电系统　　　　图1-9 低压进线的供配电系统

1.1.4 电力系统基本要求

1. 电能的质量

电气设备的额定电压和额定频率是电气设备正常工作并获得最佳经济效益的条件。因此电压、频率和供电的连续可靠是衡量电能质量的基本参数。

（1）电压

额定电压是指用电设备处在最佳运行状态的工作电压。当施加于用电设备两端的电压与用电设备的额定电压差别较大时，将对用电设备产生较大危害。对电动机而言，当电压降低时，其转矩急剧减小，使得转速降低，甚至停转，从而导致产生废品，甚至引起重大事故。用电设备除对供电电压的高低有要求之外，还要考虑供电电压波形畸变的问题。

1）电压偏移。电压偏移是指用电设备端电压 U 与用电设备额定电压 U_N 差值与 U_N 的百分比，即

$$\Delta U = \frac{U - U_N}{U_N} \times 100\% \tag{1-1}$$

电压偏移是由于供电系统改变运行方式或电力负荷缓慢变化等因素引起的，其变化相对

缓慢。我国规定，正常情况下，用电设备端子处电压偏移的允许值为：
- 电动机：±5%。
- 照明灯：一般场所±5%；在视觉要求较高的场所+5%、-2.5%。
- 其他用电设备：无特殊规定时±5%。

2）电压调整。为了减小电压偏移，保证用电设备在最佳状态下运行，供电系统必须采取相应的电压调整措施，即：

① 合理选择变压器的电压分接头或采用有载调压型变压器，使之在负荷变动的情况下有效地调节电压，保证用电设备端电压的稳定。

② 合理地减少供电系统的阻抗以降低电压损耗，从而缩小电压偏移范围。

③ 尽量使系统的三相负荷均衡以减小电压偏移。

④ 合理地改变供电系统的运行方式以调整电压偏移。

⑤ 采用无功功率补偿装置提高功率因数降低电压损耗，缩小电压偏移范围。

3）波形畸变。近年来，随着硅整流、晶闸管变流设备、微机、网络和各种非线性负荷的使用增加，致使大量谐波电流注入电网，造成电压正弦波波形畸变，使电能质量大大下降，给供电设备及用电设备带来严重危害，不仅使损耗增加，还使某些用电设备不能正常运行，甚至可能引起系统谐振，从而在线路上产生过电压，击穿线路设备绝缘；还可能造成系统的继电保护和自动装置发生误动作；并对附近的通信设备和线路产生干扰。

（2）频率

我国采用的工业频率（简称工频）为50Hz。当电网低于额定频率运行时，所有电力用户的电动机转速都将相应降低，因而工厂的产量和质量都将不同程度受到影响。频率的变化还将影响到计算机、自控装置等设备的准确性。电网频率的变化对供配电系统运行的稳定性影响很大，因而对频率的要求比对电压的要求更严格，频率的变化范围一般不应超过±0.5Hz。

（3）可靠性

供电的可靠性是衡量供配电质量的一个重要指标，有的把它列在质量指标的首位。衡量供配电可靠性的指标，一般以全年平均供电时间占全年时间的百分数来表示，例如，全年时间为8760小时，用户全年平均停电时间87.6小时，即停电时间占全年的1%，则供电可靠性为99%。

2. 电力系统额定电压

由于三相功率 S 和线电压 U、线电流 I 之间的关系为 $S=\sqrt{3}UI$，所以在输送功率一定时，输电电压越高，输电电流越小，从而可减少线路上的电能损失和电压损失，同时又可减小导线截面积，节约有色金属。而对于某一截面积的线缆，当输电电压越高时，其输送功率越大，输送距离越远；但是电压越高，绝缘材料所需的投资也相应增加，因而对应一定输送功率和输送距离，均有相应技术上的合理输电电压等级。同时，还要考虑设备制造的标准化、系列化等因素，因此电力系统额定电压的等级也不宜过多。

按照国家标准 GB/T 156—2017《标准电压》规定，我国三相交流电网、发电机和电力变压器的额定电压见表1-1。

表1-1 三相交流电网、发电机和电力变压器的额定电压

分类	电网和用电设备额定电压/kV	发电机额定电压/kV	电力变压器额定电压/kV	
			一次绕组	二次绕组
低压	0.38 0.66	0.40 0.69	0.38 0.66	0.40 0.69

(续)

分类	电网和用电设备额定电压/kV	发电机额定电压/kV	电力变压器额定电压/kV	
			一次绕组	二次绕组
高压	3	3.15	3 及 3.15	3.15 及 3.3
	6	6.3	6 及 6.3	6.3 及 6.6
	10	10.5	10 及 10.5	10.5 及 11
	—	13.8,15.75,18,20	13.8,15.75,18,20	—
	35	—	35	38.5
	66	—	66	72.6
	110	—	110	121
	220	—	220	242
	330	—	330	363
	500	—	500	550

(1) 用电设备的额定电压

用电设备的额定电压和电网的额定电压是一致的。由于用电设备运行时要在线路上引起电压损耗，造成电力线路上产生电压损耗，从而使线路上各点的电压略有不同，如图 1-10 的虚线所示。但成批生产的用电设备，其额定电压不可能按使用地点的实际电压来制造，而只能按线路首端与末端的平均电压即电力线路的额定电压来制造。所以用电设备的额定电压规定与同级电力线路的额定电压相同。

(2) 电力线路的额定电压

电力线路（或电网）的额定电压等级是国家根据国民经济发展的需要及电力工业的水平，经全面技术经济分析后确定的。它是确定各类用电设备额定电压的基本依据。对于同一电压的线路，一般允许电压偏差是±5%，即整个允许有 10% 的电压损耗。因此，为保证线路首端与末端电压平均值为额定电压值，线路首端应比电网的额定电压高 5%，如图 1-10 所示。

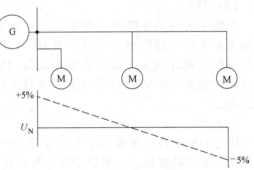

图 1-10 用电设备和发电机的额定电压

(3) 发电机的额定电压

由于电力线路允许的电压损耗为±5%，即整个线路允许有 10% 的电压损耗，因此为了维护线路首端与末端平均电压的额定值，规定发电机的额定电压高于同级线路额定电压 5%，用以补偿线路上的电压损耗，如图 1-10 所示。

(4) 电力变压器的额定电压

1) 电力变压器一次绕组的额定电压。有以下两种情况：

① 当电力变压器直接与发电机相连时，如图 1-11 中的变压器 T_1，则其一次绕组的额定电压应与发电机额定电压相同，即高于同级线路额定电压 5%。

② 当变压器不与发电机相连，而是连接在线路上时，如图 1-11 中的变压器 T_2，则可将变压器看作是线路上的用电设备，因此其一次绕组的额定电压应与线路额定电压相同。

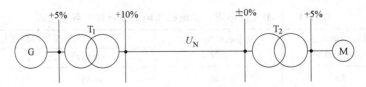

图 1-11 电力变压器一、二次额定电压说明图

2) 变压器二次绕组的额定电压。变压器二次绕组的额定电压,是指变压器一次绕组接上额定电压而二次绕组开路时的电压,即空载电压。而变压器在满载运行时,二次绕组内约有5%的阻抗电压降。因此分两种情况讨论:

① 如果变压器二次侧供电线路很长(例如较大容量的高压线路),则变压器二次绕组额定电压,一方面要考虑补偿变压器二次绕组本身5%的阻抗电压降,另一方面还要考虑变压器满载时输出的二次电压要满足线路首端应高于线路额定电压的5%,以补偿线路上的电压损耗。所以,变压器二次绕组的额定电压要比线路额定电压高10%,如图1-11中变压器T_1。

② 如果变压器二次侧供电线路不长(例如为低压线路或直接供电给高、低压用电设备的线路),则变压器二次绕组的额定电压只需高于其所接线路额定电压5%,即仅考虑补偿变压器内部5%的阻抗电压降,如图1-11中变压器T_2。

3. 供配电系统配电电压的选择

(1) 高压配电电压的选择

目前,我国电力系统中,220kV及以上电压等级多用于大型电力系统的主干线;110kV电压既用于中、小型电力系统的主干线,也用于大型电力系统的二次网络;35kV电压则多用于电力系统的二次网络或大型工厂的内部供电网络;一般工厂内部多采用6~10kV的高压配电电压。从技术经济指标来看,最好采用10kV。由于同样的输送功率和输送距离条件下,配电电压越高,线路电流越小,因而线路所采用的导线或电缆截面积越小,从而可减少线路的初投资和金属消耗量,且可减少线路的电能损耗和电压损耗。而从适应发展来说,10kV更优于6kV。由表1-2所列的各级电压电力线路合理的输送功率和输送距离可以看出,采用10kV电压较之采用6kV电压更能适应发展,输送功率更大,输送距离更远。但如果工厂拥有相当数量的6kV用电设备,或者供电电源的电压就是6kV,则可考虑采用6kV电压作为工厂的高压配电电压。

表1-2 各级电压电力线路合理的输送功率和输送距离

线路电压/kV	线路结构	输送功率/kW	输送距离/km
0.38	架空线	≤100	≤0.25
0.38	电缆线	≤175	≤0.35
6	架空线	≤1000	≤10
6	电缆线	≤3000	≤8
10	架空线	≤2000	5~20
10	电缆线	≤5000	≤10
35	架空线	2000~10000	20~50
66	架空线	3500~30000	30~100
110	架空线	10000~50000	50~150
220	架空线	100000~500000	200~300

(2) 低压配电电压的选择

供电系统的低压配电电压主要取决于低压用电设备的电压,通常采用380/220V。其中线电压380V接三相动力设备,相电压220V供电给照明及其他220V的单相设备。对于容易发生触电或有易燃易爆物品的个别车间或场所,可考虑采用220/127V作为工厂的低电配电电压。但某些场合宜采用660V甚至更高的1140V(只用于矿井下)作为低压配电电压。例如矿井下,因负荷中心往往离变电所较远,所以为保证负荷端的电压水平而采用比380V更高的配电电压。

1.1.5 变电站系统实训

1. 实训目的

1) 了解电力系统、电力网、供配电系统的基本知识。

2) 了解变配电所的选址、布置、结构及运行管理。

2. 实训准备

1）实训地点：学校变电所、配电房、数控实训车间。
2）实训设备：高、低压配电柜（箱）、电力变压器（10/0.4kV）、箱式变电站。
3）实训材料：绝缘手套、高低压验电器、安全帽等。

3. 实训内容及要求

1）完成中心变配电室设备布置及高压配电系统接线。
图1-12是学校10/0.4kV的中心变配电室布置方案及10kV高压主接线图。
2）完成系统图识读及演示操作。

1.1.6 问题与思考

1）学校配电系统由哪些部分组成？各有何特点？
2）根据学校电力负荷性质要求，配电系统应如何满足可靠性要求？

1.1.7 任务总结

电力系统是由发电厂、电力网和电能用户组成的一个发电、输电、变电、配电和用电的整体。供电是指电力用户所需电能的供应和分配问题。对供电的基本要求是：安全、可靠、优质、经济。供配电系统由总降压变电所（或高压配电所）、高压配电线路、车间变电所、低压配电线路及用电设备组成。变电所的任务是接收电能、变换电压和分配电能；配电所的任务是接收电能和分配电能。

大、中型工厂和电力用户，一般采用35~110kV电源进线，并拥有总降压变电所进行二次变压的供电系统。一般中型工厂和电力用户，多采用6~10kV电源进线，经高压配电所将电能分配给各车间变电所进行一次变压的供电系统；在条件允许时，也采用将35kV电源进线直接引入负荷中心，进行一次变压的供电系统。某些无高压用电设备且总用电容量较小的小

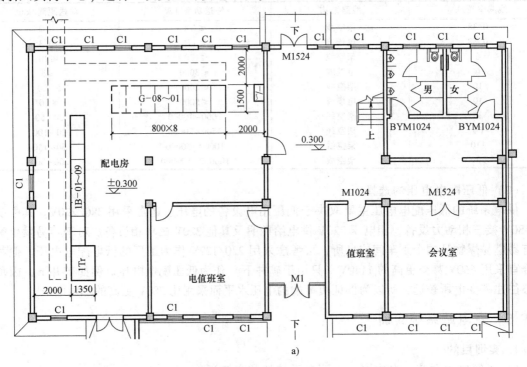

a)

图1-12 学校10/0.4kV中心变配电室布置方案及10kV高压主接线图
a) 10/0.4kV中心变配电室布置方案示意图

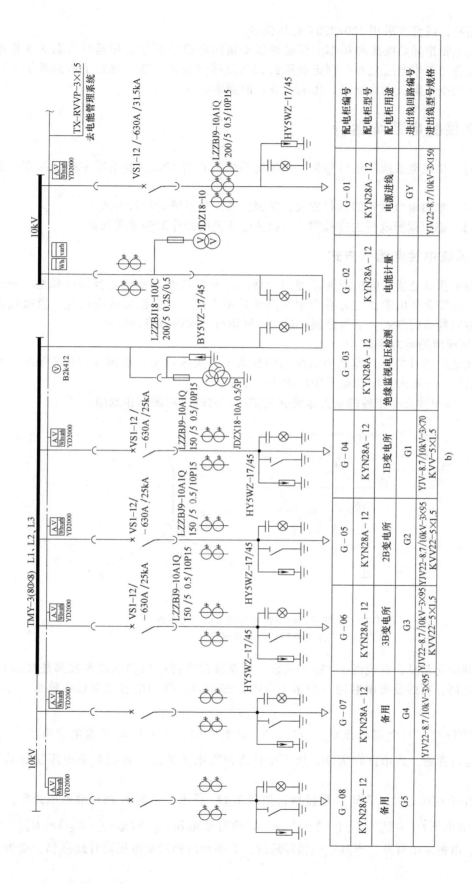

图 1-12 学校 10/0.4kV 中心变配电室布置方案及 10kV 高压主接线图（续）
b) 中心配电室 10kV 主接线图

型工厂和电力用户,可直接采用 380/220V 低压供电。

供电质量的主要指标是电压和频率。额定电压是指用电设备处于最佳运行状态的工作电压。一般用电设备的工作电压允许在额定电压的±5%范围内变动。我国规定了电力系统各环节（发电机、电力变压器,电力线路、用电设备）的额定电压。

1.2 任务2 供配电系统运行

【任务描述】 供配电系统的运行包括:供配电系统的运行方式、变电所主接线及变电所的运行管理等。

【知识目标】 掌握电力系统的运行方式,掌握低压配电系统的运行方式。

【能力目标】 能识读变电所主接线图,掌握变电所倒闸操作的步骤等技能。

1.2.1 电力系统中性点运行方式

电力系统的中性点是指发电机或变压器的中性点。考虑到电力系统运行的可靠性、安全性、经济性及人身安全等因素,电力系统中性点常采用不接地、经消弧线圈接地、直接接地和经低电阻接地四种运行方式。下面分别讲述这几种运行方式的特点和应用。

1. 中性点不接地的电力系统

中性点不接地的运行方式,即电力系统的中性点不与大地相接。我国 3~66kV 系统,特别是 3~10kV 系统,一般采用中性点不接地的运行方式。

图 1-13 是电源中性点不接地的电力系统在正常运行时的电路图和相量图。

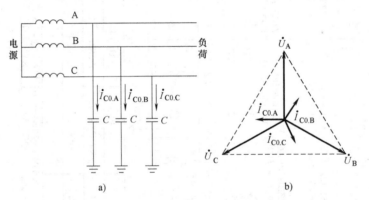

图 1-13 正常运行时中性点不接地的电力系统
a) 电路图 b) 相量图

为讨论问题简化起见,假设图 1-13a 中所示三相系统的电源电压和电路参数都是对称的,而且将相与地之间存在的分布电容用一个集中电容 C 来表示,线间电容电流数值较小,可不考虑。

系统正常运行时,三个相电压 $\dot{U}_A$、$\dot{U}_B$、$\dot{U}_C$ 是对称的,三个相的对地电容电流 $\dot{I}_{C0.A}$、$\dot{I}_{C0.B}$、$\dot{I}_{C0.C}$ 也是对称的,其相量和为零,所以中性点没有电流流过,各相对地电压就是其相电压。

当系统发生单相接地时,例如 C 相接地,如图 1-14a 所示,这时 C 相对地电压为零,非接地相 A 相对地电压 $\dot{U}'_A = \dot{U}_A + (-\dot{U}_C) = \dot{U}_{AC}$,B 相对地电压 $\dot{U}'_B = \dot{U}_B + (-\dot{U}_C) = \dot{U}_{BC}$,如图 1-14b 所示。由相量图可见,当其中一相接地时,非接地两相对地电压均升高 $\sqrt{3}$ 倍,变为线

电压。而且,该两相对地电容电流 I_{C0} 也相应地增大 $\sqrt{3}$ 倍。

当 C 相接地时,系统的接地电流(电容电流)为非接地两相对地电容电流之和。因此

$$-\dot{I}_C = \dot{I}_{C.A} + \dot{I}_{C.B} \tag{1-2}$$

由图 1-14b 的相量图可知,$\dot{I}_C$ 在相位上正好超前 $\dot{U}_C$ 90°;而在量值上,由于 $I_C = \sqrt{3} I_{C.A}$,而 $I_{C.A} = U'_A / X_C = \sqrt{3} U_A / X_C = \sqrt{3} I_{C0}$,因此

$$I_C = 3 I_{C0} \tag{1-3}$$

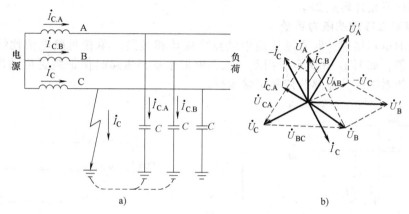

图 1-14 单相接地时的中性点不接地系统
a)电路图 b)相量图

即单相接地的电容电流为正常运行时每相对地电容电流的 3 倍。

由于线路对地的电容 C 不好准确确定,因此 I_{C0} 和 I_C 也不好根据 C 来精确计算。通常采用下列经验公式来确定中性点不接地系统的单相接地电容电流,即

$$I_C = \frac{U_N (l_{oh} + 35 l_{cab})}{350} \tag{1-4}$$

式中,I_C 为系统的单相接地电容电流(A);U_N 为系统的额定电压(kV);l_{oh} 为同一电压 U_N 具有电气联系的架空线路总长度(km);l_{cab} 为同一电压的具有电气联系的电缆线路(cable line)总长度(km)。

必须指出:这种单相接地状态不允许长时间运行,因为如果另一相又发生接地故障,就形成两相接地短路,产生很大的短路电流,从而损坏线路及其用电设备;此外,较大的单相接地电容电流会在接地点引起电弧,形成间歇电弧过电压,威胁电力系统的安全运行。因此,我国电力规程规定,中性点不接地的电力系统发生单相接地故障时,单相接地运行时间不应超过 2h。

中性点不接地系统一般都装有单相接地保护装置或绝缘监测装置,在系统发生接地故障时,会及时发出警报,提醒工作人员尽快排除故障;同时,在可能的情况下,应把负荷转移到备用线路上去。

2. 中性点经消弧线圈接地的电力系统

在中性点不接地系统中,当单相接地电流超过规定数值时(3~10kV 系统中,接地电流大于 30A,20kV 及以上系统中接地电流大于 10A 时),将产生断续电弧,从而在线路上引起危险的过电压,因此须采用经消弧线圈接地的措施来减小这一接地电流,以熄灭电弧,避免过电压的产生。这种接地方式称为中性点经消弧线圈接地方式,如图 1-15 所示。

在正常情况下,三相系统是对称的,中性点电流为零,消弧线圈中没有电流通过。

当系统发生单相接地时，流过接地点的电流是接地电容电流 $\dot{i}_C$ 与流过消弧线圈的电感电流 $\dot{i}_L$ 之和。由于 $\dot{i}_C$ 超前 $\dot{U}_C$ 90°，而 $\dot{i}_L$ 滞后 $\dot{U}_C$ 90°，所以 $\dot{i}_L$ 与 $\dot{i}_C$ 在接地点互相补偿。如果消弧线圈电感选用合适，会使接地电流减到小于发生电弧的最小生弧电流时，电弧就不会发生，从而也不会产生过电压。

中性点经消弧线圈接地系统，与中性点不接地系统一样，当发生单相接地故障时，接地相电压为零，三个线电压不变，其他两相电压也将升高 $\sqrt{3}$ 倍。因此，发生单相接地故障时的运行时间也同样不允许超过 2h。

3. 中性点直接接地的电力系统

这种系统的单相接地，即通过接地中性点形成单相短路，单相短路电流比线路的正常负荷电流大许多倍，如图 1-16 所示。因此，在系统发生单相短路时保护装置应动作于跳闸，切除短路故障，使系统的其他部分恢复正常运行。

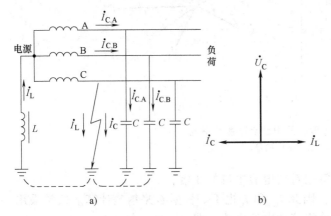
图 1-15　单相接地时的中性点经消弧线圈接地系统
a）电路图　b）相量图

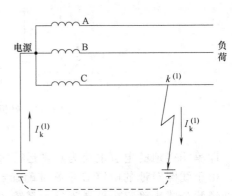
图 1-16　单相接地时的中性点直接接地系统

中性点直接接地的系统发生单相接地时，其他两完好相的对地电压不会升高，这与上述中性点不直接接地的系统不同，因此，凡中性点直接接地的系统中的供电设备的绝缘只需按相电压考虑，而无须按线电压考虑。这对 110kV 以上的超高压系统是很有经济技术价值的。高压电器的绝缘问题是影响电器设计和制造的关键问题。电器绝缘要求的降低，直接降低了电器的造价，同时改善了电器的性能。目前我国 110kV 以上电力网均采用中性点直接接地方式。

4. 中性点经低电阻接地的电力系统

近年来，随着 10kV 配电系统的应用不断扩大，特别是现代化大、中型城市在电网改造中大量采用电缆线路，致使接地电容电流增大。因此，即使采用中性点经消弧线圈接地的方式也无法完全在发生接地故障时熄灭电弧；而间歇性电弧及谐振引起的过电压会损坏供配电设备和线路，从而导致供电的中断。

为了解决上述问题，我国一些大城市的 10kV 系统采用了中性点经低电阻接地的方式。经低电阻接地接近于中性点直接接地的运行方式，在系统发生单相接地时，保护装置会迅速动作，切除故障线路，通过备用电源的自动投入，使系统的其他部分恢复正常运行。

电力系统的中性点运行方式，是一个涉及面很广的问题。它对于供电可靠性、过电压、绝缘配合、短路电流、继电保护、系统稳定性以及对弱电系统的干扰等诸方面都有不同程度的影响，特别是在系统发生单相接地故障时，有明显的影响。因此，电力系统的中性点运行方式，应依据国家的有关规定，并根据实际情况而确定。

5. 380/220V 低压配电系统

我国 380/220V 低压配电系统也采用中性点直接接地方式，而且电气装置的外露可导电部分通过中性线（N 线）、保护线（PE 线）或保护中性线（PEN 线）接到此接地点，这样的系统称为 TN 系统。

中性线（N 线）的作用：一是用来接相电压为 220V 的单相用电设备；二是用来传导三相系统中的不平衡电流和单相电流；三是减少负载中性点的电压偏移。

保护线（PE 线）的作用是保障人身安全，防止触电事故发生。在 TN 系统中，当用电设备发生单相接地故障时，就形成单相短路，使线路过电流保护装置动作，迅速切除故障部分，从而防止人身触电。

(1) TN 系统

TN 系统可因其 N 线和 PE 线的不同组合情况，分为 TN-C 系统、TN-S 系统和 TN-C-S 系统，如图 1-17 所示。

1) TN-C 系统。这种系统的 N 线和 PE 线合用一根导线 PEN 线，所有设备外露可导电部分（如金属外壳等）均与 PEN 线相连，如图 1-17a 所示。保护中性线（PEN 线）兼有中性线（N 线）和保护线（PE 线）的功能，当三相负荷不平衡或接有单相用电设备时，PEN 线上均有电流通过。

这种系统一般能够满足供电可靠性的要求，而且投资较省，节约有色金属，过去在我国低压配电系统中应用最为普遍。但是当 PEN 断线时，可使设备外露可导电部分带电，对人有触电危险。所以，现在在安全要求较高的场所和要求抗电磁干扰的场所均不允许采用该系统。

2) TN-S 系统。这种系统的 N 线和 PE 线是分开的，所有设备的外露可导电部分均与公共 PE 线相连，如图 1-17b 所示。这种系统的特点是公共 PE 线在正常情况下没有电流通过，因此不会对接在 PE 线上的其他用电设备产生电磁干扰。此外，由于其 N 线与 PE 线分开，因此其 N 线即使断线也并不影响接在 PE 线上的用电设备的安全。该系统多用于环境条件较差、对安全可靠性要求较高及用电设备对抗电磁干扰要求较严的场所。

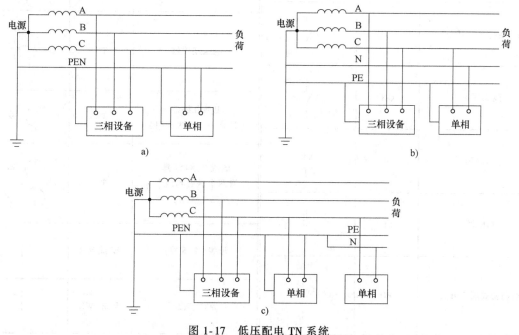

图 1-17 低压配电 TN 系统
a) TN-C 系统　b) TN-S 系统　c) TN-C-S 系统

3) TN-C-S 系统。这种系统前一部分为 TN-C 系统，后一部分为 TN-S 系统（或部分为 TN-S 系统），如图1-17c所示。它兼有 TN-C 系统和 TN-S 系统的优点，常用于配电系统末端环境条件较差且要求无电磁干扰的数据处理或具有精密检测装置等设备的场所。

（2）TT 系统

系统中性点直接接地，设备外壳单独接地。该系统适用于安全要求及对抗电磁干扰要求较高的场所。GB 50096—2011《住宅设计规范》规定：住宅供电系统应采用 TT、TN-S 接地方式。

（3）IT 系统

系统中性点不接地，或经高阻抗（约1000Ω）接地。主要用于对连续供电要求较高及有易燃易爆危险的场所，特别是矿山、井下等场所的供电。

1.2.2 电气主接线

1. 电气主接线图

变配电所的主接线是供配电系统中为实现电能输送和分配的一种电气接线，对应的接线图叫主接线图，或主电路图，又称一次电路图、一次接线图。电力系统是三相系统，通常电气主接线图采用单线来表示三相系统，使之更简单、清楚和直观（常用电气设备和导线的符号见表1-3）。

表1-3 常用电气设备和导线的图形符号和文字符号

电气设备名称	文字符号	图形符号	电气设备名称	文字符号	图形符号
刀开关	QK		熔断器式负荷开关	FDL	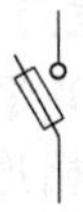
熔断器式刀开关	QKF	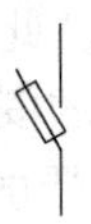	阀式避雷器	F	
断路器(自动开关)	QF		电压互感器	TV	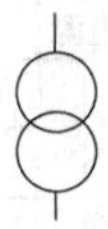
隔离开关	QN	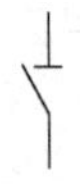	电流互感器（具有一个二次绕组）	TA	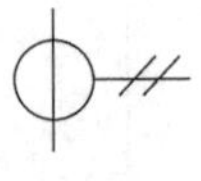
负荷开关	QL		电流互感器(具有两个铁心和两个二次绕组)	TA	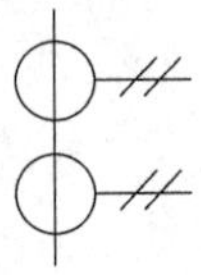
熔断器	FU		母线(汇流排)	W 或 WB	
熔断器式隔离开关	FD	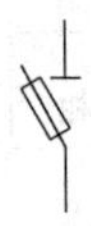	导线、线路	W 或 WL	

(续)

电气设备名称	文字符号	图形符号	电气设备名称	文字符号	图形符号
电缆及其终端头			双绕组变压器	T	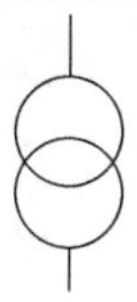
交流发电机	G		三绕组变压器	T	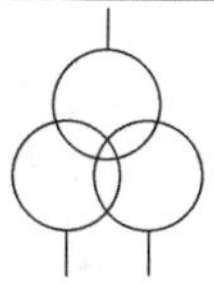
交流电动机	M				
自耦变压器	T		电抗器	L	
			电容器	C	
三相变压器 （星形-三角形联结）	T	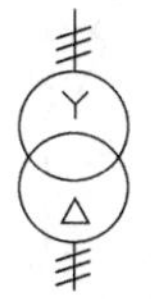	三相导线		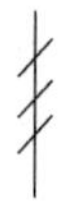

主接线图根据其作用的不同，有两种形式：系统式主接线图和装置式主接线图。

其中，按照电能输送和分配的顺序、用规定的电气符号和文字说明来表示和安排其主要电气设备相互连接关系的主接线图为系统式主接线图。这种图能全面系统地反映主接线中电力电能的传输过程，即相对电气连接关系，但不能反映电路中各电气设备和成套设备之间的相互排列位置（即实际位置）；它一般在运行和教材中使用，如变配电所运行值班用的模拟电路盘上就用它模拟演示供配电系统的运行状况，或用来分析、计算和选择电气设备等。

而装置式主接线图是按照高、低压成套配电装置之间的相互连接和排列位置绘制的主接线图。在装置式主接线图中，各成套配电装置的内部设备和接线及各成套配电装置之间的相互连接和排列位置一目了然，因此这种图多用作施工图，便于配电装置的采购和安装施工。

图 1-18 和图 1-19 分别表示同一个户外成套变电所的系统式主接线图和装置式主接线图。

2. 变配电所常用主接线类型和特点

变配电所常用主接线按其基本形式可分为四种类型：线路-变压器组单元接线、单母线接线、双母线接线和桥式接线。

（1）线路-变压器组单元接线

在变配电所中，当只有一路电源进线和一台变压器时，可采用线路-变压器组单元接线，如图 1-20 所示。

根据变压器高压侧情况的不同，也可以装设图 1-20 中右侧三种不同的开关电器组合。当电源侧继电保护装置能保护变压器且灵敏度满足要求时，变压器高压侧可只装设隔离开关；当变压器高压侧短路容量不超过高压熔断器的断流容量，而又允许采用高压熔断器保护变压器时，变压器高压侧可装设跌落式熔断器或带熔断器负荷开关。在一般情况下，在变压器高压侧装设隔离开关和断路器。

当高压侧装设负荷开关时，变压器容量不得大于 1250kV·A；高压侧装设隔离开关或跌落式熔断器时，变压器容量一般不得大于 630kV·A。

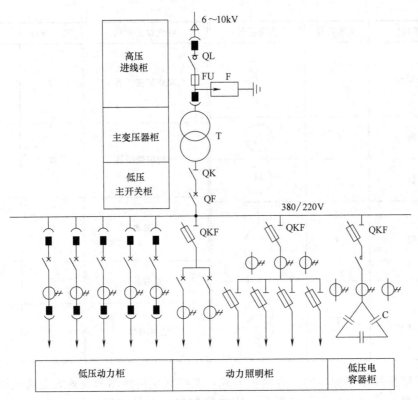

图 1-18 系统式主接线图

T—主变压器 QL—负荷开关 FU—熔断器 F—阀式避雷器
QK—低压刀开关 QF—断路器 QKF—熔断器式刀开关

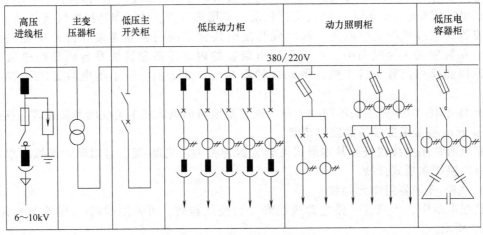

图 1-19 装置式主接线图

这种接线的优点是接线简单,所用电气设备少,配电装置简单,节约了建设投资;缺点为该线路中任一设备发生故障或检修时,变电所将全部停电,供电可靠性不高。它适用于小容量三级负荷、小型工厂或非生产性用户。

(2) 单母线接线

母线又称汇流排,是用来汇集、分配电能的硬导线,文字符号为 W 或 WB。设置母线可方便地把多路电源进线和出线通过电气开关连接在一起,提高供电的可靠性和灵活性。

单母线接线分为单母线不分段接线、单母线分段接线和单母线带旁路接线三种类型。

1) 单母线不分段接线。当只有一路电源进线时,常用这种接线方式,如图1-21a所示。其每路进线和出线中都配有一组开关电器。断路器用于通断正常的负荷电流,并能切断短路电流。靠近母线侧的称为母线隔离开关,用于隔离母线电源和检修断路器;靠近线路侧的称为线路侧隔离开关,用于防止在检修断路器时从用户侧反向送电和防止雷电过电压沿线路侵入,保证维修人员安全。

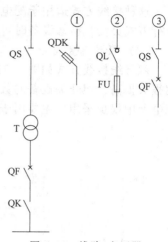

图1-20 线路-变压器组单元接线方案

这种接线的优点是接线简单清晰,使用设备少,投资低,比较经济,发生误操作的可能性较小;缺点是可靠性和灵活性差,当母线或母线侧隔离开关发生故障或进行检修时,必须断开所有回路及供电电源,从而造成全部用户供电中断。

这种接线适用于对供电可靠性和连续性要求不高的中、小型三级负荷用户,或有备用电源的二级负荷用户。

2) 单母线分段接线。当有双电源供电时,常采用高压侧单母线分段接线,如图1-21b、c所示。

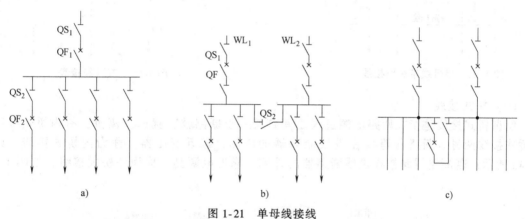

图1-21 单母线接线
a) 单母线不分段 b) 单母线分段(隔离开关分段) c) 单母线分段(断路器分段)

分段开关可采用隔离开关或断路器;母线可分段运行,也可不分段运行。

当采用隔离开关分段时(图1-21b),如需对母线或母线隔离开关检修,可将分段隔离开关断开后分段进行检修。当母线发生故障时,经短时间倒闸操作将故障段切除,非故障段仍可继续运行,只有故障段所接用户停电。该接线方式的供电可靠性和灵活性较高,可给二、三级负荷供电。

若用断路器分段(图1-21c),除仍可分段检修母线或母线隔离开关外,还可在母线或母线隔离开关发生故障时,母线分段断路器和进线断路器能同时自动断开,以保证非故障部分连续供电。这种接线方式的供电可靠性高,运行方式灵活。除母线故障或检修外,可对用户连续供电。但接线复杂,使用设备多,投资大。它适用于有两路电源进线、装设了备用电源自动投入装置、分段断路器可自动投入及出线回路数较多的变配电所,可给一、二级负荷供电。

3) 单母线带旁路接线。单母线带旁路接线方式如图1-22所示,增加了一条母线和一组联络用开关电器,增加了多个线路侧隔离开关。

这种接线方式适用于配电线路较多、负载性质较重要的主变电所或高压配电所。该接线运行方式灵活，检修设备时可以利用旁路母线供电，可减少停电次数，提高了供电的可靠性。

(3) 双母线接线

双母线接线方式如图 1-23 所示。其中的两段母线可互为备用，运行可靠性和灵活性都得到很大提高，但开关设备的数量大大增加，从而其投资较大。因此双母线接线在中、小型变配电所中很少采用，主要用于负荷大且重要的变电站等场所。

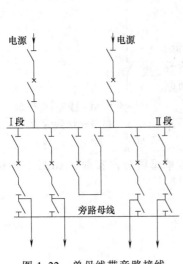

图 1-22 单母线带旁路接线

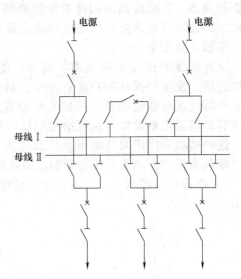

图 1-23 双母线接线

(4) 桥式接线

所谓桥式接线是指在两路电源进线之间跨接一个断路器，犹如一座桥，有内桥式接线和外桥式接线两种。断路器跨接在进线断路器的内侧，靠近变压器，称为内桥式接线，如图 1-24a 所示；若断路器跨接在进线断路器的外侧，靠近电源侧，称为外桥式接线，如图 1-24b 所示。

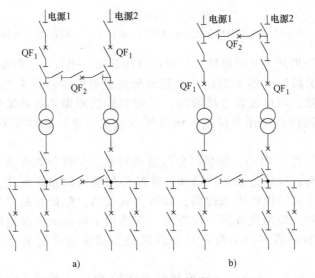

图 1-24 桥式接线

a) 内桥式接线 b) 外桥式接线

桥式接线的特点：

1）接线简单。高压侧无母线，没有多余设备。

2）经济。由于不需设母线，4个回路只用了3个断路器，省去了1~2个断路器，节约了投资。

3）可靠性高。无论哪条回路故障或检修，均可通过倒闸操作迅速切除该回路，不致使二次侧母线长时间停电。

4）安全。每个断路器两侧均装有隔离开关，可形成明显的断开点，以保证设备安全检修。

5）灵活。操作灵活，能适应多种运行方式。

例如，图1-24将QF_2和二次侧的分段断路器闭合，可使两台变压器并列运行。将QF_2和二次侧分段断路器都断开，则两台变压器就独立工作，并互为备用。因此桥式接线既能适应单电源双回路供电方式，又能适应双电源的两端供电方式。

因此，桥式接线的供电可靠性高，运行灵活性好，适用于一、二级负荷。其中内桥式接线多用于电源线路较长、因而发生故障和检修的可能性就较多，但变电所的变压器不需要经常切换的35kV及以上总降压变电所；而外桥式接线适用于电源线路较短、而变电所的变压器需经常进行切换操作以适应昼夜负荷变化大，需经济运行的总降压变电所；当一次电源线路采用环形接线时也易于采用此接线。

1.2.3 变配电所的运行管理

1. 变配电所送电和停电操作

（1）变配电所送电操作顺序

拉开线路端接地刀闸或拆除接地线，先合电源侧的隔离开关或刀开关，再合线路侧隔离开关或刀开关，最后合高压或低压断路器，即从电源侧开关到线路侧开关，这样可使闭合电流最小，比较安全。

（2）变配电所停电操作顺序

拉开高压或低压断路器，拉开线路侧的隔离开关或刀开关，拉开电源侧隔离开关或刀开关，在线路上可能来电端合上接地刀闸或挂接接地线，即从线路侧开关到电源侧开关，这样可使开断电流最小，比较安全。

2. 变配电所倒闸操作

电气设备通常有运行、备用及检修三种状态。由于进行周期性检查、试验、处理故障等，需要通过操作断路器、隔离开关等电气设备改变运行状态。把电气设备由一种运行状态转变为另一种运行状态所进行的操作称为倒闸操作。

1）倒闸操作需要接收主管人员的预发命令。

2）倒闸操作需要填写操作票。值班人员需要根据主管人员的预发命令，核对模拟图及实际设备，然后在操作票上逐项填写操作项目。

3）操作前，操作人员和监护人应先在模拟图板上进行模拟预演，检查无误后再进行设备操作。

4）倒闸操作必须由两人执行，应由对设备较熟悉的人来进行监护。操作人在操作前要穿戴好安全用具。

5）发生人身触电事故时，可不经许可直接断电。

现以某66/10kV工厂变电所主接线图（图1-25）为例，说明停电倒闸操作票填写方法。WL_1停电，检修101断路器，倒闸操作票填写见表1-4。

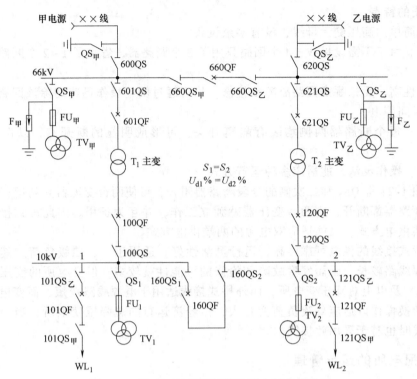

图 1-25 某 66/10kV 工厂变电所电气主接线图

表 1-4 变电所倒闸操作票（编号：04-05）

操作开始时间：2018 年 3 月 10 日 9 时 10 分； 结束时间：2018 年 3 月 10 日 9 时 30 分

操作任务：10kV Ⅰ 段 WL_1 线路停电

1	拉开 WL_1 线路 101 断路器
2	检查 WL_1 线路 101 断路器确定在开位，开关盘表计指示正确（0A）
3	取下 WL_1 线路 101 断路器操作直流熔断器
4	拉开 WL_1 线路 101 甲刀开关
5	检查 WL_1 线路 101 甲刀开关确实在开位
6	拉开 WL_1 线路 101 乙刀开关
7	检查 WL_1 线路 101 乙刀开关确实在开位
8	停用 101 线路保护跳闸压板
9	在 WL_1 线路 101 断路器至 101 乙刀开关间进行三相验电确无电压
10	在 WL_1 线路 101 断路器至 101 乙刀开关间装设 1 号接地线一组
11	在 WL_1 线路 101 断路器至 101 甲刀开关间进行三相验电确无电压
12	在 WL_1 线路 101 断路器至 101 甲刀开关间装设 2 号接地线一组
13	全面检查
	以下空白
备注	

操作人： 监护人： 值班长：

101 断路器检修完毕后，恢复 WL_1 线路送电的操作与 WL_1 线路停电操作顺序相反，只是恢复送电操作票的第 1 项是"收回工作票",第 2 项是"检查 WL_1 线路上 101 断路器、101 甲刀开关间、2 号接地线一组和 WL_1 线路上的 101 断路器、101 乙刀开关间、1 号接地线一组确定已拆除",或者"检查 1 号、2 号接地线,共两组确定已拆除",而从第 3 项开始按停电操作票的相反顺序填写。

3. 变电所的操作管理

变电所电气设备的正常运行是保证变配电所安全、经济运行的关键。通过对变电所电气设备的运行维护,能够及时发现设备运行中出现的异常情况、缺陷及故障,及时采取相应措施来防止事故发生与扩大,保证变电所安全可靠地运行。

(1) 变电所的值班方式

必须设人值班的变电所有 35kV 及以上的变电所、6~10kV 供电的区域变电所和带有一级负荷的变电所,应实行双人三班轮换的值班方式。带有一级负荷的变电所,变配电容量如果小于 500kV·A,应 24 小时有人值班。

可无人值班的变配电所包括:6~10kV 供电的专用且无高压配电线路的变配电所;没有一级负荷的变配电所;低压供电变配电容量较小,发生事故时不会严重影响正常生产、生活用电,而且较易恢复的变配电所。

(2) 变电所的操作管理制度

建立并加强岗位责任制,交接班制度,停送电制度,要害场所管理制度,干部查岗制度,停电申请票、工作票、操作票、命令票制度,设备管理制度,缺陷管理制度,巡视检查制度,安全活动制度,业务学习制度,操作规程,事故处理规程,电业安全工作规程,变电运行规程等与变配电所运行相关的管理制度和调度管理规程。

(3) 变配电所的巡视检查方式

1) 定期巡视。值班人员每天按现场运行规程规定的时间、项目,对变电所的设备和周围的环境定期巡视。对必须设人值班的变配电所应每日巡视一次,每周夜间巡视一次。对 35kV 及以上供电的变配电所双人三班轮换值班时,要求每班巡视一次。对无人值班的变电所应在每周高峰负荷时段巡视一次,夜间巡视一次。

2) 特殊巡视。当设备过负荷、负荷变化显著、设备检修、设备停运后重新投入运行或遇到恶劣天气时进行巡视。

3) 夜间巡视。在负荷高峰期和阴雨天的夜间进行巡视,以便及时发现节点过热、冒火花或绝缘子的污秽放电等现象。

1.2.4 供配电系统运行实训

1. 实训目的

1) 了解供配电系统中供电网络的线路结构。
2) 熟悉供配电系统中供电网络的典型供电线路形式。

2. 实训准备

1) 实训地点:供配电技术实训室。
2) 实训设备:THSPGC-1A 型供配电综合自动化系统实训装置。

3. 实训内容及要求

根据供配电系统的特点,为了保障用户设备的安全,应根据用电负荷的性质和大小、外部电源情况,确定电源的回路数,保证供电可靠。除了具有外部电网的可靠电源外,还应有备用的柴油发电机组,作为应急电源,备用发电机组的容量要保证全部一级负荷和部分二级负荷供电(主要保证消防设备和事故照明装置供电)。

实训采用双回路电源同时供电,并设有自备电源系统(均由市电模拟),高低压侧均采用单母线分段运行方式，供电可靠性高，适用于负荷大、高压出线回路少的用户。系统网络装置的一次系统主接线图如图 1-26 所示。

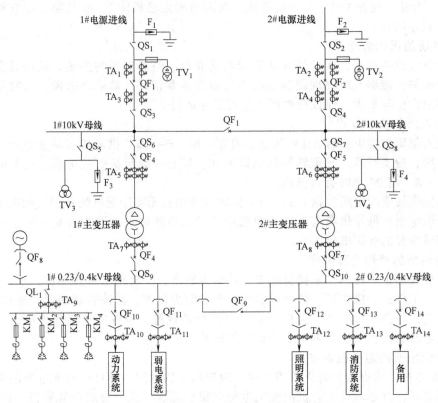

图 1-26　THSPGC-1A 型供配电实训主接线图

4. 实训步骤

（1）打开一次系统屏右侧门上的控制电源

将实训台左侧"控制电源"断路器（俗称空气开关）向上扳至"ON"。

（2）打开电源总开关电源

将实训台左侧"总电源"断路器向上扳至"ON"。

（3）供电运行

将屏右侧的启动按钮按下，这时整个系统已经带电。将隔离开关 QS_1、QS_2、QS_3、QS_4 旋至竖直位置，同时带灯长柄选择开关指示灯亮，即隔离开关已合上；按下断路器 QF_1、QF_2 的红色矩形按钮，同时红色矩形带灯按钮亮，绿色矩形带灯按钮灭，即断路器 QF_1、QF_2 合闸，观察 1#、2# 10kV 母线的电压表显示应为 10kV 左右。

（4）供电线路结构变化

将隔离开关 QS_1、QS_2、QS_3、QS_4 旋至竖直位置，同时带灯长柄选择开关指示灯亮，即隔离开关已合上；按下断路器 QF_1、QF_3 的红色矩形按钮，同时红色矩形带灯按钮亮，绿色矩形带灯按钮灭，即断路器 QF_1、QF_3 合闸，观察 1#、2# 10kV 母线的电压指示。

将隔离开关 QS_1、QS_2、QS_3、QS_4 旋至竖直位置，同时带灯长柄选择开关指示灯亮，即隔离开关已合上；按下断路器 QF_2、QF_3 的红色矩形按钮，同时红色矩形带灯按钮亮，绿色矩形带灯按钮灭，即断路器 QF_2、QF_3 合闸，观察 1#、2# 10kV 母线的电压指示。

（5）供电线路运行闭锁控制

将断路器 QF_1、QF_2 旋至合闸，合闸 QF_3，观察能否合上，并分析原因。

将断路器 QF_1、QF_3 旋至合闸,合闸 QF_2,观察能否合上,并分析原因。

将断路器 QF_2、QF_3 旋至合闸,合闸 QF_1,观察能否合上,并分析原因。

1.2.5 问题与思考

1) 比较两路独立电源和一路电源供电在供电范围和可靠性方面的区别。
2) 说明变压器高压侧采取单母线分段方式的优缺点。
3) 根据实训过程的现象,分析供电线路各种运行状态下的特点。

1.2.6 任务总结

电力系统的中性点通常采用不接地、经消弧线圈接地、直接接地和经低电阻接地四种运行方式。前两种系统发生单相接地时,三个线电压不变,但会使非接地相对地电压升高$\sqrt{3}$倍,因此,规定带接地故障运行不得超过两小时。中性点直接接地系统发生单相接地时,则构成单相对地短路,引起保护装置动作跳闸,切除接地故障。我国 6~10kV 电力网和部分 35kV 电力网采用中性点不接地方式;110kV 以上电力网和 380/220V 低压电网均采用中性点直接接地方式;20kV 及以上系统中单相接地电流大于 10A 及 3~10kV 电力网中单相接地电流大于 30A 时,其中性点均采用经消弧线圈接地方式;一些大城市的 10kV 系统采用经低电阻接地方式。

低压配电的 380/220V 三相四线制系统,通常接成 TN 系统。因其 N 线和 PE 线的不同形式,又可分为 TN-C、TN-S、TN-C-S 三种系统。

变配电所的主接线基本要求是安全、可靠、灵活、经济。变电所常用的主接线基本形式有四种:线路—变压器组单元接线、单母线接线、双母线接线和桥式接线。这四种类型各有优缺点,可根据供电要求和实际情况灵活选择。

电气设备通常有三种状态,分别为运行、备用(包括冷备用及热备用)、检修。电气设备由于周期性检查、试验或处理事故等原因,需操作断路器、隔离开关等电气设备来改变电气设备的运行状态,这种将设备由一种状态转变为另一种状态的过程叫作倒闸,所进行的操作叫倒闸操作。倒闸操作是电气值班人员及电工的一项经常性的重要工作,操作人员在进行倒闸操作时,必须具备高度的责任心,严格执行有关规章制度。

1.3 习题

1-1 对于供配电工作有哪些基本要求?

1-2 供电系统包括哪些范围?变电所和配电所各自的任务是什么?

1-3 什么叫电力系统和电力网?什么叫动力系统?

1-4 什么叫电力负荷?

1-5 表征电能质量的指标是什么?我国采用的工频是什么?一般要求的频率偏差为多少?电压质量包括哪些内容?

1-6 我国规定的三相交流电网额定电压有哪些等级?电力变压器的额定一次电压为什么有的高于供电电网额定电压 5%,有的又等于供电电网额定电压?电力变压器的额定二次电压为什么有的高于其二次电网额定电压 10%,有的又只高于其二次电网额定电压 5%?

1-7 什么叫电压偏差?电压偏差对电气设备运行有什么影响?如何进行电压调整?

1-8 高低压配电电压各如何选择?最常用的高压和低压配电电压各为多少?

1-9 为什么工厂的高压配电电压大多采用 10kV?在什么情况下,可采用 6kV 为高压配电电压?

1-10 三相交流电力系统的电源中性点有哪些运行方式?中性点不直接接地的电力系统

与中性点直接接地的电力系统在发生单相接地时各有什么不同特点？

1-11 单相接地故障在什么情况下会形成短路？其短路电流性质如何？在什么情况下不会形成短路？其故障电流性质如何？

1-12 低压配电系统中的中性线（N线）、保护线（PE线）和保护中性线（PEN线）各有哪些功能？TN-C系统、TN-S系统、TN-C-S系统各有什么特点？

1-13 常见的典型电气主接线方式包括哪些？单母线分段接线有何特点？

1-14 10kV/0.4kV变电所的电气主接线有哪些形式？各适用于什么场合？

1-15 与单母线接线相比，双母线接线有何优点？双母线带旁路母线的接线方式是否很普遍？

1-16 只装有一台主变压器的小型变配电所，有哪四种比较典型的接线方案？

1-17 内桥式接线和外桥式接线各适用于哪些电压等级及场合？

项目2 负荷计算与短路电流计算

供电负荷大小是确定供配电系统设备容量的基础参数，系统故障短路电流对系统设备安全稳定运行有直接影响，是保障供配电系统安全可靠运行必不可少的环节。项目内容包括：供配电系统负荷的计算，无功补偿计算、短路电流计算以及尖峰电流计算等。通过学习使学生巩固和加深供配电系统的认识和理解，培养独立分析、解决实际问题的能力。

2.1 任务1 负荷计算与无功补偿

【任务描述】 供配电系统的负荷计算包括：中、小型电力负荷的分级及有关概念，常用的计算负荷确定方法，尖峰电流的计算。

【知识目标】 掌握用电设备的工作制及负荷曲线；掌握确定用电设备计算负荷的计算方法。

【能力目标】 学会计算或估算工厂电力负荷的大小；了解无功补偿的方法。

2.1.1 供配电系统负荷计算

"电力负荷"也称电力负载，它既可以指用电设备或用电单位，也可以指用电设备或用电单位的功率或电流的大小。掌握工厂电力负荷的基本概念，准确地确定工厂的计算负荷是正确选择供配电系统中导线、电缆、开关电器、变压器等的基础，也是保障供配电系统安全可靠运行必不可少的环节。

供配电系统进行电力设计的基本原始资料是用户提供的用电设备安装容量，这种原始资料首先要变成设计所需要的计算负荷（计算负荷是根据已知用电设备安装容量确定的、预期不变的最大假想负荷），然后根据计算负荷选择校验供配电系统的电气设备、导线型号，确定变压器的容量，制定改善功率因数的措施，选择及整定保护设备等。因此，计算负荷是供配电设计计算的基本依据。计算负荷的确定是否合理，将直接影响到电气设备和导线电缆的选择是否经济合理。若计算负荷估算过高，将增加供配电设备的容量，造成投资和有色金属的浪费；若计算负荷估算过低，设计出的供配电系统的线路和电气设备承受不了实际的负荷电流，使电能损耗增大，使用寿命降低，从而影响到系统正常可靠运行。

2.1.2 用电设备容量的确定

1. 用电设备的工作制

用电设备按照工作制可分为三类：长期（连续）工作制、短时工作制和断续周期工作制（反复短时工作制）。

(1) 长期工作制设备：能长期连续运行，每次连续工作时间超过8小时，而且运行时负荷比较稳定，如通风机、水泵、空压机、电热设备、照明设备、电镀设备、运输机等，都是典型的长期工作制设备。机床电动机的负荷虽然变动较大，但也属于长期工作制设备。

(2) 短时工作制设备：工作时间较短，而间歇时间相对较长，如有些机床上的辅助电动机。

(3) 断续周期工作制设备：工作具有周期性，时而工作时而停歇，反复运行，工作周期一般不超过10min，如吊车用电动机、电焊设备、电梯等，通常这类设备的工作特点用负荷持续率来表征。将一个工作周期内的工作时间与整个工作周期的百分比称为负荷持续率（暂载率）ε。

$$\varepsilon = \frac{t}{t+t_0} \times 100\% \tag{2-1}$$

式中，t 为工作时间；t_0 为停歇时间。

起重机电动机的标准暂载率有 15%、25%、40%、60% 四种，电焊设备的标准暂载率有 50%、65%、75%、100% 四种。

2. 设备容量的确定

用电设备的铭牌上都有一个"额定功率"，用 P_N 表示。由于各用电设备的额定工作条件不同，例如有的是长期工作制，有的是短时工作制。因此这些铭牌上规定的额定功率不能直接相加来作为全厂的电力负荷，而必须首先换算成同一工作制下的额定功率，然后才能相加。经过换算至统一规定的工作制下的"额定功率"称为设备容量，用 P_e 表示。

(1) 长期工作制和短时工作制的设备容量

长期工作制和短时工作制的设备容量就是设备的铭牌额定功率，即

$$P_e = P_N \tag{2-2}$$

(2) 断续周期工作制的设备容量

断续周期工作制的设备容量是将某负荷持续率下的铭牌额定功率换算到统一的负荷持续率下的功率。常用设备的换算方法如下：

1) 电焊设备：要求统一换算到 $\varepsilon = 100\%$ 时的功率，即

$$P_e = \sqrt{\frac{\varepsilon_N}{\varepsilon_{100}}} P_N = \sqrt{\varepsilon_N} S_N \cos\varphi_N \tag{2-3}$$

式中，P_N 为电焊机的铭牌额定有功功率；S_N 为铭牌额定视在功率；ε_N 为与铭牌额定容量对应的负荷持续率（计算中用小数）；ε_{100} 为其值是100%的负荷持续率（计算中用1）；$\cos\varphi_N$ 为铭牌规定的功率因数。

2) 起重机（吊车）电动机：要求统一换算到 $\varepsilon = 25\%$ 时的额定功率，即

$$P_e = \sqrt{\frac{\varepsilon_N}{\varepsilon_{25}}} P_N = 2P_N\sqrt{\varepsilon_N} \tag{2-4}$$

式中，P_N 为起重机的铭牌额定有功功率；ε_{25} 为其值是25%的负荷持续率（用0.25计算）。

【例2-1】 某小批量生产车间380V线路上接有金属切削机床12台（其中12kW的4台，10.5kW的6台，5kW的2台），车间有电焊机3台（每台容量为20kV·A，$\varepsilon = 65\%$，$\cos\varphi_N = 0.5$），吊车1台（7.5kW，$\varepsilon = 25\%$），试计算此车间的设备容量。

解：① 金属切削机床的设备容量。金属切削机床属于长期连续工作制设备，所以12台金属切削机床总容量为

$$P_{e1} = \sum P_{ei} = (4 \times 12 + 6 \times 10.5 + 2 \times 5)\text{kW} = 121\text{kW}$$

② 电焊机的设备容量。电焊机属于断续周期工作制设备，它的设备容量应统一换算到100%，所以3台电焊机的设备容量为

$$P_{e2} = 3 \times S_N \sqrt{\varepsilon_N} \cos\varphi_N = 3 \times 20 \times \sqrt{0.65} \times 0.5\text{kW} \approx 24.2\text{kW}$$

③ 吊车的设备容量。吊车属于断续周期工作制设备，它的设备容量应统一换算到 25%，所以 1 台吊车的设备容量为

$$P_{e3} = P_N \sqrt{\frac{\varepsilon_N}{\varepsilon_{25}}} = P_N = 7.5\text{kW}$$

④ 车间的设备总容量为

$$P_e = (121 + 24.2 + 7.5)\text{kW} = 152.7\text{kW}$$

2.1.3 负荷曲线

1. 负荷曲线

负荷曲线是表征电力负荷随时间变动情况的一种图形，可以直观地反映用户用电的特点和规律。负荷曲线绘制在直角坐标上，纵坐标表示负荷大小（有功功率、无功功率），横坐标表示对应的时间。

负荷曲线按负荷的功率性质不同，分为有功负荷曲线和无功负荷曲线；按时间单位的不同，分为日负荷曲线和年负荷曲线；按负荷对象不同，分为全厂的、车间的或某类设备的负荷曲线；按绘制方式不同，可分为依点连成的负荷曲线和阶梯形负荷曲线。

（1）日有功负荷曲线

日有功负荷曲线代表负荷在一昼夜间（0~24h）的变化情况，如图 2-1 所示。

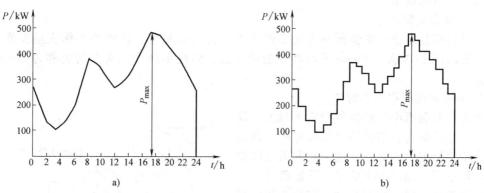

图 2-1 日有功负荷曲线
a）折线形负荷曲线 b）阶梯形负荷曲线

日有功负荷曲线可用测量的方法绘制。绘制的方法是：通过接在供电线路上的有功功率表，每隔一定的时间间隔（一般为半小时）将仪表读数的平均值记录下来；再依次将这些点描绘在坐标纸上。这些点连成折线形状的是折线形，如图 2-1a 所示；连成阶梯形状的是阶梯形，如图 2-1b 所示。为计算方便，负荷曲线多绘成阶梯形。其时间间隔取得越短，曲线越能反映负荷的实际变化情况。日负荷曲线与横坐标所包围的面积代表全日所消耗的电能量。

（2）年负荷曲线

年负荷曲线反映负荷全年（8760h）的变动情况，如图 2-2 所示。

年负荷曲线又分为年运行负荷曲线和年持续负荷曲线。年运行负荷曲线可根据全年日负荷曲线间接绘制；年持续负荷曲线的绘制，要借助一年中有代表性的冬季日负荷曲线和夏季日负荷曲线来绘制。通常用年持续负荷曲线来表示年负荷曲线，绘制方法如图 2-2 所示。其中夏季和冬季在全年中占的天数视地理位置和气温情况而定。一般在北方，近似认为冬季 200 天，夏季 165 天；在南方，近似认为冬季 165 天，夏季 200 天。图 2-2 是南方某厂的年负荷曲线，图中 P_1 在年负荷曲线上所占的时间计算为 $T_1 = 200t_1 + 165t_2$。

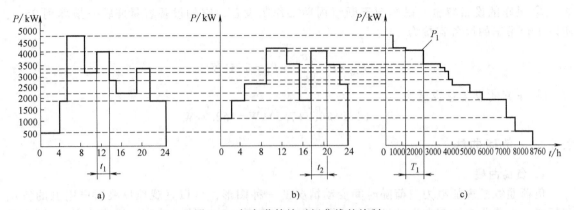

图 2-2 年负荷持续时间曲线的绘制
a) 夏季日负荷曲线 b) 冬季日负荷曲线 c) 年负荷持续时间曲线

2. 与负荷曲线有关的参数

分析负荷曲线可以了解负荷变动的规律,对供配电设计人员来说,可从中获得一些对设计、运行有用的资料;对工厂运行来说,可合理地、有计划地安排车间、班次或大容量设备的用电时间,降低负荷高峰,填补负荷低谷,这种"削峰填谷"的办法可使负荷曲线比较平坦,从而达到节电效果。

(1) 年最大负荷 P_{max}

年最大负荷是指全年中负荷最大的工作班内 (为防偶然性,这样的工作班至少要在负荷最大的月份出现 2~3 次) 30min 平均功率的最大值,因此年最大负荷有时也称为 30min 最大负荷 P_{30}。

(2) 年最大负荷利用小时 T_{max}

年最大负荷利用小时是指负荷以年最大负荷持续运行一段时间后,消耗的电能恰好等于该电力负荷全年实际消耗的电能,这段时间就是年最大负荷利用小时,如图 2-3 所示,阴影部分即为全年实际消耗的电能。如果以 W_a 表示全年实际消耗的电能,则有:

$$T_{max} = \frac{W_a}{P_{max}} \qquad (2-5)$$

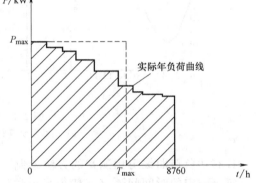

图 2-3 年最大负荷和年最大负荷利用小时

T_{max} 是反映工厂负荷是否均匀的一个重要参数。该值越大,则负荷越平稳。如果年最大负荷利用小时数为 8760h,说明负荷常年不变(实际不太可能)。T_{max} 与工厂的生产班制也有较大关系,例如一班制工厂,T_{max} 为 1800~3000h;两班制工厂,T_{max} 为 3500~4800h;三班制工厂,T_{max} 为 5000~7000h。

(3) 平均负荷 P_{av} 和年平均负荷

平均负荷就是指电力负荷在一定时间内消耗的功率的平均值。如在 t 这段时间内消耗的电能为 W_t,则 t 时间的平均负荷

$$P_{av} = \frac{W_t}{t} \qquad (2-6)$$

年平均负荷是指电力负荷在一年内消耗的功率的平均值。如用 W_a 表示全年实际消耗的电能,则年平均负荷为

$$P_{av} = \frac{W_a}{8760} \qquad (2\text{-}7)$$

图 2-4 用以说明年平均负荷，阴影部分表示全年实际消耗的电能 W_a，而年平均负荷 P_{av} 的横线与两坐标轴所包围的矩形面积恰好与之相等。

（4）负荷系数

负荷系数是指平均负荷与最大负荷的比值，即

$$K_L = \frac{P_{av}}{P_{max}} \qquad (2\text{-}8)$$

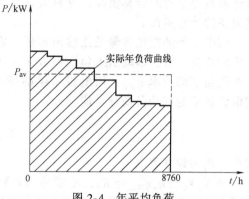

图 2-4 年平均负荷

负荷系数又称负荷率或负荷填充系数，用来表征负荷曲线不平坦的程度。负荷系数越接近1，负荷越平坦。所以对工厂来说，应尽量提高负荷系数，从而充分发挥供电设备的供电能力、提高供电效率。有时也用 α 表示有功负荷系数，用 β 表示无功负荷系数。一般工厂 $\alpha = 0.7 \sim 0.75$，$\beta = 0.76 \sim 0.82$。

对于单个用电设备或用电设备组，负荷系数是指设备的输出功率 P 和设备额定容量 P_N 之比值，即

$$K_L = \frac{P}{P_N} \qquad (2\text{-}9)$$

其表征该设备或设备组的容量是否被充分利用。

2.1.4 计算负荷的确定

计算负荷是指导体中通过一个等效负荷时，导体的最高温升正好与通过实际变动负荷时其产生的最高温升相等，该等效负荷就称为计算负荷。

由于导体通过电流达到稳定温升的时间通常为 $(3 \sim 4)\tau$，τ 为发热时间常数。对中、小截面积（$35m^2$ 以下）的导体，其 τ 为 10min 左右，故载流导体约经 30min 后可达到稳定温升值。由此可见，计算负荷实际上与负荷曲线上查到的半小时最大负荷 P_{30}（亦即年最大负荷）基本是相当的。所以，计算负荷也可以认为就是半小时最大负荷。本书用半小时最大负荷 P_{30} 来表示有功计算负荷，用 Q_{30}、S_{30} 和 I_{30} 分别表示无功计算负荷、视在计算负荷和计算电流。

1. 单个用电设备的负荷计算

对单台电动机，供电线路在 30min 内出现的最大平均负荷即计算负荷为

$$P_{30} = \frac{P_{N.M}}{\eta_N} \approx P_{N.M} \qquad (2\text{-}10)$$

式中，$P_{N.M}$ 为电动机的额定功率；η_N 为电动机在额定负荷下的效率。

对单个白炽灯、单台电热设备、电炉变压器等设备，额定容量就作为其计算负荷，即

$$P_{30} = P_N \qquad (2\text{-}11)$$

对单台反复短时工作制的设备，其设备容量均作为计算负荷。不过对于吊车类和电焊类设备，则应进行相应的换算。

2. 用电设备组的负荷计算

求用电设备组计算负荷的常用方法有需要系数法和二项式系数法。

（1）需要系数法

在所计算的范围内（如一条干线、一段母线或一台变压器），将用电设备按其设备性质的不同分成若干组，对每一组选用合适的需要系数，算出每组用电设备的计算负荷，然后由各

组计算负荷求总的计算负荷,这种方法称为需要系数法。需要系数法一般用来求多台三相用电设备的计算负荷。

用电设备的额定容量是指输出容量,它与输入容量之间有一个平均效率 η_e;用电设备不一定满负荷运行,因此引入负荷系数 K_L;用电设备本身以及配电线路有功率损耗,所以引入一个线路平均效率 η_{WL};用电设备组的所有设备不一定同时运行,故引入一个同时系数 K_Σ。用电设备组的有功负荷计算应为

$$P_{30} = \frac{K_\Sigma K_L}{\eta_e \eta_{WL}} P_e \tag{2-12}$$

式中,P_e 为设备容量。

令 $K_\Sigma K_L / (\eta_e \eta_{WL}) = K_d$,$K_d$ 就称为需要系数。实际上,需要系数还与操作人员的技能及生产等多种因素有关。附录 A 中列出了各种用电设备的需要系数值,供计算参考。

下面结合例题讲解如何按需要系数法确定三相用电设备组的计算负荷。

1) 单组用电设备组的计算负荷确定。

$$P_{30} = K_d P_e \tag{2-13}$$

$$Q_{30} = P_{30} \tan\varphi \tag{2-14}$$

$$S_{30} = \frac{P_{30}}{\cos\varphi} \tag{2-15}$$

$$I_{30} = \frac{S_{30}}{(\sqrt{3} U_N)} \tag{2-16}$$

【例 2-2】 已知某机修车间的金属切削机床组,有电压为 380V 的电动机 30 台,其总的设备容量为 120kW。试求其计算负荷。

解:查附录 A 中的"小批量生产金属冷加工机床"项,可得 $K_d = 0.16 \sim 0.2$(取 0.2 计算),$\cos\varphi = 0.5$,$\tan\varphi = 1.73$。

$$P_{30} = K_d P_e = 0.2 \times 120\text{kW} = 24\text{kW}$$

$$Q_{30} = P_{30} \tan\varphi = 24 \times 1.73 \text{kvar} = 41.52 \text{kvar}$$

$$S_{30} = \frac{P_{30}}{\cos\varphi} = \frac{24}{0.5} \text{kV} \cdot \text{A} = 48 \text{kV} \cdot \text{A}$$

$$I_{30} = \frac{S_{30}}{(\sqrt{3} U_N)} = \frac{48 \text{kV} \cdot \text{A}}{(\sqrt{3} \times 0.38 \text{kV})} = 72.93 \text{A}$$

2) 多组用电设备组的计算负荷确定。

在计算多组用电设备的计算负荷时,应先分别求出各用电设备组的计算负荷,并且要考虑各用电设备组的最大负荷不一定同时出现的因素,计入一个同时系数 K_Σ,该系数的取值见表 2-1。

总的有功计算负荷为

$$P_{30} = K_{\Sigma p} \sum_{i=1}^{n} P_{30.i} \tag{2-17}$$

总的无功计算负荷为

$$Q_{30} = K_{\Sigma q} \sum_{i=1}^{n} Q_{30.i} \tag{2-18}$$

总的视在计算负荷为

$$S_{30} = \sqrt{P_{30}^2 + Q_{30}^2} \tag{2-19}$$

总的计算电流为

$$I_{30} = \frac{S_{30}}{\sqrt{3}\,U_N} \tag{2-20}$$

式中，i 为用电设备组的组数；K_Σ 为同时系数，见表 2-1。

表 2-1 同时系数 K_Σ

应用范围		$K_{\Sigma p}$	$K_{\Sigma q}$
车间干线		0.85~0.95	0.90~0.97
低压母线	由用电设备组 P_{30} 直接相加	0.80~0.90	0.85~0.95
	由车间干线 P_{30} 直接相加	0.90~0.95	0.93~0.97

【例 2-3】 一机修车间的 380V 线路上，接有金属切削机床电动机 20 台共 50kW，其中较大容量电动机有 7.5kW 2 台，4kW 2 台，2.2kW 8 台；另接通风机 2 台共 2.4kW；电阻炉 1 台 2kW。试求计算负荷（设同时系数为 0.9）。

解：对于金属切削机床电动机，查附录 A，取 $K_{d1} = 0.2$，$\cos\varphi_1 = 0.5$，$\tan\varphi_1 = 1.73$，则

$$P_{30.1} = K_{d1} P_{e1} = 0.2 \times 50\text{kW} = 10\text{kW}$$

$$Q_{30.1} = P_{30.1} \tan\varphi_1 = 10 \times 1.73\text{kvar} = 17.3\text{kvar}$$

对于通风机，查附录 A，取 $K_{d2} = 0.8$，$\cos\varphi_2 = 0.5$，$\tan\varphi_2 = 0.75$，则

$$P_{30.2} = K_{d2} P_{e2} = 0.8 \times 2.4\text{kW} = 1.92\text{kW}$$

$$Q_{30.2} = P_{30.2} \tan\varphi_2 = 1.92 \times 0.75\text{kvar} = 1.44\text{kvar}$$

对于电阻炉，查附录 A，取 $K_{d3} = 0.7$，$\cos\varphi_3 = 1.0$，$\tan\varphi_3 = 0$，则

$$P_{30.3} = K_{d3} P_{e3} = 0.7 \times 2\text{kW} = 1.4\text{kW}$$

$$Q_{30.3} = 0$$

因此总计算负荷为

$$P_{30} = K_{\Sigma p} \sum_{i=1}^{n} P_{30.i} = 0.9 \times (10 + 1.92 + 1.4)\text{kW} \approx 12\text{kW}$$

$$Q_{30} = K_{\Sigma q} \sum_{i=1}^{n} Q_{30.i} = 0.9 \times (17.3 + 1.44 + 0)\text{kvar} \approx 16.9\text{kvar}$$

$$S_{30} = \sqrt{P_{30}^2 + Q_{30}^2} = \sqrt{(12\text{kW})^2 + (16.9\text{kvar})^2} = 20.73\text{kV}\cdot\text{A}$$

$$I_{30} = S_{30}/(\sqrt{3}\,U_N) = 20.73\text{kV}\cdot\text{A}/(\sqrt{3} \times 0.38\text{kV}) = 3.15\text{A}$$

需要系数值与用电设备的类别和工作状态有关，计算时一定要正确判断，否则会造成错误。如机修车间的金属切削机床电动机属于小批生产的冷加工机床电动机；压缩机、拉丝机和锻造机等应属热加工机床；起重机、行车或电葫芦等都属吊车。

用需要系数法来求计算负荷，其特点是简单方便，计算结果比较符合实际，而且长期以来人们已积累了各种设备的需要系数，因此是世界各国均普遍采用的求计算负荷的基本方法。但是，如果把需要系数看作与一组设备中设备的多少及设备容量是否相差悬殊等都无关的固定值，就考虑不全面了。实际上只有当设备台数较多、总容量足够大、没有特大型用电设备时，需要系数表中的需要系数值才较符合实际。所以，需要系数法普遍应用于求全厂和大型车间变电所的计算负荷。而在确定设备台数较少，且容量悬殊的分支干线的计算负荷时，我们将采用另一种方法——二项式系数法。

(2) 二项式系数法

用二项式系数法进行负荷计算时,既考虑了用电设备组的设备总容量,又考虑几台最大用电设备引起的大于平均负荷的附加负荷。下面根据不同情况分别介绍其计算公式。

1) 单组用电设备组的计算负荷。

$$P_{30} = bP_{e\Sigma} + cP_x \tag{2-21}$$

式中,b、c 为二项式系数;$bP_{e\Sigma}$ 为用电设备组的平均功率,其中 $P_{e\Sigma}$ 是该用电设备组的设备总容量;cP_x 为每组用电设备组中 x 台容量较大的设备投入运行时增加的附加负荷,其中 P_x 是 x 台容量最大设备的总容量(b、c、x 的值可查附录 A)。

2) 多组用电设备组的计算负荷。

同样要考虑各组用电设备的最大负荷不同时出现的因素,因此在确定总计算负荷时,只能在各组用电设备中取一组最大的附加负荷,再加上各组用电设备的平均负荷,即

$$P_{30} = \sum (bP_{e\Sigma})_i + (cP_x)_{\max} \tag{2-22}$$

$$Q_{30} = \sum (bP_{e\Sigma}\tan\varphi)_i + (cP_x)_{\max}\tan\varphi_{\max} \tag{2-23}$$

式中,$(cP_x)_{\max}$ 为附加负荷最大的一组设备的附加负荷;$\tan\varphi_{\max}$ 为最大附加负荷设备组的平均功率因数角的正切值(可查附录 A)。

【例 2-4】 试用二项式系数法来确定例 2-3 中的计算负荷。

解: 先分别求出各组的平均功率 bP_e 和附加负荷 cP_x。

对于金属切削机床电动机,查附录 A,取 $b=0.14$,$c=0.4$,$\cos\varphi=0.5$,$\tan\varphi=1.73$,则

$$(bP_{e\Sigma})_1 = 0.14 \times 50\text{kW} = 7\text{kW}$$

$$(cP_x)_1 = 0.4 \times (7.5\text{kW} \times 2 + 4\text{kW} \times 2 + 2.2\text{kW} \times 1) = 10.08\text{kW}$$

对于通风机,查附录 A,取 $b=0.65$,$c=0.25$,$\cos\varphi=0.8$,$\tan\varphi=0.75$,则

$$(bP_{e\Sigma})_2 = 0.65 \times 2.4\text{kW} = 1.56\text{kW}$$

$$(cP_x)_2 = 0.25 \times 2.4\text{kW} = 0.6\text{kW}$$

对于电阻炉,查附录 A,取 $b=0.7$,$c=0$,$x=1$,$\cos\varphi=1$,$\tan\varphi=0$,则

$$(bP_{e\Sigma})_3 = 0.7 \times 2\text{kW} = 1.4\text{kW}$$

$$(cP_x)_3 = 0$$

显然,三组用电设备中,第一组的附加负荷 $(cP_x)_1$ 最大,因此总计算负荷为

$$P_{30} = \sum (bP_{e\Sigma})_i + (cP_x)_1 = (7+1.56+1.4)\text{kW} = 10.08\text{kW} = 20.04\text{kW}$$

$$Q_{30} = \sum (bP_{e\Sigma}\tan\varphi)_i + (cP_x)_1 \tan\varphi_1 = (7\text{kW} \times 1.73 + 1.56\text{kW} \times 0.75 + 0) + 10.08\text{kW} \times 1.73 = 30.72\text{kvar}$$

$$S_{30} = \sqrt{P_{30}^2 + Q_{30}^2} = \sqrt{(20.04\text{kW})^2 + (30.72\text{kvar})^2} = 36.68\text{kV} \cdot \text{A}$$

$$I_{30} = S_{30}/(\sqrt{3}\,U_N) = 36.68\text{kV} \cdot \text{A}/(\sqrt{3} \times 0.38\text{kV}) = 55.73\text{A}$$

从例 2-2 和例 2-3 的计算结果可以看出,由于二项式系数法考虑了用电设备中几台功率较大的设备工作时对负荷影响的附加功率,计算的结果比按需要系数法计算的结果偏大,所以一般适用于低压配电支干线和配电箱的负荷计算。而需要系数法比较简单,该系数是按照车间及以上的负荷情况来确定的,适用于变配电所的负荷计算。

(3) 单相用电设备计算负荷的确定

单相设备接于三相线路中,应尽可能地均衡分配,使三相负荷尽可能平衡。如果三相线路中单相设备的总容量不超过三相设备总容量的 15%,可将单相设备总容量等效为三相负荷平衡进行负荷计算。如果超过 15%,则应将单相设备容量换算为等效三相设备容量,再进行负荷计算。

1) 单相设备接于相电压时。

等效三相设备容量 P_e 按最大负荷相所接的单相设备容量 $P_{em\varphi}$ 的 3 倍计算,即

$$P_e = 3P_{em\varphi} \tag{2-24}$$

而等效三相负荷可按上述的需要系数法计算。

2）单相设备接于线电压时。

容量为 $P_{e\varphi}$ 的单相设备接于线电压时，其等效三相设备容量 P_e 为

$$P_e = \sqrt{3}P_{e\varphi} \tag{2-25}$$

等效三相负荷可按上述需要系数法计算。

3. 车间或全厂计算负荷的确定

如图 2-5 所示，工厂的计算负荷（这里以有功负荷为例）$P_{30.1}$，应该是高压母线上所有高压配电线计算负荷之和，再乘上一个同时系数。高压配电线的计算负荷 $P_{30.2}$，应该是该线所供车间变电所低压侧的计算负荷 $P_{30.3}$，加上变压器的功率损耗 ΔP_T 和高压配电线的功率损耗 $\Delta P_{WL.1}$……如此逐级计算。但对一般工厂供电系统来说，由于线路一般不很长，因此在确定计算负荷时往往略去不计。

计算工厂及变电所低压侧总的计算负荷 P_{30}、Q_{30}、S_{30} 和 I_{30} 时，其中 $K_{\Sigma p} = 0.8 \sim 0.95$，$K_{\Sigma q} = 0.85 \sim 0.97$。

全厂的无功计算负荷、视在计算负荷和计算电流按式（2-17）~式（2-20）计算。

2.1.5 无功功率补偿

1. 功率因数

（1）瞬时功率因数

瞬时功率因数可由功率因数表（相位表）直接测量，也可由功率表、电流表和电压表的读数按下式求出（间接测量）：

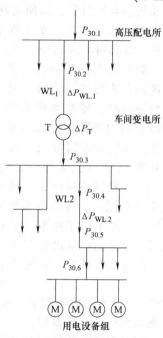

图 2-5 供电系统中各部分的负荷计算和有功功率损耗

$$\cos\varphi = \frac{P}{\sqrt{3}IU} \tag{2-26}$$

式中，P 为功率表测出的三相功率读数（kW）；I 为电流表测出的线电流读数（A）；U 为电压表测出的线电压读数（kV）。

瞬时功率因数用来了解和分析工厂或设备在生产过程中无功功率的变化情况，以便采取适当的补偿措施。

（2）平均功率因数

平均功率因数又称加权平均功率因数，按下式计算：

$$\cos\varphi = W_p / \sqrt{W_p^2 + W_q^2} = 1/\sqrt{1 + (W_q/W_p)^2} \tag{2-27}$$

式中，W_p 为某一时间内消耗的有功电能，由有功电能表读出；W_q 为某一时间内消耗的无功电能，由无功电能表读出。

（3）最大负荷时的功率因数

最大负荷时的功率因数指在年最大负荷（即计算负荷）时的功率因数，按下式计算：

$$\cos\varphi = \frac{P_{30}}{S_{30}} \tag{2-28}$$

电力部门《供电营业规则》规定："无功电力应就地平衡。用户应在提高用电自然功率因数的基础上，按有关标准设计和安装无功补偿设备，并做到随其负荷和电压变动及时投入或切除，防止无功电力倒送。除电网有特殊要求的用户外，用户在当地供电企业规定的电网高

峰负荷时的功率因数,应达到下列规定:100kV·A 及以上高压供电的用户功率因数为 0.90 以上。其他电力用户和大、中型电力排灌站、趸购转售电企业,功率因数为 0.85 以上。农业用电,功率因数为 0.80 及以上。"这里所指的功率因数,即为最大负荷时的功率因数。

2. 无功功率补偿

电力系统在运行过程中,无论是公用还是民用,都存在大量感性负载,如工厂中的感应电动机、电焊机等,致使电网无功功率增加,对电网的安全、经济运行及电气设备的正常工作产生一系列危害,使负载功率因数降低,供配电设备使用效能得不到充分发挥,设备的附加功耗增加。

如果在充分发挥设备潜力、改善设备运行性能、提高其自然功率因数的情况下,尚达不到规定的功率因数要求时,则需考虑人工无功功率补偿。从图 2-6 可以看出功率因数提高与无功功率和视在功率变化的关系。假设功率因数由 $\cos\varphi_1$ 提高到 $\cos\varphi_2$,这时在有功功率 P_{30} 不变的条件下,无功功率将由 $Q_{30.1}$ 减小到 $Q_{30.2}$,视在功率将由 $S_{30.1}$ 减小到 $S_{30.2}$,从而负荷电流 I_{30} 也得以减小,这将使系统的电能损耗和电压损耗相应降低,既节约了电能,又提高了电压质量,而且可选较小容量的供电设备和导线电缆,因此提高功率因数对电力系统大有好处。

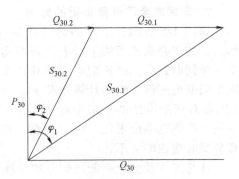

图 2-6 无功功率补偿原理图

由图 2-6 可知,要使功率因数由 $\cos\varphi_1$ 提高到 $\cos\varphi_2$,所需的无功补偿装置容量为

$$Q_C = Q_{30.1} - Q_{30.2} = P_{30}(\tan\varphi_1 - \tan\varphi_2) = \Delta q_C P_{30} \tag{2-29}$$

式中,Δq_C 为无功补偿率(比补偿容量),是表示要使 1kW 的有功功率由 $\cos\varphi_1$ 提高到 $\cos\varphi_2$ 所需要的无功补偿容量值。

在确定了总的补偿容量后,可根据所选并联电容器的单个容量 q_C 来确定所需的补偿电容器个数

$$n = \frac{Q_C}{q_C} \tag{2-30}$$

由式(2-30)计算出的电容器个数 n,对于单相电容器,应取 3 的倍数,以便三相均衡分配。

2.1.6 尖峰电流的计算

1. 概述

尖峰电流是指持续时间 1~2s 的短时最大负荷电流。

尖峰电流主要用来选择熔断器和低压断路器,整定继电保护装置及检验电动机自起动条件等。

2. 单台用电设备尖峰电流的计算

单台用电设备的尖峰电流就是其起动电流,因此尖峰电流为

$$I_{pk} = I_{st} = K_{st} I_N \tag{2-31}$$

式中,I_N 为用电设备的额定电流;I_{st} 为用电设备的起动电流;K_{st} 为用电设备的起动电流倍数,笼型电动机为 5~7,绕线转子电动机为 2~3,直流电动机为 1.7,电焊变压器为 3 或稍大。

3. 多台用电设备尖峰电流的计算

引至多台用电设备的线路上的尖峰电流按下式计算:

$$I_{pk} = K_\Sigma \sum_{i=1}^{n-1} I_{N.i} + I_{st.max} \tag{2-32}$$

$$I_{pk}=I_{30}+(I_{st}-I_N)_{max} \qquad (2-33)$$

式中，$I_{st.max}$ 为用电设备中起动电流与额定电流之差为最大的那台设备的起动电流；$(I_{st}-I_N)_{max}$ 为用电设备中起动电流与额定电流之差为最大的设备的起动电流与额定电流之差；$\sum_{i=1}^{n-1}I_{N.i}$ 为将起动电流与额定电流之差为最大的那台设备除外的其他 $n-1$ 台设备的额定电流之和；K_Σ 为上述 $n-1$ 台设备的同时系数，按台数多少选取，一般为 0.7~1；I_{30} 为全部投入运行时线路的计算电流。

【例 2-5】 有一 380V 三相线路，供电给表 2-2 所示 4 台电动机。试计算该线路的尖峰电流。

表 2-2 负荷资料

参　　　数	电动机			
	M_1	M_2	M_3	M_4
额定电流 I_N/A	5.8	5	35.8	27.6
起动电流 I_{st}/A	40.6	35	197	193.2

解：由表 2-2 可知，电动机 M_4 的 $I_{st}-I_N = 193.2A-27.6A = 165.6A$ 为最大。取 $K_\Sigma = 0.9$，该线路的尖峰电流为

$$I_{pk} = 0.9 \times (5.8+5+35.8)A + 193.2A \approx 235A$$

2.1.7 负荷计算实训

1. 实训目的

1）掌握需要系数法计算负荷的方法。
2）掌握无功补偿计算方法。

2. 实训内容及要求

1）表 2-3 为某机械厂负荷统计资料表。

表 2-3 某机械厂负荷统计资料表

名　　称	负荷类别	设备容量/kW	需要系数	功率因数
铸造车间	动力	300	0.3	0.7
	照明	6	0.8	1
锻压车间	动力	350	0.3	0.65
	照明	8	0.7	1
金工车间	动力	400	0.2	0.65
	照明	10	0.8	1
工具车间	动力	360	0.3	0.6
	照明	7	0.9	1
电镀车间	动力	250	0.5	0.8
	照明	5	0.8	1
热处理车间	动力	150	0.6	0.8
	照明	5	0.8	1
装配车间	动力	180	0.3	0.7
	照明	6	0.8	1

(续)

名称	负荷类别	设备容量/kW	需要系数	功率因数
机修车间	动力	160	0.2	0.65
	照明	4	0.8	1
锅炉房	动力	50	0.7	0.8
	照明	1	0.8	1
仓库	动力	20	0.4	0.8
	照明	1	0.8	1
生活区	照明	350	0.7	0.9

2) 完成各车间、生活区负荷计算，见表2-4。

表2-4 负荷计算表

名称	类别	设备容量 P_e/kW	需要系数 K_d	$\cos\varphi$	$\tan\varphi$	计算负荷 P_{30}/kW	Q_{30}/kvar	S_{30}/kV·A	I_{30}/A
铸造车间	动力	300	0.3	0.7	1.02	90	91.8	—	—
	照明	6	0.8	1	0	4.8	0	—	—
	小计	306	—			94.8	91.8	132	201
锻压车间	动力	350	0.3	0.65	1.17	105	123		
	照明	8	0.7	1	0	5.6	0		
	小计	358	—			110.6	123	165	251
金工车间	动力	400	0.2	0.65	1.17	80	93.6		
	照明	10	0.8	1	0	8	0		
	小计	410	—			88	93.6	128	194
工具车间	动力	360	0.3	0.6	1.33	108			
	照明	7	0.9	1	0	6.3	0		
	小计	367	—			114.3	144	184	280
电镀车间	动力	250	0.5	0.8	0.75	125	93.8		
	照明	5	0.8	1	0	4	6		
	小计	255	—			129	0	10.7	16.2
热处理车间	动力	150	0.6	0.8	0.75	90	67.5		
	照明	5	0.8	1	0	4	0		
	小计	155	—			94	37.5	116	176
装配车间	动力	180	0.3	0.7	1.02	54	55.1		
	照明	6	0.8	1	0	4.8	0		
	小计	186	—			58.8	55.1	80.6	122
机修车间	动力	160	0.2	0.65	1.17	32	37.4		
	照明	4	0.8	1	0	3.2	0		
	小计	164	—			35.2	37.4	51.4	78
锅炉房	动力	50	0.7	0.8	0.75	35	26.3		
	照明	1	0.8	1	0	0.8	0		
	小计	51	—			35.8	26.3	44.4	67

(续)

名 称	类别	设备容量 P_e/kW	需要系数 K_d	$\cos\varphi$	$\tan\varphi$	计算负荷			
						P_{30}/kW	Q_{30}/kvar	S_{30}/kV·A	I_{30}/A
仓库	动力	20	0.4	0.8	0.75	8	6	—	—
	照明	1	0.8	1	0	0.8	0	—	—
	小计	21	—			8.8	6	10.7	16.2
生活区	照明	350	0.7	0.9	0.48	245	117.6	272	413
总计	动力	2220				1015.3	856.1	—	—
	照明	403							
		$K_{\Sigma p}=0.8$	$K_{\Sigma q}=0.85$	0.75		812.2	727.6	1090	1656

3) 无功补偿计算。

由表2-5可知，该厂380V侧最大负荷时的功率因数只有0.75，而供电部门要求该厂10kV进线侧最大负荷时功率因数不低于0.9。考虑大主变压器的无功损耗远大于有功损耗，因此380V侧最大负荷时的功率因数应稍大于0.9，暂取0.92来计算380V侧所需无功补偿容量：

$$Q_C = P_{30}(\tan\varphi_1 - \tan\varphi_2) = 812.2[\tan(\arccos 0.75) - \tan(\arccos 0.92)]\text{kvar} = 370\text{kvar}$$

表2-5 无功补偿计算表

项 目	$\cos\varphi$	计算负荷			
		P_{30}/kW	Q_{30}/kvar	S_{30}/kV·A	I_{30}/A
380V侧补偿前负荷	0.75	812.2	727.6	1090	1656
380V侧无功补偿容量			-420		
380V侧补偿后负荷	0.935				
主变压器损耗		$0.015S_{30}=13$	$0.06S_{30}=52$		
10kV侧负荷总计	0.92	825.2	359.6	900	52

2.1.8 无功补偿实训

1. 实训目的

1) 了解提高功率因数的方法。
2) 熟悉常用自动功率因数装置的使用。

2. 实训准备

1) 实训地点：供配电实训室。
2) 实训设备：JKL系列智能无功功率自动补偿装置。

3. 实训步骤

1) 详细了解JKL系列智能无功功率自动补偿控制器的使用方法和注意事项。根据说明书设置本控制器的各项参数。

2) 接通电源投入负载，将一次系统主接线图上的电容器组负荷开关闭合，将切换无功补偿装置的凸轮开关打在"停止"位置，此时注意观察智能功率自动补偿控制器数码显示的功率因数，然后将切换开关打到"自动"位置，注意观察无功功率自动补偿控制器的工作状态。实验过程中，随意切除或者投入一组负载，再看无功功率自动补偿控制器的工作情况。当系统正常稳定运行时记录当时的功率因数和投入的电容器组数。

3) 将切换凸轮开关打到"手动"位置，投入负载后手动投入补偿电容器组，注意观察每投入一组补偿电容器后功率因数的变化。

4) JKL系列智能无功功率自动补偿控制器操作说明如下：

① 功能选择：数码管（LED）第一位显示功能代码，根据代码表，在自动时若按"设置"键少于0.5s则直接进入手动状态，若超过1s则可以循环选择所有功能代码（见代码表）。

② 参数修改：当选定某种功能代码后，释放"设置"键，按"▲"参数增加，按"▼"参数减少。参数修改后，释放按键，30s内操作"设置"键切换到自动状态，这时新参数将会自动保存；若是30s内无按键操作则控制器会返回自动状态，这时修改的参数将不能够保存。

③ 手动运行：自动时单击"设置"可以直接进入手动运行状态，第一位LED显示"H"，按"▼"键手动投入，按"▲"键手动切除。

④ 代码表（见表2-6）。

表2-6　JKL系列智能无功功率自动补偿控制器操作代码表

代码	代码含义	数码显示内容	操作"▲"或"▼"	备　注
A	自动运行	电网功率因数	无效	1. 操作"设置""▲""▼"键时,按住按钮的时间必须超0.5s才有效 2. 在代码B~L六种状态时，30s内无按键操作均可自动返回自动运行状态 3. 在代码V、P、H三种状态时,必须通过操作"设置"键才能切换到自动状态 4. 在A、V、P三种状态时,控制器自动控制电容器的投切动作,面板上也会有相应的指示
B	投入门限	功率因数投入点	0.80~0.99供选定	
C	时间设置	延时时间设置值	1~250s供选定	
D	过电压设置	过电压设置值	230~300V/400~500V供选定	
E	C/K设置	电容除以电流变化	0.01~1.00供选定	
F	切除门限	功率因数切除点	0.90~0.91供选定	
L	路数设置	输出回路设置值	1~12路供选定	
V	显示电压	取样电压值（V）	无效	
P	显示电流	取样电流值（A）	无效	
H	手动运行	电网功率因数	电容器组依次投入或切除	

2.1.9　问题与思考

1) 某酒店部分统计负荷见表2-7，完成负荷计算，见表2-8。

表2-7　某酒店部分统计负荷

序号	负荷名称	P_e/kW	K_x	$\cos\varphi$	P_{js}/kW	Q_{js}/kvar	S_{js}/kV·A	I_{js}/A
1	功能区普通电力配电箱	11	0.75	0.6	8.25	10.97	13.75	20.89
2	地下室制冷机房热泵机组	165	0.95	0.8				
3	地下室制冷机房潜水泵	90						
4	地下室排风机控制箱	5.2	0.85	0.8				

表2-8　酒店计算负荷表

序号	负荷名称	P_e/kW	K_x	$\cos\varphi$	P_{js}/kW	Q_{js}/kvar	S_{js}/kV·A	I_{js}/A
1	功能区普通电梯配电箱	11	0.75	0.6	8.3	11	13.8	21.0
2	地下室制冷机房热泵机组	165	0.95	0.8	156.8	117.6	196	297.8

(续)

序号	负荷名称	P_e/kW	K_x	$\cos\varphi$	P_{js}/kW	Q_{js}/kvar	S_{js}/kV·A	I_{js}/A
3	地下室制冷机房水泵组	90	0.95	0.8	85.5	64.1	106.9	162.4
4	地下室排风机控制箱	5.2	0.85	0.8	4.4	3.3	5.5	8.4
5	总计	271.2			255	196	321.6	
6	取同时系数 $K_\Sigma=0.9$ 后,干线上总计(补偿前)			0.793	229.5	176.4	289.5	

2) 某小型工厂变电所，其变压器低压侧的有功计算负荷为 420kW，无功计算负荷为 350kvar。为了使工厂的功率因数不低于 0.9，如果在变电所低压侧装设并联电容器进行补偿，需装设多少补偿容量？补偿前后所选变压器的容量有何变化？

2.1.10 任务总结

负荷曲线是表征电力负荷随时间变动情况的一种图形。与负荷曲线有关的物理量有年最大负荷、年最大负荷利用小时、计算负荷、平均负荷和负荷系数等。年最大负荷利用小时用于反映工厂的负荷是否均匀；年平均负荷是指电力负荷在一年内消耗的功率的平均值；要求能分清这些物理量各自的物理含义。

负荷计算步骤：①将用电设备分类，采用需要系数法确定各用电设备组的计算负荷；②根据用户供配电系统图，从用电设备朝电源方向逐级计算负荷；③在配电点要考虑同时系数；④在变压器的安装处要考虑变压器的损耗；⑤用户电力线路较短时，可不计电力线路损耗。

并联电容器无功补偿分为高压集中补偿、低压集中补偿、单独就地补偿三种方式。

尖峰电流是指单台或多台用电设备持续 1~2s 的短时最大负荷电流。计算尖峰电流的目的是用来选择熔断器和低压断路器，整定继电保护装置，计算电压波动及检验电动机自起动条件等。

2.2 任务2 短路电流计算

【任务描述】 短路电流计算是为了正确选择和校验电气设备，准确确定供配电系统的保护装置，保证在系统出现短路故障时，保护装置能可靠动作。本任务主要学习无限大容量系统欧姆法和标幺值法计算短路电流。

【知识目标】 了解短路故障的原因、种类及危害。

【能力目标】 掌握短路电流的计算方法。

2.2.1 短路概述

电力系统运行有三种状态：正常运行状态、非正常运行状态和短路故障状态。在电气设计和运行中，不仅要考虑系统正常运行状态，而且要考虑系统非正常运行状态，最严重的非正常运行状态就是短路故障。

短路就是指不同电位导电部分之间的不正常短接。如电力系统中，相与相间或中性点直接接地系统中相与地之间的短接都是短路。

1. 短路原因

造成短路的原因通常有以下几个方面：

1) 主要原因是电气设备载流部分的绝缘损。坏产生绝缘损坏的原因有：过负荷、绝缘自然老化或被过电压（内部过电压和雷电）击穿，以及设计、安装和运行不当或设备本身不合格等。

2) 误操作及误接。由于工作人员不遵守安全操作规程造成的误操作或误接，可能导致短路。根据国外的资料显示，每个人都具有违反规程操作的潜意识。

3) 飞禽等跨接裸导体。鸟类或爬行动物如蛇等跨接裸导体，都可能导致短路。

4) 其他原因。如输电线断线、倒杆、碰线，或人为盗窃、破坏等原因都可能导致短路。

2. 短路后果

电力系统发生短路，导致网络总阻抗减小，短路电流可能超过正常工作电流的十几倍甚至几十倍，数值可达几万安到几十万安。而且，系统网络电压会降低，从而对电力系统产生极大的危害，主要表现在以下方面：

1) 短路时，短路电流产生很大的热量、很高的温度，从而使故障元件和其他元件损坏。

2) 短路时，短路电流可产生很大的电动力，使导体弯曲变形，甚至使设备本身或其支架受到损坏。

3) 短路时，电压骤降，严重影响电气设备正常运行。电压降到额定值的80%时，电磁开关可能断开；降到额定值的30%~40%时，持续1s以上，电动机可能停转。

4) 短路可造成停电，越靠近电源，停电范围越大。

5) 严重短路还会影响电力系统运行的稳定性，造成系统瘫痪。如2003年8月14日，在美国和加拿大发生的大面积停电事故，造成了极大的影响和严重的破坏。

6) 单相短路时，电流将产生较强的不平衡交变磁场，对附近通信线路、电子设备产生干扰，影响正常工作，甚至发生误动作。

另外，短路造成的后果，与短路故障的地点、种类及持续时间等因素都有关。

为了保证电气设备安全可靠运行，除了必须尽力消除可能引起短路的一切因素之外，同时还需要计算短路电流，以保证当发生可能的短路时，不致损坏设备。而且，一旦发生短路，应尽快切除故障部分，使系统在最短时间内恢复正常。

3. 短路种类

在三相供电系统中，可能发生短路的形式有：

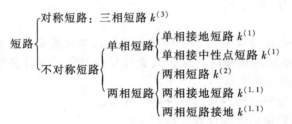

三相系统中的短路基本类型有：三相短路、两相短路、单相短路和两相接地短路等，如图2-7所示。

三相短路，用文字符号 $k^{(3)}$ 表示；两相短路，用文字符号 $k^{(2)}$ 表示；单相短路，用文字符号 $k^{(1)}$ 表示；两相接地短路，用文字符号 $k^{(1.1)}$ 表示，是指中性点不接地系统中两个不同相均发生单相接地而形成的两相短路。

注：一般为了区别不同类型的短路电流，在短路电流符号的右上角分别加注（1）、（2）和（3）来表示单相、两相和三相短路电流，两相接地短路电流用（1.1）表示。

上述的短路类型中，三相短路属对称短路，其他形式的短路均属不对称短路。

电力系统中，发生单相短路的可能性最大，而发生三相短路的可能性最小。但一般三相短路的短路电流最大，造成的危害也最严重。为了使电力系统中的电气设备在最严重的短路状态下也能可靠工作，作为选择、检验电气设备用的短路计算值，以三相短路计算值为主，

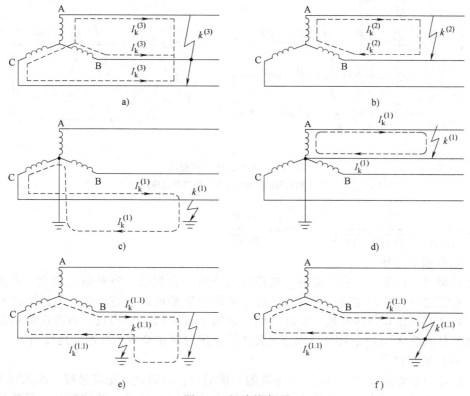

图 2-7 短路的类型
a) 三相短路 b) 两相短路 c) 单相短路 d) 单相接中性点短路 e) 两相接地短路 f) 两相短路接地

只有在校验继电器保护装置灵敏度时才需要用到两相短路电流。

2.2.2 无限大容量电力系统及其三相短路分析

1. 无限大容量电力系统的概念

无限大容量电力系统是指容量相对于用户供电系统容量大得多的电力系统，当用户供电系统发生短路时，电力系统变电所馈电母线上的电压基本不变，可将该电力系统视为无限大容量电力系统。但是，实际电力系统中，它的容量和阻抗都有一定数值，因此，当用户供电系统发生短路时，电力系统变电所馈电母线上的电压相应地有所变动。但一般的供电系统，由于它是在小容量线路上发生短路，电力系统变电所馈电母线上的电压基本不变，因此，电力系统可视为无限大容量电力系统。

无限大容量电力系统中研究三相短路电流的变化规律可以只需分析一相的情况，这是因为三相短路电流是对称的。

2. 无限大容量电力系统发生三相短路时的物理过程

（1）三相短路前稳态过程

图 2-8a 是一个无限大容量电力系统发生三相短路时的电路图，其单相等效电路如图 2-8b 所示。图中 R、R'、X、X' 为短路前的总电阻和电抗，R、X 为短路发生后的总电阻和电抗。

短路前，系统中的 a 相电压和电流按正弦规律变化，因电路一般是电感性负载，电流在相位上滞后电压一定角度。

$$u_a = U_m \sin(\omega t + \theta)$$
$$i_a = I_m \sin(\omega t + \theta - \varphi)$$

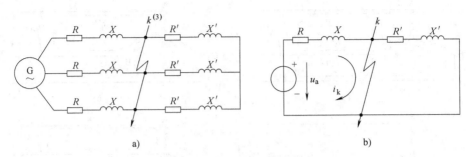

图 2-8 电力系统三相短路
a) 三相短路时的电路 b) 单相等效电路

式中，$I_m = \dfrac{U_m}{\sqrt{(R+R')^2+(X+X')^2}}$ $\varphi = \arctan \dfrac{X+X'}{R+R'}$

（2）短路暂态过程

短路后相当于切除电路右半部分，电路阻抗突然小很多倍。短路电流增大，在到达稳定值之前，要经过一个暂态过程。这一暂态过程是因为短路电路含有电抗，电路电流不会发生突变，电路电流存在非周期分量。在此期间，短路电流由两部分构成：短路电流周期分量 i_p 和短路电流非周期分量 i_{np}。图 2-9 画出了最严重情况时短路全电流的波形曲线图。

（3）短路稳态过程

一般经过一个周期（约 0.02s）后非周期分量消亡，短路进入稳态过程。在无限大容量电力系统中，由于系统母线电压维持不变，其短路电流周期分量呈正弦波形，由系统母线电压和短路后的系统阻抗决定。

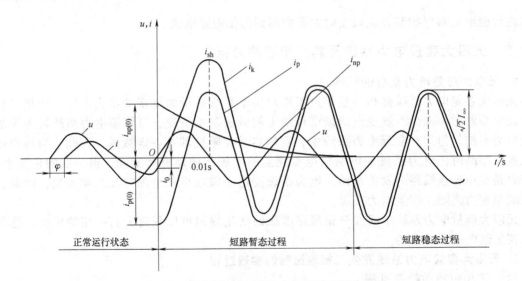

图 2-9 最严重情况时短路全电流的波形曲线图

3. 有关的物理量

（1）短路电流周期分量

短路电流周期分量相当于方程式的特解。最严重的是电压过零时，由于短路电路的电抗远大于电阻，所以周期分量 i_p 差不多滞后电压 90°，因此，短路瞬间 i_p 增大到峰值，其值为

$$i_{p(0)} = -I_{k,m} = -\sqrt{2}I'' \quad (2\text{-}34)$$

式中，I'' 是短路次暂态电流的有效值，它是短路后第一个周期的短路电流周期分量 i_p 的有效值。

(2) 短路电流非周期分量

短路电流非周期分量相当于方程式的通解，非周期分量的初始绝对值为

$$i_{np(0)} = i_{k,m} = \sqrt{2}I'' \tag{2-35}$$

(3) 短路全电流

短路全电流为周期分量与非周期分量之和，或者说是通解与特解之和

$$i_k = i_p + i_{np} \tag{2-36}$$

(4) 短路冲击电流

短路电流瞬时值达到最大值（一般短路后经过半个周期，约 0.01s）时的瞬时电流称为短路冲击电流瞬时值，用 i_{sh} 表示。短路冲击电流有效值是指短路全电流最大有效值，是短路后第一个周期的短路电流的有效值，用 i_{sh} 表示。

在高压电路中（一般指大于 1000V 的电压）发生三相短路时，可取

$$i_{sh} = 2.55I'' \tag{2-37}$$
$$I_{sh} = 1.51I'' \tag{2-38}$$

在低压电路中（一般指小于 1000V 的电压）发生三相短路时，可取

$$i_{sh} = 1.84I'' \tag{2-39}$$
$$I_{sh} = 1.09I'' \tag{2-40}$$

(5) 短路稳态电流

短路电流非周期分量一般经过 10 个周期后衰减完毕，短路电流达到稳定状态。这时的短路电流称为稳态电流。用 I_∞ 表示。在无限大容量电力系统中，短路电流周期分量有效值 I_k 在短路全过程中是恒定的。因此有

$$I'' = I_\infty = I_k \tag{2-41}$$

2.2.3 短路电流计算

1. 短路电流计算方法

为了预防短路及其产生的破坏，需要对供电系统中可能产生的短路电流数值预先进行计算，计算结果可作为选择电气设备及供配电设计的依据。短路电流的计算方法有三种：有名值法、标幺值法和短路容量法。如果各种电气设备的电阻和电抗及其他电气参数用既有的单位（有名值）表示，称为有名值法。如果各种电气设备的电阻和电抗及其他电气参数用相对值表示，称为标幺值法。如果各种电气设备的电阻和电抗及其他电气参数用短路容量表示，称为短路容量法。

$$\text{故障电流计算} \begin{cases} \text{对称的短路电流计算} \begin{cases} \text{无限大容量系统} \begin{cases} \text{标幺值法} \\ \text{短路容量法} \end{cases} \\ \text{有限容量系统} \begin{cases} \text{实用运算曲线法} \\ \text{有名单位制计算法} \end{cases} \end{cases} \\ \text{非对称的短路电流计算} \end{cases}$$

在低压系统中，短路电流计算通常用有名值法（欧姆法）。在高压系统中，通常有多级变压耦合，如果用有名值法，对于不同短路点，同一元件所表现的阻抗值就不同，有名值计算时就需要对不同电压等级中各元件的阻抗值按变压器的电压比归算到同一电压等级，增加短路电流计算工作量，因此，高压系统短路电流计算通常采用标幺值法或短路容量法。下面将主要介绍欧姆法和标幺值法。

2. 欧姆法短路电流计算

用有名值法（欧姆法）计算短路电流的步骤为：绘制短路回路等效电路图；计算短路回

路中各元件的阻抗值；求等效阻抗，化简电路；计算三相短路周期分量有效值及其他短路参数；列短路计算表。

在无限大容量系统中发生三相短路时，其三相短路电流周期分量有效值可表示为

$$I_k^{(3)} = \frac{U_C}{\sqrt{3}|Z_\Sigma|} = \frac{U_C}{\sqrt{3}\sqrt{R_\Sigma^2 + X_\Sigma^2}} \tag{2-42}$$

式中，U_C 为短路点的计算电压。

由于线路首端短路时其短路最为严重，因此按线路首端电压考虑，即短路计算电压取为比线路额定电压 U_N 高 5%，按我国的电压标准，U_C 有 0.4kV、0.69kV、3.15kV、6.3kV、10.5kV、37kV 等；$|Z_\Sigma|$、R_Σ、X_Σ 分别为短路电路总阻抗模、总电阻和总电抗值。

在高压电路的短路计算中，通常总电抗远比总电阻大，所以一般只计电抗，不计电阻。在计算低压侧短路时，也只有当短路电路的 $R_\Sigma > X_\Sigma / 3$ 时才需计及电阻。

如果不计电阻，则三相短路电流的周期分量有效值为

$$I_k^{(3)} = \frac{U_C}{\sqrt{3}X_\Sigma} \tag{2-43}$$

三相短路容量为

$$S_k^{(3)} = \sqrt{3} U_C I_k^{(3)} \tag{2-44}$$

电力系统中涉及各主要元件如电力系统、电力变压器和电力线路的阻抗计算。至于系统中的母线、线圈型电流互感器的一次绕组、低压断路器的过电流脱扣线圈及开关触头的阻抗相对很小，在短路计算中一般可略去不计。在略去这些阻抗后，计算的短路电流较实际值稍偏大，但用稍偏大的短路电流来校验电气设备，可使其运行的安全性更有保证。

(1) 电力系统阻抗

电力系统的电阻相对于电抗来说很小，一般不予考虑。电力系统的电抗可由电力系统变电所高压馈电线出口断路器的断流容量 S_{OC} 来估算，S_{OC} 就看作是电力系统的极限短路容量 S_k。因此电力系统的电抗为

$$X_S = \frac{U_C^2}{S_{OC}} \tag{2-45}$$

式中，U_C 为高压馈线的短路计算电压，但为了便于短路总阻抗的计算，免去阻抗换算的麻烦，上式的 U_C 可直接采用短路点的计算电压。

S_{OC} 为系统出口断路器的断流容量，可查有关手册得到；如果只有开断电流 I_{OC} 数据，则其断流容量为

$$S_{OC} = \sqrt{3} I_{OC} U_N \tag{2-46}$$

式中，U_N 为其额定电压。

(2) 电力变压器的阻抗

1) 电力变压器的电阻 R_T。可由变压器的短路损耗 ΔP_k 近似地计算得到：

因
$$\Delta P_k = 3I_N^2 R_T \approx 3\left(\frac{S_N}{\sqrt{3}U_C}\right)^2 R_T = \left(\frac{S_N}{U_C}\right)^2 R_T$$

故
$$R_T = \Delta P_k \left(\frac{U_C}{S_N}\right)^2 \tag{2-47}$$

式中，U_C 为短路点的短路计算电压；S_N 为变压器的额定容量；ΔP_k 为变压器的短路损耗，可查有关手册或产品样本。

2) 变压器的电抗 X_T。可由变压器的短路电压（也称阻抗电压）比值 $U_k\%$ 近似地计算。

因
$$U_k\% = \left(\frac{\sqrt{3}I_N X_T}{U_C}\right) \times 100\% \approx \frac{S_N X_T}{U_C^2} \times 100\%$$

$$X_T = \frac{U_k\% U_C^2}{S_N} \tag{2-48}$$

式中，$U_k\%$ 为变压器的短路电压（阻抗电压为 $U_Z\%$）百分值，可查有关手册或产品样本。

(3) 电力线路阻抗

线路的电阻 R_{WL} 可由导线电缆的单位长度阻值 R_0 值求得，即

$$R_{WL} = R_0 l \tag{2-49}$$

式中，R_0 为导线电缆单位长度电阻，可查有关手册或产品样本；l 为线路长度。

如果线路的结构数据不详时，X_0 可按表 2-9 取其平均值。

表 2-9 电力线路每相的单位长度电抗平均值

电抗平均值/(Ω/km) \ 线路电压 \ 电缆线路	35kV 及以上	6~10kV	380/220V
架空线路	0.40	0.35	0.32
电缆线路	0.12	0.08	0.066

求出短路电路中各元件的阻抗后，再简化短路电路。求出其总阻抗，然后根据式（2-50）或式（2-51）即可计算短路电流周期分量 $I_k^{(3)}$。

必须注意：在计算短路电路的阻抗时，如果计算电路中含有电力变压器，则电路内各元件的阻抗都应统一换算到短路点的短路计算电压去。阻抗等效换算的公式为

$$R' = R\left(\frac{U_C'}{U_C}\right)^2 \tag{2-50}$$

$$X' = X\left(\frac{U_C'}{U_C}\right)^2 \tag{2-51}$$

式中，R、X 和 U_C 为换算前元件的电阻、电抗和元件所处的短路计算电压；R'、X' 和 U_C' 为换算后元件的电阻、电抗和短路点的短路计算电压。

短路计算中由于电力系统和电力变压器的阻抗计算式中均含有 U_N^2，计算阻抗时，将公式中的 U_C 直接代入短路点的计算电压，就相当于阻抗已换算到短路点的一侧了。对于电力线路的阻抗，计算低压侧的短路电流时，高压侧的线路阻抗就需要换算到低压侧。

【例 2-6】 某车间供电系统如图 2-10 所示，已知电力系统出口断路器为 SN10—10Ⅱ型（开断容量为 500MV·A）。试求车间变电所高压 10kV 母线上 k-1 点短路和低压 380V 母线 k-2 点短路的三相短路电流和短路容量。

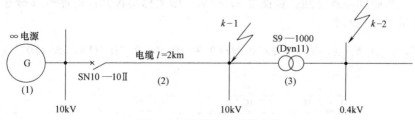

图 2-10 短路电流计算电路

解：（1）求 k-1 点的三相短路电流和短路容量（$U_{C1} = 10.5\text{kV}$）

1）计算短路电路中各元件的电抗及总电抗。

电力系统的电抗值 X_1：由断路器断开容量 $S_{OC} = 500\text{MV} \cdot \text{A}$

$$X_1 = \frac{U_{C1}^2}{S_{OC}} = \frac{(10.5\text{kV})^2}{500\text{MV} \cdot \text{A}} = 0.22\Omega$$

电缆线路的电抗 X_2：查表 2-9 得 $X_0 = 0.08\Omega/\text{km}$，因此

$$X_2 = X_0 l = 0.08(\Omega/\text{km}) \times 2\text{km} = 0.16\Omega$$

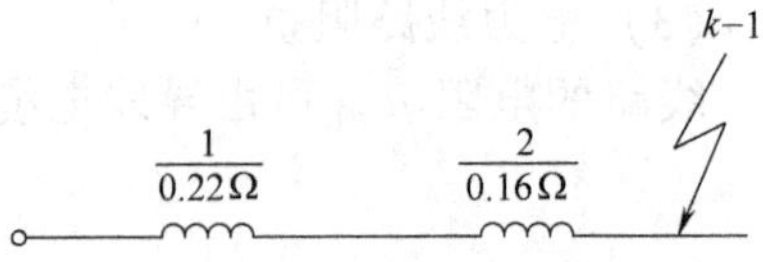

绘制 k-1 点短路的等效电路，如图 2-11 所示，图上标出各元件的序号（分子）和电抗值（分母），并计算出总阻抗为

图 2-11 k-1 点短路等效电路图

$$X_{\Sigma(k-1)} = X_1 + X_2 = 0.22\Omega + 0.16\Omega = 0.38\Omega$$

2）计算三相短路电流和短路容量。

三相短路电流周期分量有效值为

$$I_{k-1}^{(3)} = \frac{U_{C1}}{\sqrt{3}X_{\Sigma(k-1)}} = \frac{10.5\text{kV}}{\sqrt{3} \times 0.38\Omega} = 15.95\text{kA}$$

三相短路次暂态电流和稳态电流为

$$I''^{(3)} = I_\infty^{(3)} = I_{k-1}^{(3)} = 15.95\text{kA}$$

三相短路冲击电流及第一个周期短路全电流有效值为

$$i_{sh}^{(3)} = 2.55 I''^{(3)} = 2.55 \times 15.95\text{kA} \approx 40.67\text{kA}$$

$$I_{sh}^{(3)} = 1.51 I''^{(3)} = 1.51 \times 15.95\text{kA} \approx 24.1\text{kA}$$

三相短路容量为

$$S_{k-1}^{(3)} = \sqrt{3} U_{C1} I_{k-1}^{(3)} = \sqrt{3} \times 10.5\text{kV} \times 15.95\text{kA} = 290.1\text{MV} \cdot \text{A}$$

（2）求 k-2 点的三相短路电流和短路容量（$U_{C2} = 0.4\text{kV}$）

1）计算短路电路中各元件的电抗及总电抗。

电力系统的电抗值 X_1'

$$X_1' = \frac{U_{C2}^2}{S_{OC}} = \frac{(0.4\text{kV})^2}{500\text{MV} \cdot \text{A}} = 3.2 \times 10^{-4}\Omega$$

电缆线路的电抗 X_2'

$$X_2' = X_0 l \left(\frac{U_{C2}}{U_{C1}}\right)^2 = 0.08\Omega/\text{km} \times 2\text{km} \times \left(\frac{0.4\text{kV}}{10.5\text{kV}}\right)^2 = 2.3 \times 10^{-4}\Omega$$

电力变压器的电抗 X_3

$$X_3 = X_4 \approx \frac{U_k\% U_C^2}{S_N} = 0.05 \times \frac{(0.4\text{kV})^2}{1000\text{kV} \cdot \text{A}} = 8 \times 10^{-3}\Omega$$

绘制 k-2 点短路的等效电路，如图 2-12 所示，图上标出各元件的序号（分子）和电抗值（分母），并计算其总阻抗为

$$X_{\Sigma(k-2)} = X_1 + X_2 + X_3 = 3.2 \times 10^{-4}\Omega + 2.3 \times 10^{-4}\Omega + 8 \times 10^{-3}\Omega = 8.55 \times 10^{-3}\Omega$$

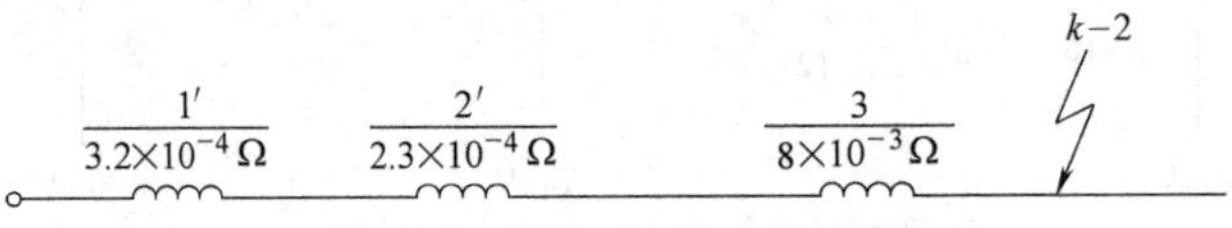

图 2-12 k-2 点短路等效电路图

2）计算三相短路电流和短路容量。
三相短路电流周期分量有效值为

$$I_{k-2}^{(3)}=\frac{U_{C2}}{\sqrt{3}X_{\Sigma(k-2)}}=\frac{0.4\text{kV}}{\sqrt{3}\times8.55\times10^{-3}\Omega}=27.0\text{kA}$$

三相短路次暂态电流和稳态电流为

$$I''^{(3)}=I_{\infty}^{(3)}=I_{k-2}^{(3)}=27.0\text{kA}$$

三相短路冲击电流及第一个周期短路全电流有效值为

$$i_{sh}^{(3)}=1.84I''^{(3)}=1.84\times27.0\text{kA}=49.7\text{kA}$$

$$I_{sh}^{(3)}=1.09I''^{(3)}=1.09\times27.0\text{kA}=29.4\text{kA}$$

三相短路容量为

$$S_{k-2}^{(3)}=\sqrt{3}U_{C2}I_{k-2}^{(3)}=\sqrt{3}\times0.4\text{kV}\times27.0\text{kA}=18.7\text{MV}\cdot\text{A}$$

在工程设计说明书中，往往只列短路计算表，见表 2-10。

表 2-10　短路计算表

短路计算点	三相短路电流/kA					三相短路容量/MV·A
	$I_k^{(3)}$	$I'^{(3)}$	$I_\infty^{(3)}$	$i_{sh}^{(3)}$	$I_{sh}^{(3)}$	$S_k^{(3)}$
k-1	15.95	15.95	15.95	40.67	24.1	290.1
k-2	27.0	27.0	27.0	49.7	29.4	18.7

3. 采用标幺值法计算短路电流

（1）标幺值法的概念

任意一个有名值的物理量与同单位的基准值之比，称为标幺值。它是个相对值，是无单位的纯数，可用小数或百分数表示。基准值是可以任意选择的，选择以运算方便、简单为目的。通常标幺值用 A_d^* 表示，参考值用 A_d 表示，实际值用 A 表示，因此

$$A_d^*=A/A_d \tag{2-52}$$

按标幺值法进行短路计算时，一般先选定基准容量 S_d 和基准电压 U_d。

在工程计算中，为计算方便，基准容量一般取 $S_d=100\text{MV}\cdot\text{A}$ 或 $S_d=1000\text{MV}\cdot\text{A}$；基准电压通常取元件所在处的短路计算电压，即 $U_d=U_C$。

选定了基准容量 S_d 和基准电压 U_d 后，基准电流 I_d 按下式计算：

$$I_d=\frac{S_d}{\sqrt{3}U_d}=\frac{S_d}{\sqrt{3}U_C} \tag{2-53}$$

基准电抗 X_d 按下式计算：

$$X_d=\frac{S_d}{\sqrt{3}I_d}=\frac{U_C^2}{S_d} \tag{2-54}$$

（2）电力系统中各主要元件电抗标幺值的计算方法（注：$U_d=U_C$）

1）电力系统的电抗标幺值：

$$X_S^*=\frac{X_S}{X_d}=\frac{U_C^2}{S_{OC}}\bigg/\frac{U_d^2}{S_d}=\frac{S_dU_C^2}{S_{OC}U_d^2}=\frac{S_d}{S_{OC}} \tag{2-55}$$

式中，X_S 为电力系统的电抗值；S_{OC} 为电力系统的容量。

2）电力变压器的电抗标幺值：

$$X_T^*=\frac{X_T}{X_d}=\frac{U_k\%U_C^2}{100S_N}\bigg/\frac{U_d^2}{S_d}=\frac{U_k\%S_dU_C^2}{100S_NU_d^2}=\frac{U_k\%S_d}{100S_N} \tag{2-56}$$

式中，$U_k\%$ 为变压器短路电压百分比；X_T 为变压器的电抗；S_N 为电力变压器的额定容量。

3）电力线路的电抗标幺值：

$$X_{WL}^* = \frac{X_{WL}}{X_d} = X_0 l \Big/ \frac{U_d^2}{S_d} = X_0 l \frac{S_d}{U_C^2} \tag{2-57}$$

式中，X_{WL} 为线路的电抗；X_0 为导线单位长度的电抗；l 为导线的长度。

4）无限大容量电力系统三相短路电流周期分量有效值的标幺值：

$$I_k^{(3)*} = \frac{I_k^{(3)}}{I_d} = \frac{U_C}{\sqrt{3}X_\Sigma} \Big/ \frac{S_d}{\sqrt{3}U_d} = \frac{U_C^1}{S_d X_\Sigma} = \frac{1}{X_\Sigma^*} \tag{2-58}$$

由此可得三相短路电流周期分量有效值：

$$I_k^{(3)} = I_k^{(3)*} I_d = \frac{I_d}{X_\Sigma^*} \tag{2-59}$$

然后，即可用前面的公式分别求出 I''、I_∞、I_{sh} 和 i_{sh} 等。

三相短路容量的计算公式为

$$S_k = \sqrt{3} U_C I_k = \sqrt{3} U_C \frac{I_d}{X_\Sigma^*} = \frac{S_d}{X_\Sigma^*} \tag{2-60}$$

（3）标幺值法计算步骤

1）画出计算电路图，并标明各元件的参数（与计算无关的原始数据一概除去）。

2）画出相应的等效电路图（采用电抗的形式），并注明短路计算点，对各元件进行编号（采用分数符号）。

3）选取基准容量，一般取 $S_d = 100\text{MV} \cdot \text{A}$，$U_d = U_C$。

4）计算各元件的电抗标幺值 X^*，并标于等效电路图上。

5）从电源到短路点，化简等效电路，依次求出各短路点的总电抗标幺值 X_Σ^*。

6）根据题目要求，计算各短路点所需的短路参数，如：I_k、$I_k^{(2)}$、I_∞、$I_\infty^{(2)}$、S_k、i_{sh}、I_{sh}、I'' 等。

7）将计算结果列成表格形式表示。

4. 两相短路电流计算

在无限大容量电力系统中发生两相短路时（见图 2-13），可得：

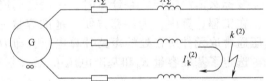

$$I_k^{(2)} = \frac{U_C}{2Z_\Sigma} \tag{2-61}$$

图 2-13 无限大容量电力系统发生两相短路

式中，U_C 为短路点计算电压；由于适中时，Z_Σ 主要为电抗，因此，上式也可写成

$$I_k^{(2)} = \frac{U_C}{2X_\Sigma} \tag{2-62}$$

而三相短路电流可由下列公式求得：

$$I_k^{(3)} = \frac{U_C}{\sqrt{3}Z_\Sigma} \tag{2-63}$$

所以

$$\frac{I_k^{(2)}}{I_k^{(3)}} = \frac{\sqrt{3}}{2} = 0.866 \tag{2-64}$$

或

$$I_k^{(2)} = \frac{\sqrt{3}}{2} I_k^{(3)} = 0.866 I_k^{(3)} \tag{2-65}$$

式（2-65）说明，在无限大容量电力系统中，同一地点的两相短路电流为三相短路电流的 0.866 倍，因此在求出三相短路电流后，可利用该式直接求得两相短路电流。

注意：三相短路电流一般不仅比两相短路电流大，而且也比单相短路电流大；但两相短路电流可能比单相短路电流大，也可能比单相短路电流小，这要视具体短路情况而定。因此为了方便，在计算校验继电保护时，把两相短路电流作为最小的短路电流来进行校验。

2.2.4 标幺值法计算短路电流实训

【例 2-7】 某供电系统如图 2-14 所示，已知电力系统出口断路器的开断容量为 500MV·A，试求变电所高压 10kV 母线上 k-1 点短路和低压 0.38kV 母线上 k-2 点短路的三相短路电流和短路容量。

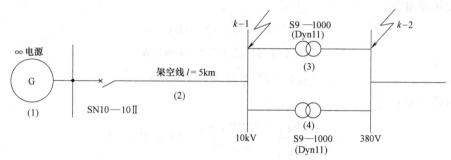

图 2-14 短路计算电路图

解：1）画出相应的等效电路，如图 2-15 所示。

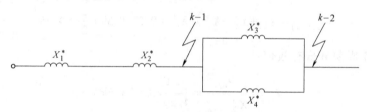

图 2-15 实训短路等效电路图

2）选取基准容量，一般取 $S_d = 100\text{MV·A}$，由 $U_d = U_C$ 得：$U_{C1} = 10.5\text{kV}$，$U_{C2} = 0.4\text{kV}$，因此

$$I_{d1} = \frac{S_d}{\sqrt{3}\,U_{C1}} = \frac{100\text{MV·A}}{\sqrt{3} \times 10.5\text{kV}} = 5.50\text{kA}$$

$$I_{d2} = \frac{S_d}{\sqrt{3}\,U_{C2}} = \frac{100\text{MV·A}}{\sqrt{3} \times 0.4\text{kV}} = 144\text{kA}$$

电力系统的电抗标幺值：

$$X_S^* = \frac{S_d}{S_{OC}} = \frac{100\text{MV·A}}{500\text{MV·A}} = 0.2$$

电力线路的电抗标幺值：

$$X_{WL}^* = X_0 l \frac{S_d}{U_C^2} = 0.35 \times 5 \times \frac{100}{10.5^2} = 1.59$$

电力变压器的电抗标幺值：

$$X_T^* = \frac{5 \times 100 \times 10^3 \text{kV} \cdot \text{A}}{100 \times 1000 \text{kV} \cdot \text{A}} = 5$$

3）求 k-1 点的总电抗标幺值及短路电流、短路容量

总电抗标幺值：

$$X_{\Sigma(k-1)}^* = X_1^* + X_2^* = 0.2 + 1.59 = 1.79$$

三相短路电流周期分量有效值：

$$I_{k-1} = \frac{I_{d1}}{X_{\Sigma(k-1)}^*} = \frac{5.5}{1.79} \text{kA} = 3.07 \text{kA}$$

各三相短路电流：

$$I'' = I_\infty = I_{k-1} = 3.07 \text{kA}$$
$$I_{sh} = 1.1.51 \times 3.07 \text{kA} = 4.64 \text{kA}$$
$$i_{sh} = 2.55 \times 3.07 \text{kA} = 7.83 \text{kA}$$

三相短路容量：

$$S_{k-1}^{(3)} = \frac{S_d}{X_{\Sigma(k-1)}^*} = \frac{100 \text{MV} \cdot \text{A}}{1.79} = 55.87 \text{MV} \cdot \text{A}$$

4）求 k-2 点的总电抗标幺值及短路电流、短路容量

总电抗标幺值：

$$X_{\Sigma(k-2)}^* = X_1^* + X_2^* + X_3^* // X_4^* = 0.2 + 1.59 + \frac{5}{2} = 4.29$$

三相短路电流周期分量有效值：

$$I_{k-2} = \frac{I_{d2}}{X_{\Sigma(k-2)}^*} = \frac{144}{4.29} \text{kA} = 33.6 \text{kA}$$

各三相短路电流：

$$I'' = I_\infty = I_{k-2} = 33.6 \text{kA}$$
$$I_{sh} = 1.09 \times 33.6 \text{kA} = 36.6 \text{kA}$$
$$i_{sh} = 1.84 \times 33.6 \text{kA} = 61.8 \text{kA}$$

三相短路容量：

$$S_{k-2}^{(3)} = \frac{S_d}{X_{\Sigma(k-2)}^*} = \frac{100 \text{MV} \cdot \text{A}}{4.29} = 23.3 \text{MV} \cdot \text{A}$$

5）将计算结果列成表格形式，见表 2-11。

表 2-11 短路计算结果

短路计算点	三相短路电流/kA					三相短路容量/MV·A
	I_k	I''	I_∞	I_{sh}	i_{sh}	S_k'
k-1 点	3.07	3.07	3.07	4.64	7.83	55.87
k-2 点	33.6	33.6	33.6	36.6	61.8	23.3

2.2.5 问题与思考

1) 为什么通常以三相短路时的短路电流热效应和电动力效应来校验电气设备？
2) 欧姆法与标幺值法相比在短路计算时有什么优点？标幺值法进行短路计算有哪些步骤？

2.2.6 任务总结

短路是不同电位导电部分之间的不正常短接。三相系统中的短路基本类型有：三相短路、两相短路、单相短路和两相接地短路。三相短路属对称短路，其他形式的短路均属不对称短路。发生单相短路的可能性最大，发生三相短路的可能性最小；但一般三相短路的短路电流最大，造成的危害也最严重，因此，选择、检验电气设备用的短路计算值，以三相短路计算值为主。

无限大容量电力系统是指容量相对于用户供电系统容量大得多的电力系统，当用户供电系统发生短路时，电力系统变电所馈电母线上的电压基本不变，可将该电力系统视为无限大容量电力系统。在无限大容量电力系统发生短路时的有关物理量有：短路电流周期分量 i_p，短路电流非周期分量 i_{np}，短路全电流 $i_k = i_p + i_{np}$，短路冲击电流瞬时值 i_{sh}，短路冲击电流有效值 I_{sh} 和短路稳态电流 $I_\infty = I'' = I_k$。

采用标幺值法计算短路电流用 A_d^* 表示标幺值，参考值用 A_d 表示，实际值用 A 表示。在工程计算中，基准容量一般取 $S_d = 100\text{MV} \cdot \text{A}$ 或 $S_d = 1000\text{MV} \cdot \text{A}$，基准电压取元件所在处的短路计算电压，即 $U_d = U_C$，基准电流 $I_d = \dfrac{S_d}{\sqrt{3}\,U_d} = \dfrac{S_d}{\sqrt{3}\,U_C}$，基准电抗 $X_d = \dfrac{S_d}{\sqrt{3}\,I_d} = \dfrac{U_C^2}{S_d}$。

2.3 习题

2-1 电力负荷的含义是什么？动力负荷的负荷指的是什么？轻负荷、重负荷的负荷又指的是什么？

2-2 什么叫负荷持续率？它表征哪类设备的工作特性？

2-3 什么叫年最大负荷利用小时？什么叫年最大负荷和年平均负荷？什么叫负荷系数？

2-4 什么叫计算负荷？为什么计算负荷通常采用半小时最大负荷？正确确定计算负荷有何意义？

2-5 确定计算负荷的需要系数法和二项式系数法各有什么特点？各适用于哪些场合？

2-6 一个大批量生产的机械加工车间，拥有380V金属切削机床42台，总容量为500kW，试确定该车间的计算负荷。

2-7 某小批量生产车间380V线路上接有金属切削机床共30台，总容量为70kW，其中较大容量的有10kW的2台、7.5kW的3台、4kW的10台。试分别用需要系数法和二项式系数法计算此车间的计算负荷。

2-8 某机修车间有冷加工机床35台，设备总容量为180kW，有380V电焊机4台，共20kW（$\varepsilon_N = 65\%$），有吊车1台10kW（$\varepsilon_N = 25\%$），试确定此车间的计算负荷。

2-9 某工厂变电所，其变压器低压侧的有功计算负荷为350kW，无功计算负荷为250kvar。为了使工厂的功率因数不低于0.9，如在变电所低压侧装设并联电容器进行补偿时，需装设多少补偿容量？补偿前后所选变压器的容量有何变化？

2-10 什么叫尖峰电流？尖峰电流的计算有什么用处？

2-11 什么叫短路？短路故障产生的原因是什么？短路对电力系统有哪些危害？

2-12 短路有哪些形式？哪种形式短路发生的可能性最大？哪种形式短路的危害最严重？

2-13 什么叫无限大电力系统？它有什么特点？在无限大电力系统中发生短路时，短路电流将如何变化？短路电流能否突然增大？为什么？

2-14 短路电流周期分量和非周期分量各是如何产生的？

2-15 什么是短路冲击电流 i_{sh} 和 I_{sh}？什么是短路次暂态电流 I'' 和短路稳态电流 I_∞？

2-16 什么叫短路计算电压？它与线路额定电压有什么关系？

2-17 在无限大电力系统中，三相短路电流、两相短路电流、单相短路电流各有什么关系？

项目3 供配电设备

供配电设备是指用于输电、变电、配电和用电的所有设备,包括变压器、控制电器、保护设备、测量仪表、线路器材和用电设备等。通过对本项目供配电系统设备的原理、结构、运行管理及选择方法的学习,使学生对供配电一次设备的运行与操作有更清晰的认识,能够合理、正确地使用电气设备,为今后相关岗位工作奠定基础。

3.1 任务1 变压器、互感器的运行及选择

【任务描述】 变压器(互感器)是一种静止的电气设备,可以将某一数值的交流电压(电流)变成频率相同的另一种或几种数值不同的电压(电流),在电力系统中主要是用于电能的传输和计量。本任务重点介绍变压器(互感器)的结构类型、技术参数和选择使用等知识。

【知识目标】 了解电力变压器、互感器设备的结构特点、用途、运行管理及选择使用。

【能力目标】 能独立完成小型三相电力变压器、电流互感器和电压互感器的检测、连接及运行维护。

3.1.1 电力变压器

电力变压器(文字符号为 T 或 TM),根据国际电工委员会(IEC)的界定,凡是三相变压器额定容量在 5kV·A 及以上,单相的在 1kV·A 及以上的输变电用变压器,均称为电力变压器。它是供配电系统中最关键的一次设备,主要用于公用电网和工业电网中,将某一给定电压值的电能转变为所要求的另一电压值的电能,以利于电能的合理输送、分配和使用。

1. 电力变压器的分类及特点

三相电力变压器的分类方法比较多,常用的如下:

1)按功能分,有升压变压器和降压变压器。在远距离输配电系统中,为了把发电机发出的较低电压升高为较高的电压,需升压变压器;而对于直接供电给各类用户的终端变电所,则采用降压变压器。

2)按绕组形式分,有双绕组变压器、三绕组变压器和自耦式变压器。双绕组变压器用于变换一个电压的场所;三绕组变压器用于需两个电压的场所,它有一个一次绕组、两个二次绕组;自耦式变压器大多用在实验室中作调压用。

3)按容量系列分,目前我国大多采用 IEC 推荐的 R10 系列来确定变压器的容量,即容量按 $R10 = \sqrt[10]{10} = 1.26$ 的倍数递增,常用的有 100kV·A、125kV·A、160kV·A、200kV·A、250kV·A、315kV·A、400kV·A、500kV·A、630kV·A、800kV·A、1000kV·A、1250kV·A、1600kV·A、2000kV·A、2500kV·A、3150kV·A 等,其中,容量在 500kV·A 以下的为小型,630~6300kV·A 的为中型,8000kV·A 以上的为大型。这种容量系列的等级较密,便于

合理选用。

4) 按电压调节方式分,有无载调压变压器和有载调压变压器。其中,无载调压变压器一般用于对电压水平要求不高的场所,特别是10kV及以下的配电变压器;在10kV以上的电力系统和对电压水平要求较高的场所主要采用有载调压变压器。

5) 按冷却方式和绕组绝缘分,有油浸式、干式等,其中油浸式变压器又有油浸自冷式、油浸风冷式、油浸水冷式和强迫油循环冷却方式等,而干式变压器又有浇注式、开启式、封闭式等。

油浸式变压器具有较好的绝缘和散热性能,且价格较低,便于检修,因此被广泛地采用,但由于油的可燃性,不便用于易燃易爆和安全要求较高的场合。

干式变压器结构简单,体积小,重量轻,且防火、防尘、防潮,虽然价格较同容量的油浸式变压器高,在安全防火要求较高的场所,尤其是大型建筑物内的变电所、地下变电所和矿井内变电所被广泛使用。

普通的中、小容量的变压器采用自冷式结构,即变压器产生的损耗热经自然通风和辐射逸散;大容量的油浸式变压器采用水冷式和强迫油循环冷却方式;风冷式是利用通风机来加强变压器的散热冷却,一般用于大容量变压器(2000kV·A及以上)和散热条件较差的场所。

2. 电力变压器的型号和技术参数

(1) 电力变压器的型号

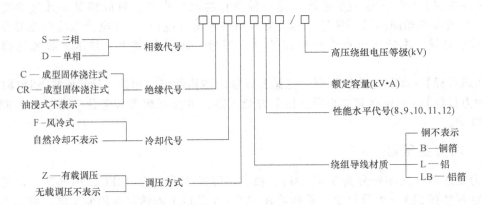

(2) 电力变压器的技术参数

1) 额定容量 S_N:额定容量是指在额定状态下变压器输出功率的保证值,单位为kV·A。由于电力变压器的效率极高,规定一次、二次侧容量相同。

2) 额定电压 U_N:高压(一次)侧额定电压是指变压器在空载时,变压器额定分接头对应的电压,单位为kV。二次侧额定电压是指在一次侧加上额定电压时,二次侧的空载电压值。对三相电力变压器,额定电压是指线电压。

3) 额定电流 I_N:根据变压器的额定容量和额定电压计算出来的电流称为变压器的额定电流,单位为A。对三相电力变压器,额定电流是指线电流。另外,在额定运行时,变压器的频率、效率和温升均为额定值。

4) 额定频率 f_N(Hz):我国规定的标准频率为50Hz。

5) 阻抗电压 $U_d\%$:将变压器二次侧短路,一次侧施加电压并慢慢升高电压,直到二次侧产生的短路电流等于二次侧的额定电流 I_{2N} 时,一次侧所加的电压称为阻抗电压。

6) 空载电流 $I_0\%$:当变压器二次侧开路,一次侧加额定电压 U_{1N} 时,流过一次绕组的电流为空载电流 I_0,用相对于额定电流的百分数表示。

7) 空载损耗 P_0:空载损耗指变压器二次侧开路,一次侧加额定电压 U_{1N} 时变压器的损耗，它近似等于变压器的铁损。

8) 短路损耗 P_d：短路损耗指变压器一次、二次绕组流过额定电流时，在绕组的电阻中所消耗的功率。

9) 额定温升：变压器的额定温升是以环境温度+40℃为参考，规定在运行中允许变压器的温度超出参考环境温度的最大温升。

10) 冷却方式：为了使变压器运行时温升不超过限值，通常要进行可靠的散热和冷却处理，变压器铭牌上用相应的字母代号表示不同的冷却循环方式和冷却介质。

3. 电力变压器的绕组联结

在三相变压器中，一次绕组的始端为 A、B、C，末端为 X、Y、Z；二次绕组的始端为 a、b、c，末端为 x、y、z。变压器的联结组标号是指变压器一、二次绕组所采用的联结方式的类型及相应的一、二次侧对应线电压的相位关系。常用的联结组标号有 Yyn0、Dyn11、Yzn11、Yd11、YNd11 等。下面分析变压器的某些常见联结组标号的特点和应用。

(1) 电力变压器的联结组标号

1) Yyn0 联结组标号的示意图如图 3-1 所示，其一次线电压和对应二次线电压的相位关系如同时钟在零点（12 点）时时针与分针的位置一样。（图中一、二次绕组上标"·"的端子为对应"同名端"，即"同极性端"）

Yyn0 联结组标号的一次绕组采用星形联结，二次绕组为带中性线的星形联结，其线路中可能有的 3n（n=1，2，3，…）次谐波电流会注入公共的高压电网中；而且，其中性线的电流规定不能超过相线电流的 25%。因此，负荷严重不平衡或 3n 次谐波比较突出的场合不宜采用这种联结，但该联结组标号的变压器一次绕组的绝缘强度要求较低（与 Dyn11 比较），因而造价比 Dyn11 型的稍低。在 TN 和 TT 系统中，由单相不平衡电流引起的中性线电流不超过二次绕组额定电流的 25%，且任一相的电流在满载都不超过额定电流时可选用 Yyn0 联结组标号的变压器。

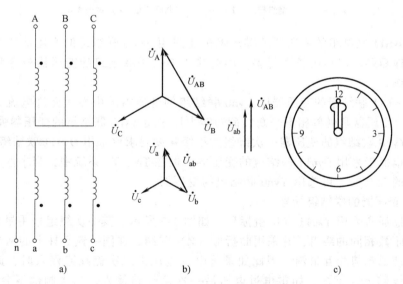

图 3-1 变压器 Yyn0 联结组标号

a) 一、二次绕组接线 b) 一、二次电压相量 c) 钟表表示

2) Dyn11 联结组标号的示意图如图 3-2 所示，其一次线电压和对应二次线电压的相位关系如同时钟在 11 点时时针与分针的位置一样。

其一次绕组为三角形联结，3n 次谐波电流在其三角形的一次绕组中形成环流，不致注入公共电网，有抑制高次谐波的作用；其二次绕组为带中性线的星形联结，按规定，中性线电流容许达到相电流的 75%，因此其承受单相不平衡电流的能力远远大于 Yyn0 联结组标号的变压器。对于现代供电系统中单相负荷急剧增加的情况，尤其在 TN 和 TT 系统中，Dyn11 联结的变压器得到大力推广和应用。

（2）采用 Yyn0 和 Dyn11 联结组的优、缺点比较

1）采用 Dyn11 联结组的变压器，由于其 $3n$ 次（n 为正整数）谐波励磁电流在其三角形联结中的一次绕组内会形成环流，因此比采用 Yyn0 联结组的变压器有利于抑制高次谐波电流。

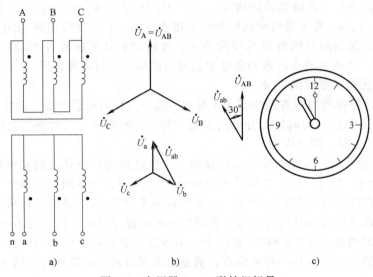

图 3-2 变压器 Dyn11 联结组标号
a）一、二次绕组接线 b）一、二次电压相量 c）钟表表示

2）采用 Dyn11 联结组的变压器的零序阻抗比采用 Yyn0 联结组的变压器的小得多，导致二次侧单相接地短路电流相比较大得多，因此采用 Dyn11 联结组的变压器更有利于低压侧单相接地保护动作。

3）采用 Dyn11 联结组的变压器比 Yyn0 联结组的变压器的中性线允许电流大得多，因此 Dyn11 联结组的变压器承受单相不平衡负荷的能力比采用 Yyn0 联结组的变压器强得多。

4）采用 Yyn0 联结组的变压器一次绕组的绝缘强度要求比采用 Dyn11 联结组的变压器低，因此制造成本也低于采用 Dyn11 联结组的变压器。但在 TN、TT 系统中，当中性线电流不超过绕组额定电流的 25% 时，可选用 Yyn0 联结组的变压器。

（3）防雷变压器的联结组标号

防雷变压器通常采用 Yzn11 联结组标号，如图 3-3 所示。其一次绕组采用星形联结，二次绕组分成两个匝数相同的绕组，并采用曲折形（Z）联结，在同一铁心柱上的两半个绕组的电流正好相反，使磁动势相互抵消。因此如果雷电过电压沿二次侧线路侵入时，此过电压不会感应到一次侧线路上；反之，如雷电过电压沿一次侧线路侵入，二次侧也不会出现过电压。由此可见，Yzn11 联结的变压器有利于防雷，但这种变压器二次绕组的用材量比 Yyn0 联结的增加 15% 以上。

4. 电力变压器的并列运行

两台及以上的变压器一、二次绕组的接线端分别并联连接投入运行，即为变压器的并列运行。并列运行时必须符合以下条件才能保证供配电系统的安全、可靠和经济性。

1) 所有并列变压器的电压比必须相同,即额定一次电压和额定二次电压必须对应相等,容许差值不得超过±5%。否则将在并列变压器的二次绕组内产生环流,即二次电压较高的绕组将向二次电压较低的绕组供给电流,引起电能损耗,导致绕组过热甚至烧毁。

2) 并列变压器的联结组标号必须相同,也就是一次电压和二次电压的相序和相位应分别对应相同。否则,如图 3-4 所示为一台 Yyn0 联结和一台 Dyn11 联结的变压器并列运行时的相量图,它们的二次电压出现 30° 的相位差,这一 ΔU 将在两台变压器的二次侧产生一个很大的环流,可能导致变压器绕组烧坏。

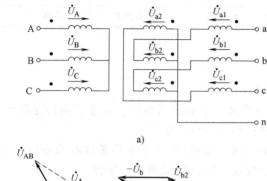

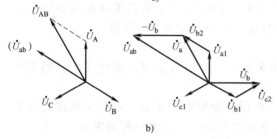

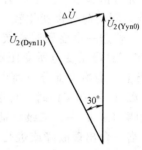

图 3-3　变压器 Yzn11 联结组标号
a) 一、二次绕组接线　b) 一、二次电压相量

图 3-4　Yyn0 联结和 Dyn11 联结的变压器并列运行时的相量图

3) 并列变压器的短路电压（阻抗电压）须相等或接近相等,容许差值不得超过±10%。因为并列运行的变压器的实际负载分配和它们的阻抗电压值成反比,如果阻抗电压相差过大,可能导致阻抗电压小的变压器发生过负荷现象。

4) 并列变压器的容量应尽量相同或相近,其最大容量和最小容量之比不超过 3 : 1。如果容量相差悬殊,不仅可能造成运行的不方便,而且当并列变压器的性能不同时,可能导致变压器间的环流增加,还很容易造成小容量的变压器发生过负荷情况。

5. 电力变压器的选择

电力变压器的选择需根据电力负荷、稳定性及运行维护的要求确定。表 3-1 为各种类型的电力变压器的不同性能和应用场合的比较。

表 3-1　各种类型的电力变压器性能比较

类型 项目	矿物油变压器	硅油变压器	六氟化硫变压器	干式变压器	环氧树脂浇注变压器
价格	低	中	高	高	较高
安装面积	中	中	中	大	小
体积	中	中	中	大	小
爆炸性	有可能	可能性小	不爆	不爆	不爆
燃烧性	可燃	难燃	难燃	难燃	难燃
噪声	低	低	低	高	低
耐湿性	良好	良好	良好	弱(无电压时)	优

(续)

类型 项目	矿物油变压器	硅油变压器	六氟化硫变压器	干式变压器	环氧树脂浇注变压器
防尘性	良好	良好	良好	弱	良好
损耗	大	大	稍小	大	小
绝缘等级	A	A 或 H	E	B 或 H	B 或 F
重量	重	较重	中	重	轻
一般工厂	普遍使用	一般不用	一般不用	一般不用	很少使用
高层建筑的地下室	一般不用	可使用	宜使用	不宜使用	推荐使用

(1) 变电所主变压器台数的选择

1) 车间变电所主变压器台数的选择：

① 对于一般生产车间，尽可能装设一台变压器。

② 如果车间的一、二级负荷所占比重较大，必须由两个电源供电时，应装设两台变压器；若该变电所与相邻车间变电所有联络线时，则亦可只装设一台变压器。

③ 当车间负荷昼夜变化较大时，或由独立车间变电所同时向几个负荷曲线相差悬殊的车间供电时，若选一台变压器在技术、经济上显然不合理，则应装设两台变压器。

2) 工厂总降压变电所变压器台数的选择：

① 当工厂的绝大部分负荷属于三级负荷，其少量的一、二级负荷可由邻近工厂获得低压侧备用电源（6~10kV）时，可装设一台变压器。

② 如果工厂的一、二级负荷所占比重较大时，必须装设两台变压器。两台变压器之间互为备用，当一台出现故障或进行检修时，另一台能承担对全部一、二级负荷的供电。

③ 特殊情况下可装设两台以上变压器。例如，分期建设的大型工厂，其变电所个数及变压器台数均可分期投建，从而变压器台数可能较多；又如，对引起电网电压严重波动的设备（电弧炉等）可装设专用变压器，从而使变压器台数增多。

④ 当变电所仅装设一台变压器时，其变压器容量应考虑有 15%~25% 的余量，以备发展的需要。

(2) 变电所主变压器容量的选择

1) 只装一台主变压器的变电所变压器容量的选择。

变压器的额定容量 $S_{N.T}$ 应满足全部用电设备总计算负荷 S_{30} 的需要，即 $S_{N.T} \geq S_{30}$。

2) 装有两台主变压器的变电所变压器容量的选择。

每台主变压器的额定容量 $S_{N.T}$ 应同时满足以下两个条件：

①任意一台变压器单独运行时，应能满足不小于总计算负荷 S_{30} 的 60%~70% 的需要。
即
$$S_{N.T} \geq (0.6 \sim 0.7) S_{30}$$

②任意一台变压器单独运行时，应能满足全部一、二级负荷 $S_{30(I+II)}$ 的需要。
即
$$S_{N.T} \geq S_{30(I+II)}$$

3) 车间变电所主变压器容量的上限。

车间变电所主变压器的单台容量一般不宜大于 1250kV·A。这是因为，一方面受到过去低压电器的断流能力及短路稳定度要求的限制；另一方面也是考虑到可以使变压器更接近于车间负荷中心，以减少低压配电系统的电能损耗和电压损耗。

目前，我国已能生产出一些断流能力更大、短路稳定度更高的新型低压断路器。因此，如果车间负荷容量较大、负荷集中且运行合理时，也可以选用单台容量为 1600~2000kV·A 的电力变压器。这样可以减少主变压器台数、高压开关柜数量和电缆长度等。

此外，在确定主变压器的容量时，应适当考虑负荷的发展。而主变压器的台数和容量的最后确定，应结合变电所最后确定的主接线方案，择优而定。

6. 电力变压器的检查及维护

（1）变压器投入运行前的检查

变压器安装结束，各项交接试验和技术特性测试合格后，便进入启动试运行阶段。这个阶段是指变压器开始带电，以可能的最大负荷连续运行24h所经历的过程。变压器投入运行前，应进行严格而全面的检查，检查项目如下：

1）本体（器身）、冷却装置及所有附件应无缺陷，且不渗油。

2）轮子的制动装置应牢固。

3）油漆应完整，相色标志正确。

4）变压器顶盖上应无遗留杂物。

5）事故排油设施应完好，消防设施应齐全。

6）储油柜、冷却装置、净油器等油系统的油门均应打开，且指示正确，无渗油。

7）接地引下线及其与主接地网的连接应满足设计要求，接地应可靠。铁心和夹件的接线引出套管、套管的接地小套管及电压抽取装置不用时其抽出端子均应接地；备用电流互感器二次端子应短接接地；套管顶部结构的接触及密封应良好。

8）储油柜和充油套管的油位应正常，套管清洁完好。

9）分接头的位置应符合运行要求；有载调压切换装置的远动操作应动作可靠，指示位置正确。

10）变压器的相位及绕组的联结组标号应符合并联运行要求。

11）测温装置指示应正确，整定值应符合要求。

12）冷却装置试运行应正常，联动正确，水冷装置的油压应大于水压；强迫油循环的变压器，应启动全部冷却装置，进行循环4h以上，放完残留的空气。

（2）变压器的运行标准

1）运行温度和温升。

变压器的运行允许温度是根据变压器所使用绝缘材料的耐热强度而规定的最高温度。变压器油温若超过85℃时，油的氧化速度加快，老化得越快。试验表明，油温在85℃的基础上升高10℃，氧化速度会加快一倍。因此要严格控制变压器油箱内油的温度。

变压器的运行允许温度与周围空气最高温度之差为运行允许温升。空气最高气温规定为+40℃。同时还规定：最高日平均温度为+30℃，最高年平均温度为+20℃，最低气温为-30℃。

$$允许温度 = 允许温升 + 40℃（周围空气的最高温度）$$

普通油浸式电力变压器的绝缘属于A级。即经浸渍处理过的有机材料，如纸、木材和棉纱等，其运行允许温度为105℃。多年的变压器运行经验证明，变压器绕组温度连续运行在95℃时，就可以保证变压器具有适当的合理寿命（约20年），因此说温度是影响变压器寿命的主要因素。

2）变压器的过负荷能力。

变压器在正常运行时，负荷不应超过额定容量。但是，变压器并非总在最大负荷下运行，在许多时间内变压器的实际负荷远小于额定容量，因此，变压器在不降低规定使用寿命的条件下具有一定的过负荷能力。变压器的过负荷能力，分为正常过负荷和事故过负荷两种。

① 正常过负荷能力。变压器在正常运行时带额定负荷可连续运行20年。由于昼夜负荷变化和季节性负荷差异而允许变压器过负荷，称为正常过负荷。这种过负荷系数的总数，室外变压器不超过30%，室内变压器不超过20%。

变压器的正常过负荷时间是指在不影响其寿命、不损坏变压器的各部分绝缘的情况下，允许过负荷的持续时间。允许变压器正常过负荷倍数及允许过负荷的持续时间见表3-2。

表3-2 自然冷却或吹风冷却油浸式变压器的允许过负荷倍数和允许过负荷持续时间

允许过负荷持续时间(h:min) 过负荷倍数	过负荷前上层油温/℃					
	18	24	30	36	42	48
1.05	5:50	5:25	4:50	4:00	3:00	1:35
1.10	3:50	3:25	2:50	2:10	1:25	0:10
1.15	2:50	2:25	1:50	1:20	0:35	
1.20	2:05	1:40	1:15	0:45		
1.25	1:35	1:15	0:50	0:25		
1.30	1:10	0:50	0:30			
1.35	0:55	0:35	0:15			
1.40	0:40	0:25				
1.45	0:25	0:10				
1.50	0:15					

② 事故过负荷能力。当电力系统或变电所发生事故时，为了保证重要设备连续供电，允许变压器短时间的过负荷，这种过负荷即事故过负荷。变压器事故过负荷倍数及允许时间可参照表3-3，若过负荷的倍数和时间超过允许值时，则应按规定减少变压器的负荷。

表3-3 变压器事故过负荷倍数及允许时间

过负荷倍数	1.30	1.45	1.60	1.75	2.00	2.40	3.00
允许持续时间/min	120	80	30	15	7.5	3.5	1.5

3.1.2 互感器

互感器是电流互感器和电压互感器的统称。它们实质上是一种特殊的变压器，又可称为仪用变压器或测量互感器。互感器是根据变压器的变压、变流原理将一次电量（电压、电流）转变为同类型的二次电量的电器，该二次电量可作为二次回路中测量仪表、保护继电器等设备的电源或信号源。因此，它们在供配电系统中具有重要的作用，其主要功能如下：

1) 变换功能。将一次回路的大电压和大电流变换成适合仪表、继电器工作的小电压和小电流。

2) 隔离和保护功能。互感器作为一、二次电路之间的中间元件，不仅使仪表、继电器等二次设备与一次主电路隔离，提高了电路工作的安全性和可靠性，而且有利于人身安全。

3) 扩大仪表。对于继电器等二次设备的应用范围，由于互感器二次侧的电流或电压额定值统一规定为5A（1A）及100V，通过改变互感器的变比，可以反映任意大小的主回路电压和电流值，而且便于二次设备制造规格统一和批量生产。

1. 电流互感器

电流互感器简称CT，文字符号为TA，是变换电流的设备。

(1) 基本原理

电流互感器的基本结构如图3-5所示，它由一次绕组、铁心、二次绕组组成。其结构特点是：

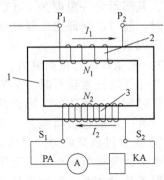

图3-5 电流互感器的基本结构
1—铁心 2——次绕组 3—二次绕组

1)一次绕组匝数少,二次绕组匝数多。如心柱式的一次绕组为一个穿过铁心的直导线;母线式的电流互感器本身没有一次绕组,利用穿过其铁心的一次电路作为一次绕组(相当于1匝)。

2)一次绕组导体较粗,二次绕组导体较细。二次绕组的额定电流一般为5A或1A。

3)电流互感器的一次绕组串接在一次电路中,二次绕组与仪表、继电器电流线圈串联,形成闭合回路。由于这些电流线圈阻抗很小,工作时电流互感器的二次回路接近短路状态。电流互感器的电流比用 K_i 表示,则

$$K_i = \frac{I_{1N}}{I_{2N}} \approx \frac{N_2}{N_1} \tag{3-1}$$

式中,I_{1N}、I_{2N} 分别为电流互感器一次侧和二次侧的额定电流值;N_1、N_2 为其一次和二次绕组匝数。电流比一般表示成如100A/5A的形式。

(2)接线方案

电流互感器在三相电路中的常用四种接线方案如图3-6所示。

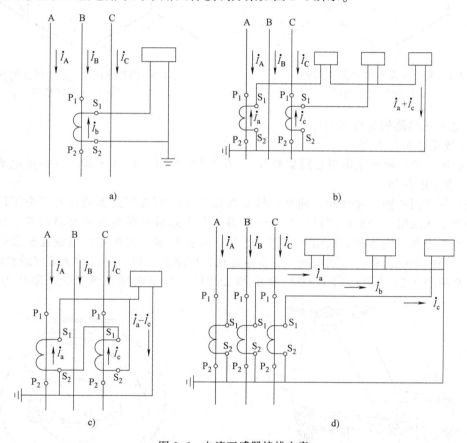

图3-6 电流互感器接线方案

a)一相式接线 b)两相V形接线 c)两相电流差式接线 d)三相星形联结

1)一相式接线。如图3-6a所示,互感器通常接在B相,电流互感器二次线圈中流过的是对应相一次电流的二次电流值,反映的是该相的电流。这种接线通常用于三相负荷平衡的系统中,供测量电流或过负荷保护装置用。

2)两相V形接线。如图3-6b所示,这种接线也叫两相不完全星形联结,电流互感器通常接在A、C相上,在中性点不接地的三相三线制系统中,广泛用于测量三相电流、电能及作

过电流继电保护之用（称为两相两继电器式接线）。由图 3-7 所示的相量图可知，公共线上的电流为 $\dot{I}_a+\dot{I}_c=-\dot{I}_b$，反映的正是未接互感器的那一相的电流。

3）两相电流差式接线。如图 3-6c 所示，这种接线又叫两相一继电器式接线，流过电流继电器线圈的电流为 $\dot{I}_a-\dot{I}_c$，由图 3-8 所示的相量图可知，其量值是相电流的 $\sqrt{3}$ 倍。这种接线适用于中性点不接地的三相三线制系统中，作过电流继电保护之用。

4）三相星形联结。如图 3-6d 所示，这种接线中的三个电流线圈正好反映了各相电流，因此被广泛用于三相负荷不平衡的三相四线制系统中，也用在负荷可能不平衡的三相三线制系统中作三相电流、电能测量及过电流继电保护之用。

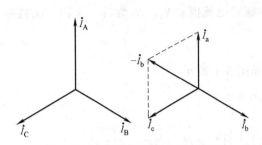 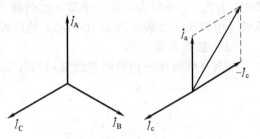

图 3-7　两相 V 形接线电流互感器　　　　图 3-8　两相电流差接线电流互感器
　　　　一、二次侧电流相量图　　　　　　　　　　一、二次侧电流相量图

（3）电流互感器的类型和型号

1）电流互感器的类型。

按准确度级分：测量用电流互感器有 0.1、0.2、0.5、1、3、5 等级，保护用电流互感器一般为 5P 和 10P 两级。

按铁心分有同一铁心和分开（两个）铁心两种。高压电流互感器通常有两个不同准确度级的铁心和二次绕组，分别接测量仪表和继电器。因为测量用的电流互感器的铁心在一次电路短路时易于饱和，以限制二次电流的增长倍数，保护仪表。保护用的电流互感器铁心则在一次电路短路时不应饱和，二次电流与一次电流成比例增长，以保证保护灵敏度的要求。

图 3-9 和图 3-10 分别给出了 LQZ-10 型和 LMZJ1-0.5 型电流互感器的外形结构。其中，

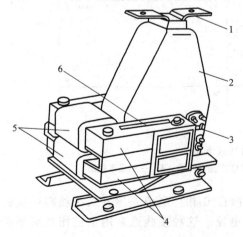 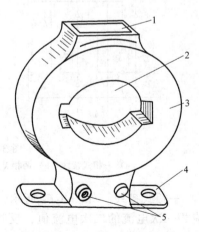

图 3-9　LQZ-10 型电流互感器外形结构　　　　图 3-10　LMZJ1-0.5 型电流互感器外形结构
1——次接线端　2——次绕组　3——二次接线端　　　1—铭牌　2—二次母线穿孔　3—铁心
4—铁心　5—二次绕组　6—警示牌　　　　　　　　　　4—安装板　5—二次接线端

LQZ-10型是目前常用于10kV高压开关柜中的户内线圈式环氧树脂浇注绝缘加强型电流互感器，有两个铁心和两个二次绕组分别为0.5级和3级，0.5级用于测量，3级用于继电保护。LMZJ1-0.5型是广泛用于低压配电屏和其他低压电路中的户内母线式环氧树脂浇注绝缘加大容量的电流互感器，它本身无一次绕组，穿过其铁心的母线就是其一次绕组。

2）电流互感器的型号及表示：

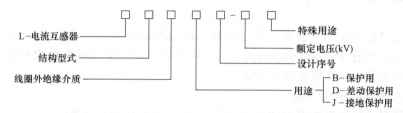

结构型式的字母含义：R—套管式，Z—支柱式，Q—线圈式，F—贯穿式（复匝），D—贯穿式（单匝），M—母线式，K—开合式，V—倒立式，A—链式。

线圈外绝缘介质的字母含义：J—变压器油不表示，G—空气（干式），C—瓷（主绝缘），Q—气体，Z—浇注成型固体，K—绝缘壳。

（4）电流互感器的使用注意事项

1）电流互感器在工作时二次侧不得开路。如果开路，二次侧可能会感应出危险的高电压，危及人身和设备安全；同时，互感器铁心会由于磁通剧增而过热，产生剩磁，导致互感器准确度的降低。因此，电流互感器二次侧不允许开路。因此要求在安装时，二次接线必须可靠、牢固，决不允许在二次回路中接入开关或熔断器。

2）电流互感器二次侧有一端必须接地。这是为了防止一、二次绕组间绝缘击穿时，一次侧高电压窜入二次侧，危及设备和人身安全。

3）电流互感器在接线时，要注意其端子的极性。电流互感器的一、二次侧绕组端子分别用 P_1、P_2 和 S_1、S_2 表示，对应的 P_1 和 S_1、P_2 和 S_2 为用"减极性"法规定的"同名端"，又称"同极性端"（因其在同一瞬间，同名端同为高电平或低电平）。

例如在图3-6所示的两相V形接线中，如果二次侧的接线没有按接线的要求连接，而是将其中一个互感器的二次绕组接反，则公共线流过的电流就不是B相电流，而是其 $\sqrt{3}$ 倍，可能使继电保护误动作，也可能使电流表烧坏。

2. 电压互感器

电压互感器简称PT，文字符号为TV。它是变换电压的设备。

（1）基本原理和结构

电压互感器的基本结构和接线如图3-11所示，它由一次绕组、二次绕组和铁心组成。其结构特点如下：

1）一次绕组并联在主回路中，二次绕组并联二次回路中的仪表、继电器等的电压线圈，

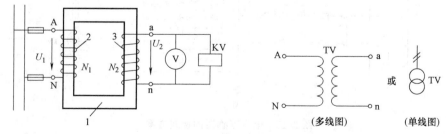

图3-11 电压互感器的基本结构和接线
1—铁心 2——次绕组 3—二次绕组

由于这些二次绕组的电压线圈阻抗很大,电压互感器工作时二次绕组接近于开路状态。

2) 一次绕组匝数较多,二次绕组的匝数较少,相当于降压变压器。

3) 一次绕组的导线较细,二次绕组的导线较粗,二次侧额定电压一般为100V,用于接地保护的电压互感器二次侧额定电压为 $(100/\sqrt{3})$ V,辅助二次绕组则为 $(100/3)$ V。

电压互感器的电压比用 K_u 表示:

$$K_u = U_{1N}/U_{2N} \approx N_1/N_2 \tag{3-2}$$

式中,U_{1N}、U_{2N} 分别为电压互感器一次绕组和二次绕组额定电压;N_1、N_2 为一次绕组和二次绕组的匝数。电压比通常表示成如 10kV/0.1kV 的形式。电压互感器有单相和三相两类,在成套装置内,采用单相电压互感器较为常见。

(2) 电压互感器的接线方案

电压互感器在三相电路中有如图 3-12 所示的四种常见的接线方案。

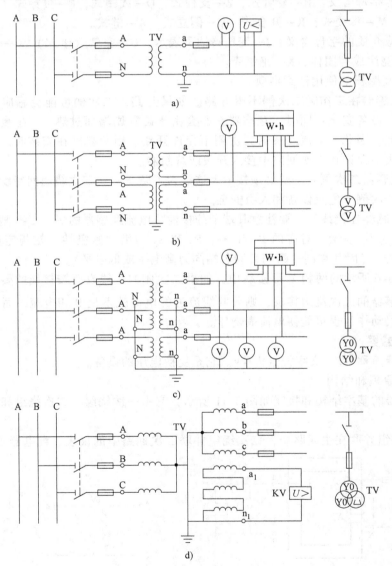

图 3-12 电压互感器的接线方案

a) 一个单相电压互感器的接线　b) 两个单相电压互感器接成 V/V 形　c) 三个单相电压互感器接成形 Y0/Y0 形
d) 三个单相三绕组电压互感器或一个三相五心柱三绕组电压互感器接成 Y0/Y0/△ 形

1) 一个单相电压互感器的接线,如图 3-12a 所示。供仪表和继电器接一个线电压,适用于电压对称的三相线路,如用作备用线路的电压监视。

2) 两个单相电压互感器接成 V/V 形,如图 3-12b 所示。供仪表和继电器接于各个线电压,适用于三相三线制系统。

3) 三个单相电压互感器接成 Y0/Y0 形,如图 3-12c 所示。供电给要求线电压的仪表和继电器;在小接地电流系统中,供电给接相电压的绝缘监视电压表,在这种接线方式中电压表应按线电压选择,常用于三相三线和三相四线制线路。

4) 三个单相三绕组电压互感器或一个三相五心柱三绕组电压互感器接成 Y0/Y0/⊔形,如图 3-12d 所示。其中一组二次绕组接成 Y0 型,供电给需要线电压的仪表、继电器和绝缘监视用电压表;另一组绕组(辅助二次绕组)接成开口三角形(⊔),接作绝缘监视用的电压继电器(kV)。当线路正常工作时,开口三角形两端的零序电压接近于零;而当线路上发生单相接地故障时,开口三角形两端的零序电压接近 100V,使电压继电器 kV 动作,发出故障信号。此辅助二次绕组又称"剩余电压绕组",适用于三相三线制系统。

3. 电压互感器的分类和型号

(1) 电压互感器分类

电压互感器按绝缘介质分,有油浸式、干式(含环氧树脂浇注式);按使用场所分,有户内式和户外式;按相数分,有三相式、单相式;按电压分,有高压(1kV 以上)和低压(0.5kV 及以下);按绕组分,有三绕组、双绕组;按用途来分,测量用的其准确度要求较高,规定为 0.1、0.2、0.5、1、3,保护用的准确度要求较低,一般有 3P 级和 6P 级,其中用于小接地系统电压互感器(如三相五心柱式)的辅助二次绕组准确度级规定为 6P 级;按结构原理分,有电容分压式、电磁感应式。此外,还有气体电压互感器、电流电压组合互感器等高压类型。

(2) 电压互感器型号

电压互感器型号的表示如下:

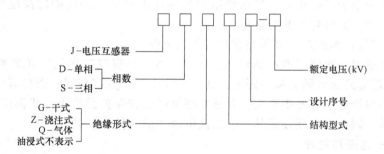

结构型式的字母含义:

X—带零序(剩余)电压绕组　B—三相带补偿绕组　W—五心柱三绕组

(3) 电压互感器的外形结构

图 3-13、图 3-14 分别给出了 JDZJ-10(3、6)型和 JDG6-0.5 型电压互感器的外形结构。

JDZJ-10(3、6)为单相双绕组环氧树脂浇注的户内型电压互感器,适用于 10kV 及以下的线路中供测量电压、电能、功率和继电保护、自动装置用,准确度级有 0.5、1、3 级,采用三台可接成图 3-12d 的 Y0/Y0/⊔接线。

JDG6-0.5 为单相双绕组干式户内型电压互感器,供测量电压、电能、功率及继电保护、自动装置用,可用于单相线路、三相线路(用两台可接成 V/V 形)中。

在中性点非有效接地的系统中,电压互感器常因铁磁谐振而大量烧毁。为了消除铁磁谐振,某些新产品如 JSXH-35 型、JDX-6、JDX-10 型及 JSZX-6、JSZX-10 型在结构上都进

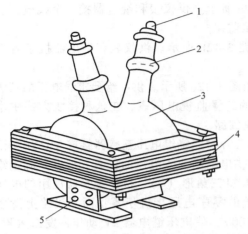 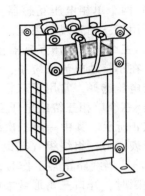

图 3-13　JDZJ-10（3、6）型电压互感器外形结构
1——次接线端子　2—高压绝缘导管　3——、二次绕组
4—铁心　5—二次接线端子

图 3-14　JDG6-0.5 型电压互感器外形结构

行了一些改进。

4．电压互感器使用注意事项

1）电压互感器在工作时，其一、二次侧不得短路。

由于电压互感器二次回路中的负载阻抗较大，其运行状态近于开路，当发生短路时，将产生很大的短路电流，有可能造成电压互感器烧毁；其一次侧并联在主回路中，若发生短路会影响主回路的安全运行。因此，电压互感器一、二次侧都必须装设熔断器进行短路保护。

2）电压互感器二次侧有一端必须接地。

这样做的目的是为了防止一、二次绕组间的绝缘击穿时，一次侧的高压窜入二次侧，危及设备及人身安全。通常将公共端接地。

3）电压互感器在接线时，必须注意其端子的极性。

三相电压互感器一次绕组两端标成 A、B、C、N，对应的二次绕组同名端标为 a、b、c、n；单相电压互感器的对应同名端分别标为 A、N 和 a、n。在接线时，若将其中的一相绕组接反，二次回路中的线电压将发生变化，会造成测量误差和保护误动作（或误信号），甚至可能对仪表造成损害。因此，必须注意其一、二次侧极性的一致性。

5．互感器的选择和校验

（1）电流互感器的选择与校验

1）电流互感器额定电压应不低于装设地点线路的额定电压。

2）根据一次侧的负荷计算电流 I，选择电流互感器的电流比。

3）根据二次回路的要求选择电流互感器的准确度并校验准确度。

4）校验动稳定度和热稳定度。

5）电流互感器的类型和结构应与实际安装地点的安装条件、环境条件相适应。

（2）电压互感器的选择与校验

1）电压互感器的类型应与实际安装地点的工作条件及环境条件（户内、户外；单相、三相）相适应。

2）电压互感器的一次侧额定电压应不低于装设点线路的额定电压。

3）按测量仪表对电压互感器准确度要求选择并校验准确度。

3.1.3 三相变压器参数的测定

1. 实验项目
1) 测定电压比。
2) 空载实验：测取三相变压器的空载特性 $U_{OL}=f(I_{OL})$
3) 短路实验：测取三相变压器的短路特性 $U_{kL}=f(I_{kL})$

2. 实验设备
本实验项目所需的主要实验设备见表 3-4。

表 3-4 主要实验设备

序号	型号	名称	数量	备注
1	D33	交流电压表	1	
2	D32	交流电流变	1	
3	D34-3	智能功率表	1	
4	DJ11	三相组合式变压器	1	

3. 实验方法

（1）测定电压比

实验接线图如图 3-15 所示，低压线圈接电源，高压线圈开路。

将三相交流电源调到输出电压为零位置，开启控制屏上总开关，按下"开"按钮，电源接通后，调节外施电压 $U=0.5U_N$，测取高、低压线圈电压 U_{AB}、U_{BC}、U_{CA}、U_{ab}、U_{bc}、U_{ca}，记录于表 3-5 中。

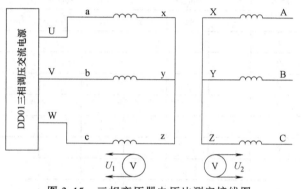

图 3-15 三相变压器电压比测定接线图

表 3-5 电压比测定记录

高压绕组/V		低压绕组/V		电压比（K）
U_{AB}		U_{ab}		
U_{BC}		U_{bc}		
U_{CA}		U_{ca}		

计算电压比 K：

$$K_{AB}=\frac{U_{AB}}{U_{ab}} \quad K_{BC}=\frac{U_{BC}}{U_{bc}} \quad K_{CA}=\frac{U_{CA}}{U_{ca}}$$

平均电压比：

$$K=\frac{K_{AB}+K_{BC}+K_{CA}}{3}$$

（2）空载实验

实验接线图如图 3-16 所示。

1) 将三相交流电源的调压旋钮调到输出电压为零的位置，按下"关"按钮，在断电的条件下，按图接线。变压器低压线圈接电源，高压线圈开路。
2) 按下"开"按钮接通三相电源，调节电压，使变压器空载电压为 $U_{OL}=1.2U_N$。
3) 逐次降低电压，在 $(1.2\sim0.2)U_N$ 范围内，测取变压器三相电压、线电流和功率。

4）测取数据时，其中 $U_O = U_N$ 的点必须要测，且在附近多测几组，共取 8 组数据记录于表 3-6 中。

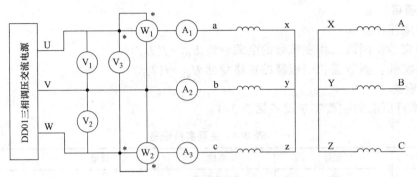

图 3-16　三相变压器空载实验接线图

表 3-6　空载实验记录

序号	测试数据								计算数据			
	U_{OL}/V			I_{OL}/A			P_O/W		U_{OL} /V	I_{OL} /A	P_O /W	$\cos\Phi_O$
	U_{ab}	U_{bc}	U_{ca}	I_{aO}	I_{bO}	I_{cO}	P_{01}	P_{02}				
1												
2												
3												
4												
5												
6												
7												
8												

（3）短路实验

实验接线图如图 3-17 所示。

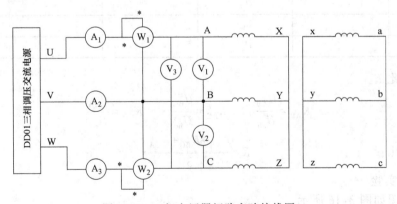

图 3-17　三相变压器短路实验接线图

1）将三相交流电源的调压旋钮调到输出电压为零的位置，按下"关"按钮，在断电的条件下，按图 3-17 接线。变压器高压线圈接电源，低压线圈三相直接短路。（思考：功率表电压线圈的接地线若采用后接法应怎样进行连接）

2)按下"开"按钮接通三相电源,缓慢增加电源电压,使变压器短路电流为 I_{kL} = $1.1I_N$。

3)逐次降低电源电压,在(1.1~0.2)I_N范围内,测取变压器三相电压、线电流和功率。

4)测取数据时,其中 $I_{kL}=I_N$ 的点必须要测,且在附近多测几组,共取 5 组数据记录于表 3-7 中,实验时记下周围环境温度(℃),作为线圈的实际温度。

表 3-7 短路实验记录　　　　　　　室温＿＿＿＿℃

序号	测试数据									计算数据			
	U_{kL}/V			I_{kL}/A			P_k/W			U_{kL}/V	I_{kL}/A	P_k/W	$\cos\Phi_k$
	U_{ab}	U_{bc}	U_{ca}	I_{ak}	I_{bk}	I_{ck}	P_{k1}	P_{k2}					
1													
2													
3													
4													
5													

4. 实验报告

(1)计算变压器电压比

根据实验数据,计算各级电压之比,然后取其平均值作为变压器的电压比。

$$K_{AB}=\frac{U_{AB}}{U_{ab}} \quad K_{BC}=\frac{U_{BC}}{U_{bc}} \quad K_{CA}=\frac{U_{CA}}{U_{ca}}$$

平均电压比:
$$K=\frac{K_{AB}+K_{BC}+K_{CA}}{3}$$

(2)根据空载实验数据作空载特性曲线并计算励磁参数

1)绘出空载特性曲线 $U_{OL}=f(I_{OL})$。

2)计算励磁参数。

(3)根据短路实验数据作短路特性曲线并计算短路参数

1)绘出短路特性曲线 $U_{kL}=f(I_{kL})$。

2)计算励磁参数。

3.1.4 电测量仪表与互感器实训

1. 实训目的

1)了解电压互感器的应用。

2)掌握电压互感器的极性和连接。

2. 工作原理

　　绝缘监视装置可采用三个单相双绕组电压互感器和三只电压表,接线如图 3-18 所示,也可以采用三个单相三绕组电压互感器或一个三相五心柱三绕组电压互感器,接线如图 3-19 所示。接成 Y0 的二次绕组,其中三只电压表显示各相电压。当一次电路的某一相发生接地故障时,电压互感器二次侧的对应相的电压表指零,而其他两相的电压则升至线电压。这样可得知电压表指零的那一相发生了单相接地故障,但不能判定哪条线路发生故障,所以这种绝缘监视装置是无选择性的,只适用于高压出线不多的系统,或作为有选择性的单相接地保护的一种辅助装置。电压互感器接成开口三角形的辅助二次绕组,构成零序电压过滤器,供给一个过电压继电器。系统正常运行时开口三角形的开口处电压接近于零,继电器不会动作。但当一次电路发生单相接地故障时,开口三角形的开口处将出现一个较高的电压使得电压继电器动作发出报警的灯光或音响信号。

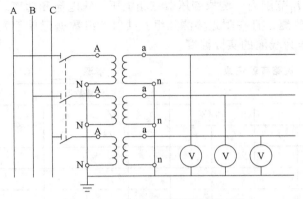

图 3-18 三个单相双绕组电压互感器和三只电压表接成 Y0/Y0 形

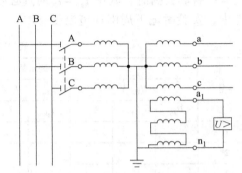

图 3-19 三个单相三绕组或一个三相五心柱三绕组电压互感器接成 Y0/Y0/凵形

作为绝缘监视装置用的三相电压互感器不能是三心柱的,而必须是五心柱。由于单相接地而在电压互感器铁心中引起的三相零序磁通是同相的,不可能在三心柱的铁心内形成闭合回路,零序磁通只能经铁心附近的气隙闭合,如图 3-20a 所示。该零序磁通也就不可能与互感器的二次绕组及辅助二次绕组交链,因此二次绕组及辅助二次绕组内不会产生零序电压,从而无法反映一次侧的单相接地故障。而五心柱电压互感器,由于单相接地而在其铁心中引起的三相零序磁通,可以通过互感器的两个柱形成闭合回路,如图 3-20b 所示。因此可在互感器二次绕组内感应零序电压,使电压继电器 KV 动作,从而可实现一次系统的绝缘监视。

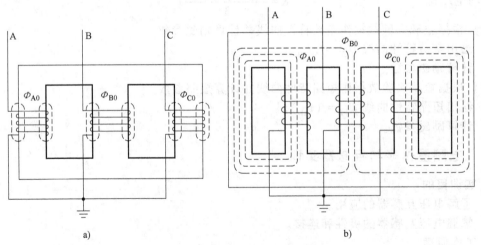

图 3-20 电压互感器的零序磁通
a) 三相三心柱铁心 b) 三相五心柱铁心

3. 实训步骤

1) 连接实训电路。调整电压继电器的动作值,将电压继电器的动作值整定为 40V。然后按照图 3-21 连接实训电路。

2) 实训电路连接无误后,首先开启一次主接线部分的控制电源,然后打开总电源,再按下控制屏的启动按钮,这时整个控制屏主回路已通电。将断路器 QF_1、QF_4、QF_6 两侧的隔离开关 QS_1、QS_3、QS_5、QS_6、QS_9 合上,再将断路器 QF_1、QF_4、QF_6、QF_{10}、QF_{11} 合上,这时

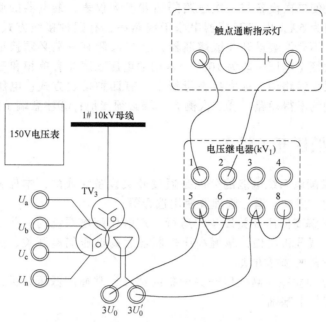

图 3-21 三相五心柱电压互感器实训接线图

整个系统正常运行。启动继电保护柜部分的电源,观察继电保护柜面板上电压互感器旁边的电压表示数、电压继电器及触点通断指示灯的工作状况。

3) 然后在"系统短路类型设置"部分选择任一相接地短路,再按下故障确认按钮再次观察电压互感器旁边的电压表示数、电压继电器及触点通断指示灯的工作状况。

3.1.5 问题与思考

1) 电力变压器的主要技术参数有哪些?
2) 电流互感器的作用是什么?电压互感器的作用是什么?

3.1.6 任务总结

供配电系统的电气设备是指用于发电、输电、变电、配电和用电的所有电气设备。一次电路又叫一次系统,是指供配电系统中用于传输、变换和分配电力电能的主电路,其中的电气设备就称为一次设备或一次电器;一次设备按功能可分为变换设备、控制设备、保护设备、补偿设备、成套设备。二次回路是指用来控制、指示、监测和保护一次回路运行的电路,其中的电气设备就称为二次设备或二次电器。

电力变压器主要用于公用电网和工业电网中,将某一给定电压值的电能转变为所要求的另一电压值的电能,以利于电能的合理输送、分配和使用。三相油浸式电力变压器有较好的绝缘和散热性能,且价格较低,便于检修,但不宜用于易燃易爆和安全要求较高的场合。干式变压器结构简单,体积小,重量轻,且防火、防尘、防潮,在大型建筑物内的变电所、地下变电所和矿井内变电所被广泛使用。6~10kV 配电变压器的联结组标号有 Yyn0 和 Dyn11 两种,在 TN 和 TT 系统中由单相不平衡电流引起的中性线电流不超过二次绕组额定电流的 25%,且任一相的电流在满载都不超过额定电流时可选用 Yyn0 联结组标号的变压器;在负荷严重不平衡或 $3n$ 次谐波比较突出的场合宜采用 Dyn11 联结的变压器。防雷变压器通常采用 Yzn11 联结组标号。变压器的额定容量,是指它在规定的环境条件下,室外安装时,在规定的使用年限(一般以 20 年计)内能连续输出的最大视在功率。

互感器的作用是使二次设备与一次电路隔离和扩大仪表、继电器的使用范围。电流互感器二次额定电流一般为 5A，电流互感器串联于线路中，有四种接线方式；在使用时要注意：①二次侧不得开路，不允许装设开关或熔断器；②二次侧有一端必须接地；③注意端子的极性。电压互感器二次额定电压一般为 100V，常用的电压互感器有单相和三相（五心柱式）两类。电压互感器并联在线路中，通常接在母线上，有四种接线方式；电压互感器在使用时要注意：①一、二次侧均不得短路；②二次侧有一端必须接地；③注意端子的极性。

3.2　任务 2 高低压开关设备

【任务描述】　供配电系统电能的分配是通过开关设备完成的，本任务介绍供配电系统高低压开关设备的结构、用途、运行管理及使用选择等。

【知识目标】　了解高低压开关设备的运行，理解供配电系统的一些主要高压开关设备及其功用、结构特点、型号和规格，掌握高压熔断器、高低压隔离开关、高低压负荷开关、高低压断路器等开关设备的选择方法。

【能力目标】　能独立完成高低压开关设备的选择，掌握高低压开关设备的运行方式及运行状态，为岗位实习打下基础。

3.2.1　高低压开关电器

1. 高压熔断器

熔断器（文字符号为 FU）是用于过电流保护的最为简单和常用的电器，它是在通过的电流超过规定值并经过一定的时间后熔体（熔丝或熔片）熔化而分断电流、断开电路来完成它的主要功能——短路保护，但有的也具有过负荷保护能力。

在输配电系统中，对容量小且不太重要的负荷，广泛采用高压熔断器作为高压输配电线路、电力变压器、电压互感器和电力电容器等电气设备的短路和过负荷保护。户内采用 RN 系列的高压管式限流熔断器，户外则使用 RW4、RW10F 等型号的高压跌开式熔断器，或 RW10-35 型的高压限流熔断器。

高压熔断器的全型号的表示和含义如下：

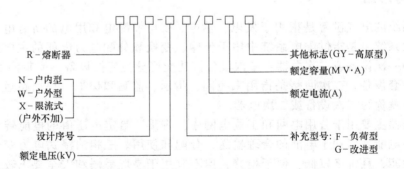

注：对于"自爆式"熔断器，在"R"前面加字母"B"。

（1）RN 系列户内高压管式熔断器

RN 系列户内高压管式熔断器有 RN1、RN2、RN3、RN4、RN5 及 RN6 等。主要用于 3～35kV 配电系统中作短路保护和过负荷保护用。其中 RN1 型用于高压电力线路及其设备和电力变压器的短路保护，也能作过负荷保护；RN2、RN4、RN5 则用于电压互感器的短路保护；RN6 型主要用于高压电动机的短路保护。RN3 和 RN1 相似，RN4 和 RN2 相似，只是技术数据有所差别；RN5 和 RN6 是以 RN1 和 RN2 为基础的改进型，具有体积小、重量轻、防尘性能好、维修和更换方便等特点。

RN1 和 RN2 的外形和结构基本相同，灭弧原理也基本相同。如图 3-22 和图 3-23 所示分别为 RN1、RN2 型高压熔断器的外形和熔管内部结构剖面图。其主要组成部分是：熔管、触座、动作指示器、绝缘子和底座。熔管一般为瓷质管，熔丝由单根或多根镀银的细铜丝并联绕成螺旋状，熔丝埋放在石英砂填料中，熔丝上焊有小锡球。

当过负荷电流通过时，铜丝上锡球受热熔化，铜锡分子相互渗透形成熔点较低的铜锡合金（冶金效应），使铜熔丝能在较低的温度下熔断，从而使熔断器能在过负荷电流或较小短路电流时也能动作，提高了熔断器保护的灵敏度。因几根并联铜丝是在密闭的充满石英砂填料的熔管内工作，当短路电流发生时，一旦熔丝熔断产生电弧时，即产生粗弧分细、长弧切短和狭沟灭弧的现象，因此，熔断器的灭弧能力很强，能在短路后不到半个周期即短路电流未达到冲击电流值（i_{sh}）时就能完全熄灭电弧、切断短路电流。具有这种特性的熔断器称为"限流"式熔断器。

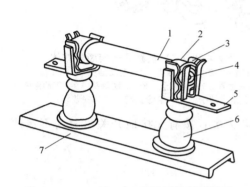

图 3-22　RN1 及 RN2 型高压熔断器外形
1—瓷熔管　2—金属管帽　3—弹性触座
4—熔断指示器　5—接线端子
6—瓷绝缘子　7—铸铁底座

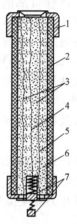

图 3-23　熔管内部结构剖面图
1—金属管帽　2—瓷熔管　3—工作熔体
4—指示熔体　5—锡球
6—石英砂填料　7—熔断指示器

当过电流通过熔体时，工作熔体熔断后，指示熔体也相继熔断，其熔断指示器弹出，如图 3-23 所示，给出熔体熔断的指示信号。

RN2 型与 RN1 型的主要区别是：RN2 型由三种不同截面的一根康铜丝绕在陶瓷芯上，并且无熔断指示器，由电压互感器二次仪表的读数来判断其熔体的熔断情况；而且，由于电压互感器的二次侧近于开路状态，RN2 型的额定电流一般为 0.5A，而 RN1 型的额定电流从 2~300A 不等。

(2) RW 系列户外高压跌开式熔断器

RW 系列跌开式熔断器，又称跌落式熔断器，被广泛用于环境正常的户外场所，作高压线路和设备的短路保护用。有一般跌开式熔断器（如 RW4、RW7 型等）、负荷型跌开式熔断器（如 RW10-10F 型）、限流型户外熔断器（如 RW10-35、RW11 型等）及 RW-B 系列的爆炸式跌开式熔断器。下面主要讲述它们的结构和功能特点。

一般户外高压跌开式熔断器的文字符号为 FD。如图 3-24 所示为 RW4-10（G）型跌开式熔断器结构。它串接在线路中，可利用绝缘钩棒（俗称"令克棒"）直接操作熔管（含熔体）的分、合，此功能相当于"隔离开关"。

RW4 型熔断器没有带负荷灭弧装置，因此不容许带负荷操作；同时，它的灭弧能力不强，速度不快，不能在短路电流达到冲击电流（i_{sh}）前熄灭电弧，属于"非限流"式熔断器。常用于额定电压10kV、额定容量315kV·A及以下的电力变压器的过电流保护，尤其以居民区、街道等场合居多。

2. 高压隔离开关

高压隔离开关（文字符号为QS）的主要功能是隔离高压电源，以保证对其他电气设备及线路的安全检修及人身安全。因此其结构特点是断开后具有明显可见的断开间隙，且断开间隙的绝缘及相间绝缘都是足够可靠的。但是隔离开关没有灭弧装置，所以不容许带负荷操作。但可容许通断一定的小电流，如励磁电流不超过2A的35kV、1000kV·A及以下的空载变压器电路，电容电流不超过5A的10kV及以下、长5km的空载输电线路，以及电压互感器和避雷器回路等。

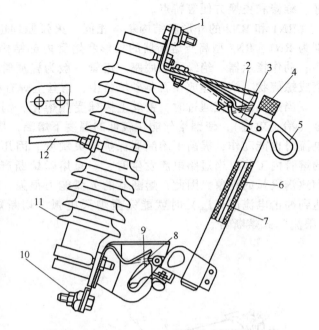

图3-24 RW4-10（G）型跌开式熔断器结构
1—上接线端子 2—上静触头 3—上动触头 4—管帽
5—操作环 6—熔管 7—铜熔丝 8—下动触头 9—下静触头
10—下接线端子 11—绝缘瓷瓶 12—安装板

高压隔离开关按安装地点，分为户内式和户外式两大类；按有无接地开关可分为不接地、单接地、双接地三类。

高压隔离开关的全型号的表示和含义如下：

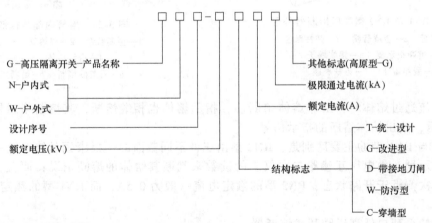

10kV高压隔离开关型号较多，常用的有GN8、GN19、GN24、GN28、GN30等户内式系列。其中图3-25所示为GN8-10型高压隔离开关的外形结构图，它的三相闸刀安装在同一底座上，闸刀均采用垂直回转运动方式。GN型高压隔离开关一般采用手动操动机构进行操作。户外高压隔离开关常用的有GW4、GW5和GW1等系列，其中GW4-35型的户外高压隔离开关的外形结构图如图3-26所示。为了熄灭小电流电弧，该隔离开关安装有灭弧角条，采用的是三柱式结构。带有接地开关的隔离开关称为接地隔离开关，用来进行电气设备的短接、联锁和隔离，一般是用来将退出运行的电气设备和成套设备部分接地和短接。而接地开关是用于将回路接地的一种机械式开关装置。在异常条件（如短路下），可在规定时间内承载规定的

异常电流；在正常回路条件下，不要求承载电流。大多与隔离开关构成一个整体，并且在接地开关和隔离开关之间有相互联锁装置。

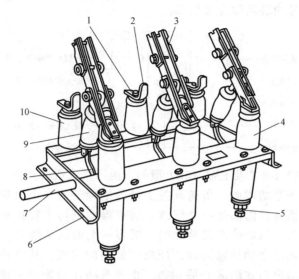

图 3-25 GN8-10 型高压隔离开关外形结构图
1—上接线端子 2—静触头 3—闸刀 4—套管绝缘子 5—下接线端子
6—框架 7—转轴 8—拐臂 9—升降绝缘子 10—支柱绝缘子

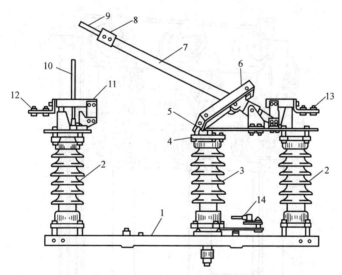

图 3-26 GW4-35 型户外高压隔离开关外形结构图
1—角钢架 2—支柱瓷瓶 3—旋转瓷瓶 4—曲柄 5—轴套 6—传动装置 7—管形闸刀
8—工作动触头 9、10—灭弧角条 11—插座 12、13—接线端 14—曲柄传动机构

3. 高压负荷开关

高压负荷开关（文字符号为 QL）具有简单的灭弧装置，能通断一定的负荷电流和过负荷电流；但是不能用它来断开短路电流，因此必须借助熔断器来切断短路电流，故负荷开关常与熔断器一起使用。高压负荷开关大多还具有隔离高压电源，保证其后的电气设备和线路安全检修的功能，因为它断开后通常有明显的断开间隙，与高压隔离开关一样，所以这种负荷开关有"功率隔离开关"之称。

高压负荷开关根据所采用的灭弧介质不同,可分为固体产气式、压气式、油浸式、真空式和六氟化硫（SF_6）等;按安装场所分为户内式和户外式两种。

高压负荷开关全型号的表示和含义如下:

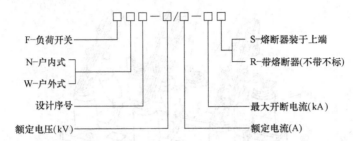

户内目前多采用FN2-10RT及FN3-10RT型的户内压气式负荷开关。图3-27为FN3-10RT型户内压气式负荷开关外形结构图。负荷开关上端的绝缘子是一个简单的灭弧室,它不仅起到支持绝缘子的作用,而且其内部是一个气缸,装有操动机构主轴传动的活塞,绝缘子上部装有绝缘喷嘴和弧静触头。当负荷开关分闸时,闸刀一端的弧动触头与弧静触头之间产生电弧,同时分闸时主轴转动而带动活塞运动,压缩气缸内的空气,从喷嘴向外吹弧,使电弧迅速熄灭。同时,其外形与户内式隔离开关相似,也具有明显的断开间隙。因此,它同时具有隔离开关的作用。

FN1、FN5和FW5型等为固体产气式负荷开关,它们主要是利用开断电弧的能量使灭弧

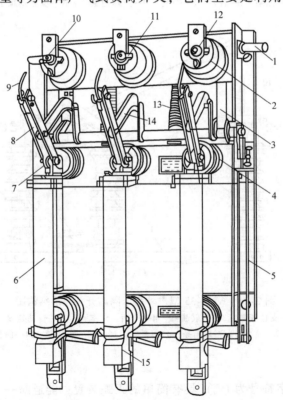

图3-27　FN3-10RT型户内压气式负荷开关外形结构图
1—主轴　2—上绝缘子兼气缸　3—连杆　4—下绝缘子　5—框架　6—RNI型熔断器
7—下触座　8—闸刀　9—弧动触头　10—绝缘喷嘴(内有弧静触头)　11—主静触头
12—上触座　13—断路弹簧　14—绝缘拉杆　15—热脱扣器

室内的产气材料分解所产生的气体进行吹弧、灭弧。和户内压气式负荷开关一样，它们的灭弧能力较小，可开断负荷电流、电容电流、环流和过负荷电流，但必须与熔断器串联，借助熔断器断开短路电流。它们适用于35kV及以下的电力系统，尤其是城市电网改造和农村电网。一般配用CS型手动操动机构或CJ系列电动操动机构，如果配装了接地开关，则只能用手动操动机构。

4. 高压断路器

高压断路器（文字符号为QF）是高压输配电线路中最为重要的电气设备，它的选用和性能直接关系到线路运行的安全性和可靠性。高压断路器具有完善的灭弧装置，不仅能通断正常的负荷电流和过负荷电流，而且能通断一定的短路电流，并能在保护装置作用下，自动跳闸，切断短路电流。

高压断路器按其采用的灭弧介质分，有油断路器、真空断路器、六氟化硫（SF_6）断路器、压缩空气断路器和磁吹断路器等，其中油断路器按油量大小又分为少油和多油两类。多油断路器的油量多，兼有灭弧和绝缘的双重功能；少油断路器的油量少，只作灭弧介质用。

高压断路器按使用场合可分为户内型和户外型。

按分断速度分，有高速断路器（<0.01s）、中速断路器（0.1~0.2s）、低速断路器（>0.2s），现采用高速断路器比较多。

真空断路器目前应用较广，少油断路器因其成本低，结构简单，依然被广泛应用于不需要频繁操作及要求不高的各级高压电网中，多油断路器已基本淘汰。下面将主要介绍少油断路器和真空断路器。

高压断路器的全型号表示和含义如下：

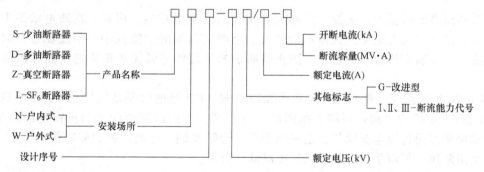

(1) 高压少油断路器

一般6~35kV户内配电装置中主要采用的高压少油断路器是我国统一设计、推广应用的一种新型少油断路器。按其断流容量（S_{OC}）分有Ⅰ、Ⅱ、Ⅲ型。断流容量 SN10-10Ⅰ型 S_{OC} 为 300MV·A；SN10-10Ⅱ型 S_{OC} 为 500MV·A；SN10-10Ⅲ型 S_{OC} 为 750MV·A。

图3-28和图3-29分别是SN10-10型高压少油断路器的外形结构和内部剖面结构图。

高压少油断路器主要由油箱、传动机构和框架三部分组成。

油箱是断路器的核心部分，油箱的上部为铝帽，铝帽的上部为油气分离室，其作用是将灭弧过程中产生的油气混合物旋转分离，气体从顶部排气孔排出，而油则沿内壁流回灭弧室。铝帽的下部装有插座式静触头，有3~4片弧触片。断路器在合闸或分闸时，电弧总在弧触片和动触头（导电杆）端部的弧触头之间产生，从而保护了静触头的工作触片。油箱的中部为灭弧室，外面套的是高强度的绝缘筒。油箱的下部为高强度铸铁制成的基座，基座内有操作断路器动触头（导电杆）的转轴和拐臂等传动机构，导电杆通过中间滚动触头与下接线柱相连。

断路器的导电回路是：上接线端子→静触头→导电杆（动触头）→中间滚动触头→下接线

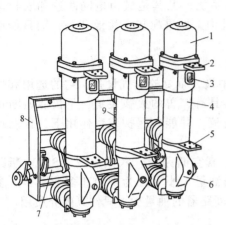
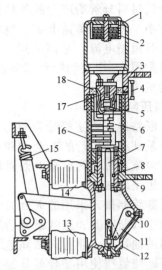

图 3-28 SN10-10 型高压少油断路器外形结构图
1—铝帽 2—上接线端子 3—油标
4—绝缘筒 5—下接线端子 6—基座
7—主轴 8—框架 9—断路弹簧

图 3-29 少油断路器内部剖面结构图
1—铝帽 2—油气分离器 3—上接线端子 4—油标
5—静触头 6—灭弧室 7—动触头 8—中间滚动触头
9—下接线端子 10—转轴 11—拐臂 12—基座
13—下支柱瓷绝缘子 14—上支柱瓷绝缘子 15—断路弹簧 16—绝缘筒 17—逆止阀 18—绝缘油

端子。

少油断路器的油量少,绝缘油只起灭弧作用而无绝缘功能,因此,在通电状态下,油箱外壳带电,必须与大地绝缘,人体不能触及。但燃烧爆炸的危险性小。不过在运行时,要注意观察油标,以确定绝缘油的油量,防止因油量的不足使电弧无法正常熄灭而导致的油箱爆炸事故。

SN10-10 型断路器可配用 CS2 型手动操动机构、CD 型电磁操动机构或 CT 型弹簧操动机构。CD 和 CT 型操动机构内部都有跳闸和合闸线圈,通过断路器的传动机构使断路器动作。电磁操动机构需用直流电源操作,也可以手动,远距离跳、合闸。弹簧储能操动机构,可交、直操作电源两用,可以手动,也可以远距离跳、合闸。

(2) 高压真空断路器

高压真空断路器是利用"真空"作为绝缘和灭弧介质,具有无爆炸、低噪声、体积小、重量轻、寿命长、电磨损少、结构简单、无污染、可靠性高、维修方便等优点,因此,虽然价格较贵,但是仍在要求频繁操作和高速开断的场合,尤其是安全要求较高的工矿企业、住宅区、商业区等被广泛采用。

真空断路器根据其结构可分为落地式、悬挂式、手车式三种形式;按使用场合可分为户内式和户外式。它是实现无油化改造的理想设备。下面重点介绍 ZN3-10 型真空断路器。

ZN3-10 型真空断路器主要由真空灭弧室、操动机构(配电磁或弹簧操动机构)、绝缘体传动件、底座等组成。其外形结构如图 3-30 所示。真空灭弧室由圆盘状的动静触头、屏蔽罩、波纹管屏蔽罩、绝缘外壳(由陶瓷或玻璃制成的外壳)等组成,其结构如图 3-31 所示。

在触头刚分离时,由于真空中没有可被游离的气体,只有高电场发射和热电发射使触头间产生真空电弧。电弧的温度很高,使金属触头表面产生金属蒸气,由于触头的圆盘状设计使真空电弧在主触头表面快速移动,其金属离子在屏蔽罩内壁上凝聚,以致电弧在自然过零后极短的时间内,触头间隙又恢复了原有的高真空度。因此,电弧暂时熄灭,触头间的介质

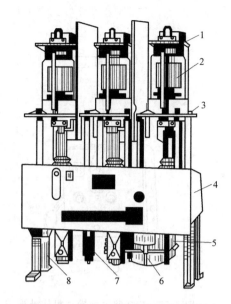 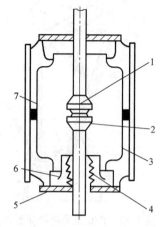

图 3-30　ZN3-10 型真空断路器外形图
1—上接线端子（后出线）　2—真空灭弧室　3—下接
线端子（后出线）　4—操动机构　5—合闸电磁铁
6—分闸电磁铁　7—断路弹簧　8—底座

图 3-31　ZN3-10 型真空断路器灭弧室结构图
1—静触头　2—动触头　3—屏蔽罩
4—波纹管　5—与外壳封接的金属法兰盘
6—波纹管屏蔽罩　7—绝缘外壳

强度迅速恢复；电流过零后，外加电压虽然很快恢复，但触头间隙不会再被击穿，真空电弧在电流第一次过零时就能完全熄灭。

5. 高压开关设备的常用操动机构

操动机构又称操作机构，是供高压断路器、高压负荷开关和高压隔离开关进行分、合闸及自动跳闸的设备。一般常用的有手动操动机构、电磁操动机构和弹簧储能操动机构。

操动机构的型号表示和含义如下：

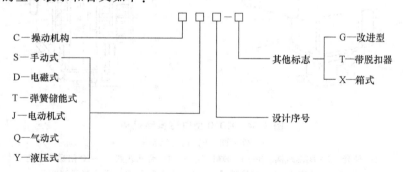

（1）CS 系列手动操动机构

CS 系列的手动操动机构可手动和远距离跳闸，但只能手动合闸，采用交流操作电源，无自动重合闸功能，且操作速度有限，其所操作的断路器开断的短路容量不宜超过 100MV·A。但是结构简单，价格低廉，使用交流电源简便，一般用于操作容量 630kV·A 以下的变电所中的隔离开关和负荷开关。图 3-32 是 CS6 型的手动操动机构和 GN8 型高压隔离开关的配合使用图。图 3-33 是 CS2 型手动操动机构的外形结构。

（2）CD 系列电磁操动机构

电磁操动机构能手动和远距离跳、合闸（通过其跳、合闸线圈），也可进行自动重合闸，且合闸功率大，但需直流操作电源。图 3-34 是 CD10 型电磁操动机构的外形图和内部结构图。

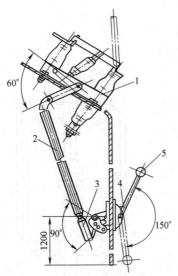

图 3-32 CS6 型手动操动机构和 GN8 型高压隔离开关的配合使用图
1—GN8 型隔离开关　2—焊接钢管　3—调节杆　4—手动操动机构　5—手柄

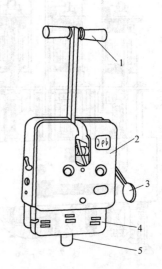

图 3-33 CS2 型手动操动机构外形结构
1—操作手柄　2—外壳　3—跳闸指示牌　4—脱扣器盒　5—跳闸铁心

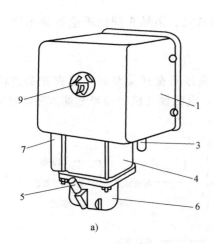
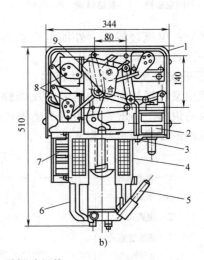

图 3-34 CD10 型电磁操动机构
a）外形图　b）内部结构图
1—外壳　2—跳闸线圈　3—手动跳闸铁心　4—合闸线圈　5—合闸操作手柄
6—缓冲底座　7—接线端子排　8—辅助开关　9—分合指示器

操作 SN10-10 型高压少油断路器的 CD10 型电磁操动机构，根据断路器的断流容量不同，分别有三种 CD10-10Ⅰ、CD10-10Ⅱ和 CD10-10Ⅲ型来配合使用。它们的分、合闸操作简便，动作可靠。但结构较复杂，需专门的直流操作电源，因此，一般在变压器容量 630kV·A 以上、可靠性要求高的高压开关上使用。

（3）CT 系列的弹簧储能操动机构

弹簧储能操动机构不仅能手动和远距离跳、合闸，且操作电源交、直流均可，又可实现一次重合闸，因而其保护和控制装置可靠、简单。虽然结构复杂，价格较贵，但其应用已越来越广泛。

6. 低压刀开关

低压刀开关（文字符号为QK）是一种最普通的低压开关电器，适用于交流50Hz、额定电压380V，直流440V、额定电流1500A及以下的配电系统中，作不频繁手动接通和分断电路或作隔离电源以保证安全检修之用。

刀开关的种类很多：按其灭弧结构分，有不带灭弧罩和带灭弧罩两种。不带灭弧罩的刀开关只能无负荷操作，起"隔离开关"的作用；带灭弧罩的刀开关能通断一定的负荷电流。按极数分，有单极、双极和三极。按操作方式分，有手柄直接操作和杠杆传动操作。按用途分，有单头刀开关和双头刀开关。单头刀开关的刀闸是单向通断；而双头刀开关的刀闸为双向通断，可用于切换操作，即用于两种以上电源或负载的转换和通断。

低压刀开关的全型号的表示和含义如下：

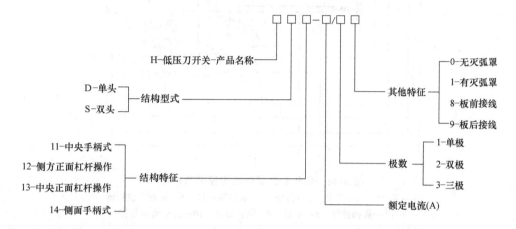

常用的带灭弧罩的HD13型单头低压刀开关的基本结构如图3-35所示，由绝缘材料压制成型的底座、闸刀、静触头及用于操作闸刀通断动作的杠杆操作机构等部件组成。

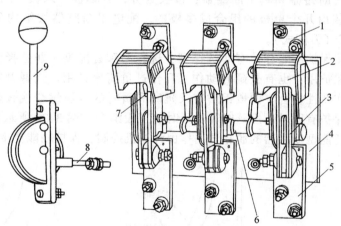

图3-35 HD13型单头低压刀开关
1—上接线端子 2—钢栅片灭弧罩 3—闸刀 4—底座 5—下接线端子
6—主轴 7—静触头 8—连杆 9—操作手柄（中央杠杆操作）

7. 低压断路器

低压断路器（文字符号为QF），俗称低压自动开关、自动空气开关或空气开关等，它是低压供配电系统中最主要的电器元件。它不仅能带负荷通断电路，而且能在短路、过负荷、欠电压或失电压的情况下自动跳闸，断开故障电路。

低压断路器的结构原理示意图如图 3-36 所示。主触头用于通断主电路,它由带弹簧的跳钩控制通断动作,而跳钩由锁扣锁住或释放。当线路出现短路故障时,其过电流脱扣器动作,将锁扣顶开,从而释放跳钩使主触头断开。同理,如果线路出现过负荷或失电压情况,通过热脱扣器或失电压脱扣器的动作,也使主触头断开。如果按下脱扣按钮 6 或 7,使失电压脱扣器或者分励脱扣器动作,则可以实现开关的远距离跳闸。

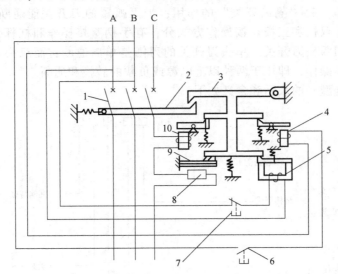

图 3-36 低压断路器的结构原理示意图
1—主触头 2—跳钩 3—锁扣 4—分励脱扣器 5—失电压脱扣器
6、7—脱扣按钮 8—电阻 9—热脱扣器 10—过电流脱扣器

低压断路器的种类很多。按用途分,有配电用、电动机用、照明用和漏电保护用等;按灭弧介质分,有空气断路器和真空断路器;按极数分,有单极、双极、三极和四极断路器,小型断路器可经拼装由几个单极的组合成多极的。配电用断路器按结构分,有塑料外壳式(装置式)和框架式(万能式)。

配电用断路器按保护性能分,有非选择型、选择型和智能型。非选择型断路器一般为瞬时动作,只作短路保护用;也有长延时动作,只作过负荷保护用。选择型断路器有两段保护和三段保护两种动作特性组合。两段保护有长延时和瞬时的两段组合或长延时和短延时的两段组合两种。三段保护有瞬时、短延时和长延时的三段组合。图 3-37 所示为低压断路器的三种保护特性曲线。智能型断路器的脱扣器动作由计算机控制,保护功能更多,选择性更好。

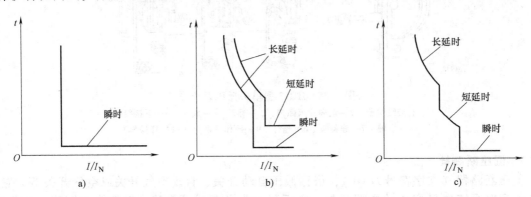

图 3-37 低压断路器的三种保护特性曲线
a) 瞬时动作特性 b) 两段保护特性 c) 三段保护特性

按断路器中安装的脱扣器种类分,有以下几种:

1) 分励脱扣器。用于远距离跳闸(远距离合闸操作可采用电磁铁或电动储能合闸)。

2) 欠电压或失电压脱扣器。用于欠电压或失电压(零电压)保护,当电源电压低于定值时自动断开断路器。

3) 热脱扣器。用于线路或设备长时间过负荷保护,当线路电流出现较长时间过载时,金属片受热变形,使断路器跳闸。

4) 过电流脱扣器。用于短路、过负荷保护,当电流大于动作电流时自动断开断路器。分为瞬时短路脱扣器和过电流脱扣器(又分为长延时和短延时两种)。

5) 复式脱扣器。既有过电流脱扣器又有热脱扣器的功能。

国产低压断路器全型号表示和含义如下:

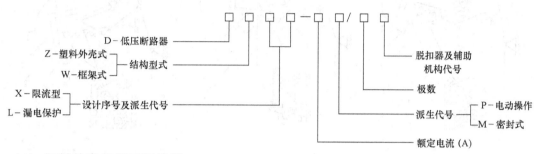

(1) 塑料外壳式低压断路器

塑料外壳式低压断路器,又称装置式自动开关,其所有机构及导电部分都装在塑料壳内,仅在塑壳正面中央有外露的操作手柄供手动操作用。目前常用的塑料外壳式低压断路器主要有DZ20、DZ15、DZX10系列及引进国外技术生产的H系列、S系列、3VL系列、TO和TG系列等。

塑料外壳式低压断路器的保护方案少(主要保护方案有热脱扣器保护和过电流脱扣器保护两种)、操作方法少(手柄操作和电动操作),其电流容量和断流容量较小,但分断速度较快(断路时间一般不大于0.02s),且结构紧凑、体积小、重量轻、操作简便,封闭式外壳的安全性好,因此,被广泛用作容量较小的配电支线的负荷端开关、不频繁起动的电动机开关、照明控制开关和漏电保护开关等。

图3-38为DZ20型塑料外壳式低压断路器的结构图。

DZ20型塑料外壳式低压断路器属我国生产的第二代产品,目前的应用较为广泛。它具有较高的分断能力,外壳的机械强度和电气绝缘性能也较好,而且所带的附件较多。

其操作手柄有三个位置,如图3-39所示。在壳面中央有分合位置指示。

1) 合闸位置(图3-39a):手柄扳向上方,

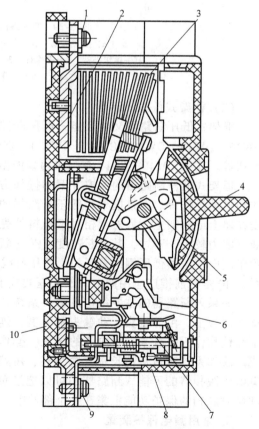

图3-38 DZ20型塑料外壳式低压断路器
1—引入线接线端 2—主触头 3—灭弧室 4—操作手柄 5—跳钩 6—锁扣 7—过电流脱扣器 8—塑料壳盖 9—引出线接线端 10—塑料底座

跳钩被锁扣扣住，断路器处于合闸状态。

2）自由脱扣位置（图3-39b）：手柄位于中间位置，是当断路器因故障自动跳闸，跳钩被锁扣脱扣，主触头断开的位置。

3）分闸和再扣位置（图3-39c）：手柄扳向下方，这时，主触头依然断开，但跳钩被锁扣扣住，为下次合闸做好准备。断路器自动跳闸后，必须把手柄扳在此位置，才能将断路器重新进行合闸，否则是合不上的。不仅塑料外壳式低压断路器的手柄操作如此，框架式低压断路器同样如此。

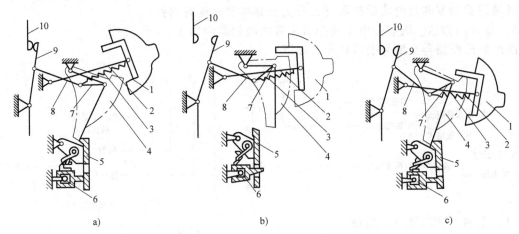

图3-39 低压断路器操作手柄位置示意图
a）合闸位置 b）自由脱扣位置 c）分闸和再扣位置
1—操作手柄 2—操作杆 3—弹簧 4—跳钩 5—锁扣 6—牵引杆
7—上连杆 8—下连杆 9—动触头 10—静触头

（2）框架式低压断路器

框架式低压断路器又叫万能式低压断路器，它装在金属或塑料的框架上。目前，主要有DW15、DW18、DW40、CB11（DW48）、DW914等系列及引进国外技术生产的ME系列、AH系列等。其中DW40、CB11系列采用智能型脱扣器，可实现计算机保护。

框架式低压断路器的保护方案和操作方式较多，既有手柄操作，又有杠杆操作、电磁操作和电动操作等。而且框架式低压断路器的安装地点也很灵活，既可装在配电装置中，又可安在墙上或支架上。另外，相对于塑料外壳式低压断路器，框架式低压断路器的电流容量和断流能力较大，不过，其分断速度较慢（断路时间一般大于0.02s）。框架式低压断路器主要用于配电变压器低压侧的总开关、低压母线的分段开关和低压出线的主开关。

图3-40是目前推广应用的DW15型框架式低压断路器的外形图和内部结构图。

该系列断路器的主要结构由触头系统、操作机构和脱扣器系统组成。其触头系统安装在绝缘底板上，由静触头、动触头和弹簧、连杆、支架等组成。灭弧室里采用钢纸板材料和数十片铁片作灭弧栅来加强电弧的熄灭。操作机构由操作手柄和电磁铁操作机构及强力弹簧组成。脱扣系统有过负荷长延时脱扣器、短路瞬时脱扣器、欠电压脱扣器和分励脱扣器等；带有电子脱扣器的万能式断路器还可以把过负荷长延时、短路瞬时、短路短延时、欠电压瞬时和延时脱扣的保护功能汇集在一个部件中，并利用分励脱扣器来使断路器断开。

8. 常用漏电保护装置

漏电保护装置又称漏电保护器，是漏电电流动作保护器的简称，它的主要作用是防止因电气设备或线路漏电而引起火灾、爆炸等事故，并对有致命危险的人身触电事故进行保护。

由于漏电电流大多小于过电流保护装置（如低压断路器）的动作电流，因此当因线路绝

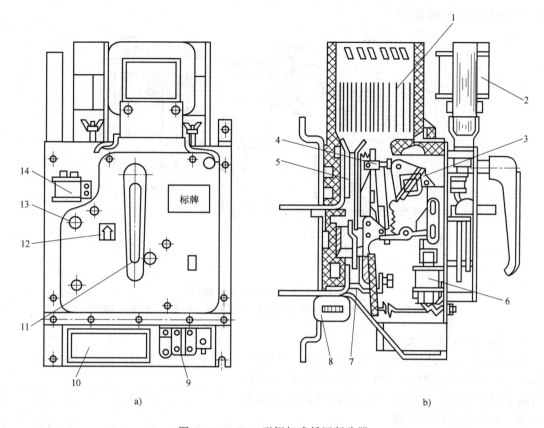

图 3-40 DW15 型框架式低压断路器
a) 外形图　b) 内部结构图
1—灭弧罩　2—电磁铁　3—主轴　4—动触头　5—静触头　6—欠电压脱扣器
7—快速电磁铁　8—电流互感器或电流电压变换器　9—热脱扣器或电子脱扣器
10—阻容延时装置　11—操作机构　12—指示牌　13—手动断开按钮　14—分励脱扣器

缘损坏等造成漏电时,过电流保护装置不会动作,从而无法及时断开故障回路,以保护人身和设备的安全。尤其是目前随着国家经济的不断发展,人民生活水平日益提高,家庭用电量也不断增大,过去用户配电箱采用的熔断器保护已不能满足用电安全的要求,因此,对 TN-C (三相四线制) 和 TN-S (三相五线制) 系统,必须考虑装设漏电保护装置。

(1) 漏电保护器的工作原理

漏电保护器是在漏电电流达到或超过其规定的动作电流值时能自动断开电路的一种开关电器。它的结构可分为三个功能组:①故障检测用的零序电流互感器;②将测得的电参量变换为机械脱扣的漏电脱扣器;③包括触头的操作机构。

当电气线路正常工作时,通过零序电流互感器一次侧的三相电流相量和或瞬时值的代数和为零,因此其二次侧无电流;在出现绝缘故障时,漏电电流或触电电流通过大地与电源中性点形成回路,这时,零序电流互感器一次侧的三相电流之和不再是零,从而在二次绕组中产生感应电流并通过漏电脱扣器和操作机构的动作来断开带有绝缘故障的回路。

漏电保护器根据其脱扣器的不同有电磁式和电子式两类。其中,电磁式漏电保护器由零序电流互感器检测到的信号直接作用于释放式漏电脱扣器,使漏电保护器动作;而电子式漏电保护器是利用零序电流互感器检测到的信号通过电子放大线路放大后,触发晶闸管或晶体管开关电路来接通漏电脱扣器线圈,使漏电保护器动作。这两类漏电保护器的结构和工作原理如图 3-41 和图 3-42 所示。

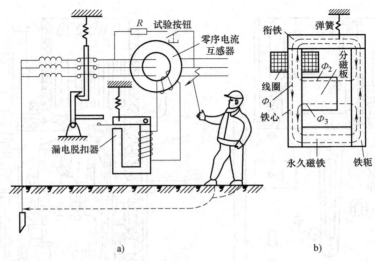

图 3-41 电磁式漏电保护断路器
a) 电磁式漏电保护断路器的保护原理示意图 b) 电磁式漏电保护断路器的结构

（2）漏电保护器的类型

1）漏电开关。它是由零序电流互感器、漏电脱扣器和主回路开关组装在一起，同时具有漏电保护和通断电路的功能。其特点是在检测到触电或漏电故障时，能直接断开主回路。

2）漏电断路器。它由塑料外壳式断路器和带零序电流互感器的漏电脱扣器组成，除了具有一般断路器的功能外，还能在线路或设备出现漏电故障或人身触电事故时，迅速自动断开电路，以保护人身和设备的安全。漏电断路器又分为单相小电流家用型和工业用型两类。常见的型号有 DZ15L、DZ47L、DZL29 和 LDB 型等系列，适用于低压线路中，作线路和设备的漏电和触电保护用。

3）漏电继电器。它由零序电流互感器和继电器组成，只有检测和判断漏电电流的功能，但不能直接断开主回路。

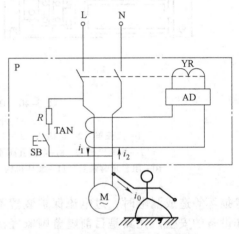

图 3-42 电子式漏电保护断路器的保护原理示意图
YR—漏电脱扣器 AD—电子放大器
TAN—零序电流互感器 R—电阻
SB—试验按钮 M—电动机或其他负荷

4）漏电保护插座。由漏电断路器和插座组成，这种插座具有漏电保护功能，但电流容量和动作电流都较小，一般用于可携带式用电设备和家用电器等的电源插座。

9. 高低压开关电器的选择及校验

高低压开关设备的选择必须满足一次电路正常条件下和短路故障条件下工作的要求及断流能力的要求，同时设备应工作安全可靠，运行维护方便，投资经济合理。表3-8是各种高低压电气设备选择校验的项目及条件。

3.2.2 高低压成套配电装置

1. 高压成套配电装置（高压开关柜）

高压成套配电装置，又称高压开关柜，是按不同用途和使用场合，将所需一、二次设备按一定的线路方案组装而成的一种成套配电设备，用于供配电系统中的馈电、受电及配电的控制、监测和保护，主要安装有高压开关电器、保护设备、监测仪表和母线、绝缘子等。

表3-8　高低压电气设备选择校验的项目及条件

电气设备名称	正常工作条件选择			短路故障校验	
	电压/kV	电流/A	断流能力/kA	动稳定度	热稳定度
高低压熔断器	√	√	√	×	×
高压隔离开关	√	√	—	√	√
高压负荷开关	√	√	√	√	√
高压断路器	√	√	√	√	√
低压刀开关	√	√	√	—	—
低压负荷开关	√	√	√	—	—
低压断路器	√	√	√	—	—

注：1. 表中"√"表示必须校验，"×"表示不必检验，"—"表示可不检验。
　　2. 选择高压电气设备时，计算电流取变压器高压侧的额定电流。

高压成套配电装置按主要设备的安装方式分为固定式和移开式（手车式）；按开关柜隔室的构成形式分为铠装式、间隔式、箱式、环网式等；按其母线系统分为单母线型、单母线带旁路母线型和双母线型；根据一次电路安装的主要元器件和用途分，有断路器柜、负荷开关柜、高压电容器柜、电能计量柜、高压环网柜、熔断器柜、电压互感器柜、隔离开关柜、避雷器柜等。

开关柜在结构设计上要求具有"五防"功能，所谓"五防"即防止误操作断路器、防止带负荷拉合隔离开关（防止带负荷推拉小车）、防止带电挂接地线（防止带电合接地开关）、防止带接地线（接地开关处于接地位置时）送电、防止误入带电间隔。

新系列高压开关柜的全型号表示和含义如下：

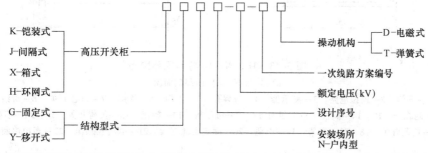

固定式高压开关柜的柜内所有电器部件包括其主要设备如断路器、互感器和避雷器等都固定安装在不能移动的台架上。固定式开关柜具有构造简单、制造成本低、安装方便等优点；但内部主要设备发生故障或需要检修时，必须中断供电，直到故障消失或检修结束后才能恢复供电，因此固定式高压开关柜一般用在企业的中小型变配电所和负荷不是很重要的场所。

近年来，我国设计生产的一系列符合IEC（国际电工委员会）标准的新型固定式高压开关柜得到越来越广泛的应用，下面以HXGN系列（固定式高压环网柜）、XGN系列（交流金属箱型固定式封闭高压开关柜）和KGN系列（交流金属铠装固定式高压开关柜）为例来介绍固定式高压开关柜的结构和特点。

（1）HXGN系列的固定式高压环网柜

高压环网柜是为适应高压环形电网的运行要求设计的一种专用开关柜。高压环网柜主要采用负荷开关和熔断器的组合方式，正常电路通断操作由负荷开关实现，而短路保护由具有高分断能力的熔断器来完成。这种负荷开关加熔断器的组合柜与采用断路器的高压开关柜相比，体积和重量都明显减少，价格也便宜很多。而一般 6~10kV 的变配电所，负荷的通断操作较频繁，短路故障的发生却是个别的，因此，采用负荷开关-熔断器的环网柜更为经济合理。所以，高压环网柜主要适用于环网供电系统、双电源辐射供电系统或单电源配电系统，可作为变压器、电容器、电缆、架空线等电气设备的控制和保护装置，亦适用于箱式变电站，作为高压电气设备。

图 3-43 为 HXGN1-10 型高压环网柜的外形图和内部剖面图。

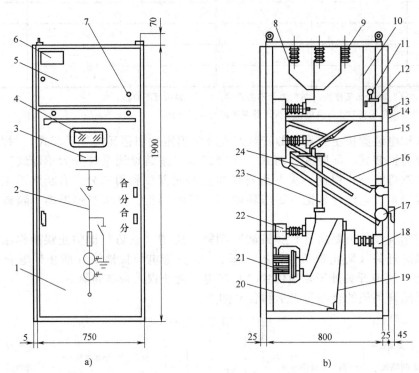

图 3-43 HXGN1-10 型高压环网柜
a) 外形图 b) 内部剖面图
1—下门 2—模拟电路 3—显示器 4—观察孔 5—上门 6—铭牌 7—组合开关 8—母线
9—绝缘子 10、14—隔板 11—照明灯 12—端子板 13—旋钮 15—负荷开关 16、24—连杆
17—负荷开关 18、22—支架 19—电缆 20—固定电缆支架 21—电流互感器 23—高压熔断器

它由三个间隔组成：电缆进线间隔、电缆出线间隔、变压器回路间隔，主要电气设备有高压负荷开关、高压熔断器、高压隔离开关、接地开关、电流和电压互感器、避雷器等；并且具有可靠的防误操作设施，有"五防"功能，在我国城市电网改造和建设中得到广泛的应用。

（2）XGN 系列的金属箱型固定式封闭高压开关柜

金属封闭开关柜是指开关柜内除进出线外，其余完全被接地金属外壳封闭的成套开关设备。XGN 系列金属箱型固定式封闭高压开关柜是我国自行研制开发的新一代产品，该产品采用 ZN28、ZN28E、ZN12 等多种型号的真空断路器，也可以采用少油断路器。隔离开关采用先进的 GN30-10 型旋转式隔离开关，技术性能高，设计新颖。柜内仪表室、母线室、断路器室、电缆室用钢板分隔封闭，使之结构更加合理、安全，可靠性高，运行操作及检修维护方便。

在柜与柜之间加装了母线隔离套管，避免一个柜子故障时波及邻柜。图3-44为XGN2-10系列金属箱型固定式封闭高压开关柜的外形图和内部结构图。

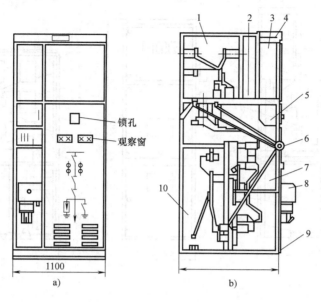

图3-44　XGN2-10系列金属箱型固定式封闭高压开关柜
a）外形图　b）内部结构图
1—母线室　2—压力释放通道　3—仪表室　4—二次小母线室　5—组合开关室
6—手动操动机构及联锁机构　7—主开关室　8—电磁操动机构　9—接地母线　10—电缆室

该型号适用于3~10kV单母线、单母线带旁路系统中作为接收和分配电能的高压成套设备，为金属封闭箱型结构，柜体骨架由角钢焊接而成，柜内由钢板分割成断路器室、母线室、电缆室、继电器室，并可通过门面的观察窗和照明灯观察柜内各主要元件的运行情况。该开关柜具有较高的绝缘水平和防护等级，内部不采用任何形式的相间和相对地隔板及绝缘气体，二次回路不采用二次插头（即无论在何种状态下，保护和控制回路始终是贯通的），产品的各项技术指标符合GB/T 3906—2006《3.6kV~40.5kV交流金属封闭开关设备和控制设备》和国际标准（IEC）及"五防"要求。

（3）手车式（移开式）高压开关柜

手车式高压开关柜是将成套高压配电装置中的某些主要电气设备（如高压断路器、电压互感器和避雷器等）固定在可移动的手车上，另一部分电气设备则装置在固定的台架上。当手车上安装的电气部件发生故障或需检修、更换时，可以随同手车一起移出柜外，再把同类备用手车（与原来的手车同设备、同型号）推入，就可立即恢复供电，相对于固定式开关柜，手车式高压开关柜的停电时间大大缩短。因为可以把手车从柜内移开，又称之为移开式高压开关柜。这种开关柜检修方便安全，恢复供电快，供电可靠性高，但价格较高，主要用于大、中型变配电所和负荷较重要、供电可靠性要求较高的场所。

手车式高压开关柜的主要新产品有JYN系列、KYN系列等。

KYN系列户内金属铠装移开式开关柜是消化吸收国内外先进技术，根据国内特点设计研制的新一代开关设备。用于接收和分配高压、三相交流50Hz单母线及母线分段系统的电能并对电路实行控制、保护和监测的户内成套配电装置，主要用于发电厂、中小型发电机送电、工矿企业配电以及电业系统的二次变电所的受电、送电及大型高压电动机起动及保护等。

如图3-45所示为KYN28A-12型金属铠装移开式高压开关柜的外形图和结构图。该类型可分为靠墙安装的单面维护型和不靠墙安装的双面维护型。由固定的柜体和可抽出部件（手车）两大部分组成。

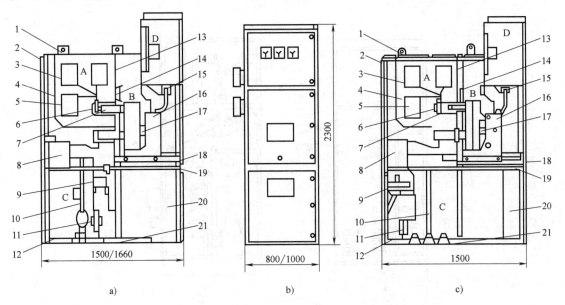

图3-45 KYN28A-12型金属铠装移开式高压开关柜
a）不靠墙安装的结构图 b）外形图 c）靠墙安装的结构图
A—母线室 B—断路器手车室 C—电缆室 D—继电器仪表室
1—泄压装置 2—外壳 3—分支母线 4—母线套管 5—主母线 6—静触头装置 7—静触头盒 8—电流互感器 9—接地开关 10—电缆 11—避雷器 12—接地母线 13—装卸式隔板 14—隔板（活门） 15—二次插头 16—断路器手车 17—加热去湿器 18—可抽出式隔板 19—接地开关操作机构 20—控制小线槽 21—底板

该开关柜采用金属铠装方式，由金属板分隔成手车室、母线室、电缆室和继电器仪表室，每一单元的金属外壳均独立接地。在手车室、母线室、电缆室的上方均设有压力释放装置，当断路器或母线发生内部故障电弧时，伴随电弧的出现，开关柜内部气压上升达到一定值后，压力释放装置释放压力并排泄气体，以确保操作人员和开关柜的安全。配用真空断路器手车，性能可靠、安全，可实现长年免维修。该开关柜也具有"五防"功能。

2. 低压成套配电装置

低压成套配电装置包括低压配电屏（柜）和配电箱，它们是按一定的线路方案将有关的低压一、二次设备组装在一起的一种成套配电装置，在低压配电系统中作控制、保护和计量之用。

低压配电屏（柜）按其结构型式分为固定式、抽屉式和混合式。低压配电箱有动力配电箱和照明配电箱等。

低压配电屏（柜）的全型号表示和含义如下：

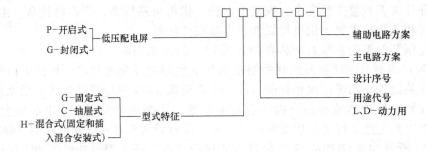

低压配电箱的型号表示和含义如下：

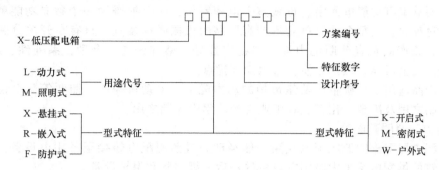

（1）低压配电屏（柜）

低压配电屏（柜）有固定式、抽屉式及混合式三种类型。其中固定式的所有电器元件都为固定安装、固定接线；而抽屉式的配电屏中，电器元件是安装在各个抽屉内，再按一、二次线路方案将有关功能单元的抽屉叠装在封闭的金属柜体内，可按需要推入或抽出；混合式的其安装方式为固定和插入混合安装。下面分别就这三种类型进行介绍。

1）固定式低压配电屏。固定式低压配电屏结构简单，价格低廉，故应用广泛。目前使用较广的有 GGL、GGD 等系列。适用于变电所和工矿企业等电力用户作动力和照明配电用。

GGL 系列固定式低压配电屏的技术先进，符合 IEC 标准，其内部采用 ME 型的低压断路器和 NT 型的高分断能力熔断器，它的封闭式结构排除了在正常工作条件下带电部件被触及的可能性，因此安全性能好，可安装在有人员出入的工作场所中。

GGD 系列交流固定式低压配电屏是按照安全、可靠、经济、合理的原则而开发研制的一种较新产品，和 GGL 系列一样都属封闭式结构。它的分断能力高，热稳定性好，接线方案灵活，组合方便，结构新颖，外壳防护等级高，系列性实用性强，是一种国家推广使用的更新换代产品。适用于变电所、厂矿企业和高层建筑等电力用户的低压配电系统中，作动力、照明和配电设备的电能转换和分配控制用。

2）抽屉式低压配电屏（柜）。

抽屉式低压配电屏（柜）具有体积小、结构新颖、通用性好、安装维护方便、安全可靠等优点，因此，被广泛应用于工矿企业和高层建筑的低压配电系统中作受电、馈电、照明、电动机控制及功率补偿之用。国外的低压配电屏几乎都为抽屉式，尤其是大容量的还做成手车式。目前，常用的抽屉式配电屏有 BFC、GCL、GCK 等系列，它们一般用作三相交流系统中的动力中心（PC）和电动机控制中心（MCC）的配电和控制装置。

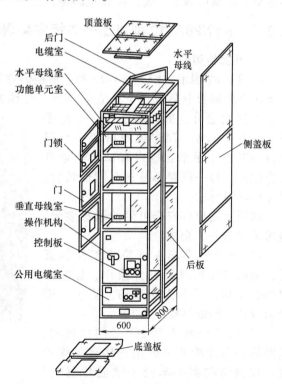

图 3-46 GCK 型抽屉式低压配电柜结构图

图 3-46 为 GCK 型抽屉式低压配电柜的结构图。

GCK 系列是一种用标准模件组合成的低压成套开关设备，分动力配电中心（PC）柜、电动机控制中心（MCC）柜和功率因数自动补偿柜。柜体采用拼装式结构，开关柜各功能室严格分开，主要隔室有功能单元室、母线室、电缆室等，一个抽屉为一个独立功能单元，各单元的作用相对独立，且每个抽屉单元均装有可靠的机械联锁装置，只有在开关分断的状态下才能被打开。该产品具有分断能力高，热稳定性好，结构先进、合理，系列性、通用性强，防护等级高，安全可靠，维护方便，占地少等优点。

该系列产品适用于厂矿企业及建筑物的动力配电、电动机控制、照明等配电设备的电能转换分配控制之用及冶金、化工、轻工业生产的集中控制之用。

（2）动力和照明配电箱

从低压配电屏引出的低压配电线路一般经动力或照明配电箱接至各用电设备，它们是车间和民用建筑的供配电系统中对用电设备的最后一级控制和保护设备。

配电箱的安装方式有靠墙式、悬挂式和嵌入式。靠墙式是靠墙落地安装，悬挂式是挂在墙壁上明装，嵌入式是嵌在墙壁里暗装。

1）动力配电箱。

动力配电箱通常具有配电和控制两种功能，主要用于动力配电和控制，但也可用于照明的配电与控制。常用的动力配电箱有 XL、XLL2、XF-10、BGL、BGM 型等，其中，BGL 和 BGM 型多用于高层建筑的动力和照明配电。

2）照明配电箱。

照明配电箱主要用于照明和小型动力线路的控制、过负荷和短路保护。照明配电箱的种类和组合方案繁多，其中 XXM 和 XRM 系列适用于工业和民用建筑的照明配电，也可用于小容量动力线路的漏电、过负荷和短路保护。

3.2.3　KYN28A-12 型高压开关柜安装调试实训

1. 开关柜简介

如图 3-47 所示，KYN28A-12 型金属铠装移开式高压开关柜由柜体和手车两大部分构成。柜体由金属隔板分隔成四个独立的隔室：母线室、断路器手车室、电缆室和继电器仪表室。手车根据用途分为断路器手车、计量手车、隔离手车等，同参数规格的手车可以自由互换，手车在柜内有试验位置和工作位置，每一位置都分别有到位装置，以保证联锁可靠。

图 3-47　KYN28A-12 型金属铠装移开式高压开关柜实物图

高压开关柜有安全可靠的联锁装置，能满足"五防"要求：

1）断路器手车在试验或工作位置时，断路器才能进行合分操作，且在断路器合闸后，手车无法移动，防止了带负荷误拉、推断路器。

2）仅当接地开关处于分闸位置时，断路器手车才能从试验位置移至工作位置；仅当断路器手车处于试验位置时，接地开关才能进行合闸操作，实现了防止带电误合接地开关及防止接地开关处于闭合位置时关合断路器。

3）接地开关处在分闸位置时，下门及后门都无法打开，防止了误入带电间隔。

4）断路器在工作位置时，二次插头被锁定不能拔出。为保证安全及各联锁装置可靠不致损坏，必须按联锁防误操作程序进行操作。

2. 主电源柜送电操作程序

1）关闭所有柜门及后封板，并锁好。

2）推上转运小车并使其定位，把断路器手车推入柜内并使其在试验位置定位［推断路器时需把断路器两推拉把手往中间压，同时用力往前推（往柜内推），断路器到达试验位置后，放开推拉把手，把手应自动复位］，手动插上航空插头，关上手车室门并锁好。

3）观察上柜门各仪表、信号指示是否正常（正常时综合继保电源灯亮，断路器分闸指示灯和储能指示灯亮，如所有指示灯均不亮，则打开上柜门，确认各母线电源开关是否合上，如已合上各指示灯仍不亮，则需检修控制回路）。

4）将断路器手车摇柄插入摇柄插口并用力压下，顺时针转动摇柄，约20圈，在摇柄明显受阻并伴有"咔嗒"声时取下摇柄，此时手车处于工作位置，航空插头被锁定，断路器手车主回路接通，查看相关信号（因主电源与备用电源设置了机械联锁，当主电源断路器在工作位置时，备用电源断路器必须在试验位置）。

5）观察带电显示器，确定外电源已送至本柜（若带电显示器面板显示灯亮，表示外电源已送至本柜断路器下触头；若显示灯不亮，则需先送外电源至本柜）。

6）合转换开关使断路器合闸送电，同时仪表门上红色合闸指示灯亮，绿色分闸指示灯灭，查看其他相关信号，一切正常，送电成功（操作分、合转换开关时，把操作手柄顺时针旋转至面板指示合位置，松开手后操作手柄应自动复位至预合位置）。

7）如断路器合闸后自动分闸或运行中自动分闸，则需判断何种故障并排除后才可按以上程序重新送电（当线路故障断路器分闸后，会发出声光报警，即面板红色故障指示灯亮，同时信号屏故障鸣响。此时观察综合继保，如保护跳闸灯亮，则故障为线路过电流，在故障检修时可按信号屏复归按钮取消鸣响，在检修完毕后，需按综合继保面板复归按钮手动复位综合继保）。

3. 主电源柜停电操作程序

1）观察所有柜相关信号，确认所有出线柜断路器均处于分闸位置。

2）分转换开关使断路器分闸停电，同时仪表门上红色合闸指示灯灭，绿色分闸指示灯亮，查看其他相关信号，一切正常，停电成功（操作合、分转换开关时，把操作手柄逆时针旋转至面板指示分位置，松开手后操作手柄应自动复位至预分位置）。

3）将断路器手车摇柄插入摇柄插口并用力压下，逆时针转动摇柄，约20圈，在摇柄明显受阻并伴有"咔嗒"声时取下摇柄，此时手车处于试验位置，航空插头锁定解除，打开手车室门，手动脱离航空插头（手车主回路断开）。

4）观察带电显示器，确认不带电方可继续操作（进线柜下门有电磁锁强制闭锁，只有在进线端不带电时方可解锁，但在进线端带电时也可用钥匙紧急解锁。进线断路器分闸并不代表进线柜不带电，如外电源没停，此时电缆室是带高压电的，强行进入有生命危险）。

5）打开下门，验电（必须验电），放电（必须放电），挂接地线（必须挂接地线），维修人员可进入维护、检修。

4. 计量柜操作程序

1）计量手车为动、静触头直接连接，不具有分断能力及灭弧能力，绝对不能带负荷摇进、摇出计量手车。

2）计量手车和进线开关柜断路器具有电气及机械联锁，在主电源（备用电源）断路器分闸后才能操作摇进或摇出计量手车，不可强行操作，以免损坏联锁装置。当带负荷强行摇出计量手车时主电源（备用电源）断路器则自动分闸，以免造成人身伤亡。

3）摇进、摇出计量手车的方法同断路器手车。

5. PT柜操作程序

1）首先摇进PT手车。

2）观察带电显示器，如显示器灯亮，则10kV高压已送至本柜，检查电压表是否显示正常。

3）摇进、摇出PT手车的方法同断路器手车。

6. 出线柜送电操作程序

1）关闭所有柜门及后封板，并锁好（接地开关处于合位时方可关柜下门）。

2）将接地开关操作手柄插入中门右下侧六角孔内，逆时针旋转，使接地开关处于分闸位置，取出操作手柄，操作孔处联锁板自动弹回，遮住操作孔，柜下门闭锁。

3）推上转运小车并使其定位，把断路器手车推入柜内并使其在试验位置定位［推断路器时需把断路器两推拉把手往中间压，同时用力往前推（往柜内推），断路器到达试验位置后，放开推拉把手，把手应自动复位］。手动插上航空插头，关上手车室门并锁好。

4）观察上柜门各仪表、信号指示是否正常（正常时综合继保电源灯亮，断路器分闸指示灯和储能指示灯亮，接地分闸指示灯亮，如所有指示灯均不亮，则打开上柜门，确认各母线电源开关是否合上，如已合上，各指示灯仍不亮，则需检修控制回路）。

5）将断路器手车摇柄插入摇柄插口并用力压下，顺时针转动摇柄，约20圈，在摇柄明显受阻并伴有"咔嗒"声时取下摇柄，此时手车处于工作位置，航空插头被锁定，断路器手车主回路接通，查看相关信号。

6）操作仪表门上合、分转换开关使断路器合闸送电，同时仪表门上红色合闸指示灯亮，绿色分闸指示灯灭，查看带电显示及其他相关信号，一切正常，送电成功（操作合、分转换开关时，把操作手柄顺时针旋转至面板指示合位置，松开手后操作手柄应自动复位至预合位置）。如不能正常合闸时，检查变压器门是否关闭。

7）如断路器合闸后自动分闸或运行中自动分闸，则需判断何种故障并排除后才可按以上程序重新送电（当线路故障断路器分闸后，会发出声光报警。此时观察综合继保，如保护跳闸灯亮，则故障为线路过电流，在检修完毕后，需按综合继保面板复归按钮手动复位综合继保）。

7. 出线柜停电操作程序

1）操作仪表门上合、分转换开关使断路器分闸停电，同时仪表门上红色合闸指示灯灭，绿色分闸指示灯亮，查看其他相关信号，一切正常，停电成功（操作合、分转换开关时，把操作手柄逆时针旋转至面板指示分位置，松开手后操作手柄应自动复位至预分位置）。

2）将断路器手车摇柄插入摇柄插口并用力压下，逆时针转动摇柄，约20圈，在摇柄明显受阻并伴有"咔嗒"声时取下摇柄，此时手车处于试验位置，航空插头锁定解除，打开手车室门，手动脱离航空插头（手车主回路断开）。

3）推上转运小车并使其锁定，拉出断路器手车至转运小车，移开转运小车（拉断路器时需把断路器两推拉把手往中间压，同时用力往后拉（往柜外拉），断路器拉到转运小车并到位后，放开推拉把手，把手应自动复位）。

4）观察带电显示器，确认不带电方可继续操作。

5）将接地开关操作手柄插入中门右下侧六角孔内，顺时针旋转，使接地开关处于合闸位置，确认接地开关已合闸后，打开柜下门，维修人员可进入维护、检修。

6）接地开关和断路器及柜门均有联锁，只有在断路器处于试验位置或抽出柜外后才可以合分接地开关，也只有在接地开关分闸后才可把断路器由试验位置摇至工作位置，不可强行操作。接地开关与柜下门联锁可紧急解锁，只有在确认必要时才可紧急解锁，否则有触电危险。

8. 电气与机械联锁

（1）主电源与备用电源

主电源（备用电源）断路器设有电气与机械联锁，两断路器不能同时合闸，当主电源断路器在工作位置时，备用电源只能在试验位置且不能合闸；反之同理。

（2）主电源（备用电源）断路器与计量手车

只有计量手车在工作位置时，主电源（备用电源）断路器才能合闸，断路器合闸以后，不允许带负荷摇出计量手车，当误操作预摇计量手车时，断路器会立刻跳闸，且信号屏报警。

（3）出线柜与变压器

出线柜与变压器设有电气联锁，当变压器门在全部关闭的情况下，出线柜才能够合闸，如有其中一门未关，或全部未关，则出线柜不能合闸。

（4）出线柜断路器与接地开关

当出线柜处于合闸位置时，因与接地开关设有机械联锁，故接地刀不能合上，只有在断路器处于分闸状态下，且处在试验位置时，接地开关才能合上。

3.2.4 问题与思考

1）高压隔离开关的作用是什么？

2）KYN28A-12型高压开关柜有安全可靠的联锁装置，能满足哪"五防"功能？

3）常用塑料外壳式低压断路器有哪些功能？

3.2.5 任务总结

熔断器分为高压熔断器和低压熔断器两种。高压熔断器有户内式、户外式两种类型。低压熔断器主要用于低压线路及设备的过载和短路保护。熔断器按保护性能也可分为有限流特性和无限流特性两种。

高压开关设备主要有高压断路器、高压隔离开关、高压负荷开关等。高压断路器的作用是断开或接通负荷，故障时断开短路电流，有油断路器、真空断路器、SF_6断路器三种类型。高压隔离开关的主要功能是隔离高压电源，保证人身和设备检修安全，它不能带负荷操作，常与断路器配合使用并装设在电源侧。高压负荷开关具有简单的灭弧装置，可以通断一定的负荷电流和过负荷电流，由于断流能力有限，常与高压熔断器配合使用。

电气设备的选择及校验。供配电系统常用的电气设备有：高低压熔断器、高压隔离开关、高压负荷开关、高压断路器、低压刀开关、低压断路器、互感器、高低压成套设备（高低压开关柜）和电力变压器等。一般高低压电气设备首先按正常工作条件时的电压、电流条件来初选型号，然后再校验断流能力（对开关电器）和短路故障时的动稳定度和热稳定度。电力变压器的选择包括实际容量和正常过负荷能力的考虑计算以及台数和容量的选择、计算。

低压配电屏（柜）有固定式、抽屉式和混合式三种。固定式低压配电屏结构简单，价格低廉，目前使用较广的有GGL、GGD等系列。抽屉式低压配电屏（柜）体积小、结构新颖、通用性好、安装维护方便、安全可靠，常用的抽屉式配电屏有BFC、GCL、GCK等系列，它们一般用作三相交流系统中的动力中心（PC）和电动机控制中心（MCC）的配电和控制装置。动力配电箱和照明配电箱是车间和民用建筑的供配电系统中对用电设备的最后一级控制和保护设备，分别用于动力配电、控制和照明、小型动力线路的控制、过负荷和短路保护。

3.3 任务3 配电导线和电缆

【任务描述】 供配电线路是电力系统的重要组成部分，担负着传输电能的任务。本任务介绍电缆型号规格、电缆线路的敷设、导线电缆的选择及供配电线路的运行维护等方面的知识技能。使学生对供配电线路施工、运行和维护有明确的认识，为今后从事供配电线路维护方面的工作奠定基础。

【知识目标】 了解供配电系统中电力线路的结构与分类，掌握电缆线路的敷设原则和方法。

【能力目标】 了解供配电线路中导线的选择依据，通过计算选择导线和电缆。掌握常用电缆施工方法。

3.3.1 电缆线路的结构与敷设

电缆线路主要用于传输和分配电能。不过和架空线路相比，电缆线路的成本高，投资大，查找故障困难，工艺复杂，施工困难，但它受外界因素（雷电、风害等）的影响小，供电可靠性高，不占路面，不碍观瞻，且发生事故不易影响人身安全，因此在建筑或人口稠密的地方，特别是有腐蚀性气体和易燃、易爆的场所，不方便架设架空线路时，宜采用电缆线路。在现代化工厂和城市中，电缆线路已得到日益广泛的应用。

1. 电缆的类型和结构

（1）电缆的类型

1）按电压可分为高压电缆和低压电缆。

2）按线芯数可分为单芯、双芯、三芯、四芯和五芯等。单芯电缆一般用于工作电流较大的电路、水下敷设的电路和直流电路；双芯电缆用于低压 TN-C、TT、IT 系统的单相电路；三芯电缆用于高压三相电路、低压 IT 系统的三相电路和 TN-C 系统的两相三线电路、TN-S 系统的单相电路；四芯电缆用于低压 TN-C 系统和 TT 系统的三相四线电路；五芯电缆用于低压 TN-S 系统的电路。

3）按线芯材料可分为铜芯和铝芯两类。其中，控制电缆应采用铜芯，以及须耐高温、耐火、有易燃、易爆危险和剧烈振动的场合等也须选择铜芯电缆。其他情况下，一般可选用铝芯电缆。

4）按绝缘材料可分为油浸纸绝缘电缆、塑料绝缘电缆和橡胶绝缘电缆等，还有正在发展的低温电缆和超导电缆。油浸纸绝缘电缆耐压强度高，耐热性能好，使用寿命长，且易于安装和维护。但因其内部的浸渍油会流动，因此不宜用在高度差较大的场所。我国生产的塑料绝缘电缆有聚氯乙烯绝缘及护套电缆和交联聚乙烯绝缘聚氯乙烯护套电缆。塑料绝缘电缆结构简单，成本低，制造加工方便，稳定性高，重量轻，敷设安装方便，且不受敷设高度差的限制及抗腐蚀性好，特别是交联聚乙烯绝缘电缆，它的电气性能更好，耐热性好，载流量大，适宜高落差甚至垂直敷设，因此其应用日益广泛。但塑料受热易老化变形。橡胶绝缘电缆弹性好，性能稳定，防水防潮，一般用作低压电缆。

（2）电缆的基本结构

电缆是一种特殊结构的导线，它由线芯、绝缘层和保护层三部分组成，还包括电缆头。电缆结构的剖面示意图如图 3-48 所示。

绝缘层的作用是将线芯导体和保护层相隔离，因此必须具有良好的绝缘性能和耐热性能。油浸纸绝缘电缆以油浸纸作为绝缘层，塑料电缆以聚氯乙烯或交联聚乙烯作为绝缘层。保护层又可分为内护层和外护层两部分。内护层

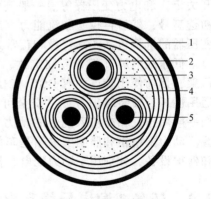

图 3-48 电缆的剖面图
1—铅皮 2—缠带绝缘 3—线芯绝缘
4—填充物 5—线芯导体

直接用来保护绝缘层，常用的材料有铅、铝和塑料等。外护层用以防止内护层受到机械损伤和腐蚀，通常为钢丝或钢带构成的钢铠，外覆沥青、麻被或塑料护套。

油浸纸绝缘电缆和交联聚乙烯绝缘电缆的结构图如图3-49和图3-50所示。

图 3-49 油浸纸绝缘电缆
1—缆芯（铜芯或铝芯） 2—油浸纸绝缘层 3—麻筋（填料） 4—油浸纸（统包绝缘） 5—铅包 6—涂沥青的纸带（内护层） 7—浸沥青的麻被（内护层） 8—钢铠（外护层） 9—麻被（外护层）

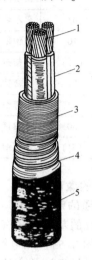

图 3-50 交联聚乙烯绝缘电缆
1—缆芯（铜芯或铝芯） 2—交联聚乙烯绝缘层 3—聚氯乙烯护套（内护层） 4—钢铠或铝铠（外护层） 5—聚氯乙烯外套（外护层）

电缆头指的是两条电缆的中间接头和电缆终端的封端头。电缆头是电缆线路的薄弱环节，是大部分电缆线路故障的发生处。因此，电缆头的安装和密封非常重要，在施工和运行中要由专业人员进行操作。

（3）电缆的型号

每一个电缆的型号表示这种电缆的结构，同时也表明这种电缆的使用场合、绝缘种类和某些特征。电缆型号的表示顺序如下：

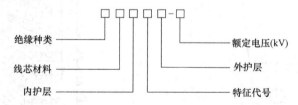

电力电缆型号中字母和数字的含义见表3-9。

表 3-9 电力电缆型号中字母和数字的含义

项目	型号	含 义	项目	型号	含 义
类别	Z	油浸纸绝缘	内护套	Q	铅包
	V	聚氯乙烯绝缘		L	铝包
	YJ	交联聚乙烯绝缘		V	聚氯乙烯护套
	X	橡皮绝缘	特征	P	滴干式
导体	L	铝芯		D	不滴流式
	T	铜芯（一般不注）		F	分相铅包式

(续)

项目	型号	含义	项目	型号	含义
外护套	02	聚氯乙烯套	外护套	32	细圆钢丝铠装聚氯乙烯套
	03	聚乙烯套		33	细圆钢丝铠装聚乙烯套
	20	裸钢带铠装		(40)	裸粗圆钢丝铠装
	(21)	钢带铠装纤维外被		41	粗圆钢丝铠装纤维外被
	22	钢带铠装聚氯乙烯套		(42)	粗圆钢丝铠装聚氯乙烯套
	23	钢带铠装聚乙烯套		(43)	粗圆钢丝铠装聚乙烯套
	30	裸细钢丝铠装		441	双粗圆钢丝铠装纤维外被
	(31)	细圆钢丝铠装纤维外被			

2. 电缆的敷设

(1) 电缆的敷设方法

电缆敷设的基本方法有直接埋地敷设（图 3-51）、采用电缆隧道敷设（图 3-52）、利用电缆沟敷设（图 3-53）和电缆桥架敷设（图 3-54）等。

最常用、最经济的方法是将电缆直接埋地，如图 3-51 所示。但当电缆数量较多（不超过 12 根）或容易受到外界损伤时，为了避免损坏和减少对地下其他管道的影响，可利用电缆沟平行敷设许多电缆，如图 3-53 所示。该方法多应用于高层建筑和工厂的电源引入线。当电缆数量超过 18 根时，宜采用电缆隧道敷设，如图 3-52 所示。

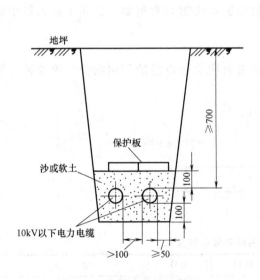

图 3-51 电缆直接埋地敷设

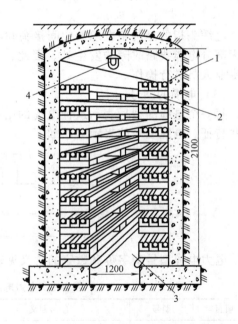

图 3-52 电缆隧道敷设
1—电缆 2—支架 3—维护走廊 4—照明灯具

对于工厂配电所、车间、大型商厦和科研单位等场所，因其电缆数量较多或较集中，且设备分散或经常变动，一般采用电缆桥架的方式敷设电缆线路，电缆桥架的结构如图 3-54 所示。电缆桥架使电缆的敷设更标准、更通用，且结构简单、安装灵活，可任意走向，并具有绝缘和防腐蚀功能，适用于各种类型的工作环境，使配电线路的敷设成本大大降低。

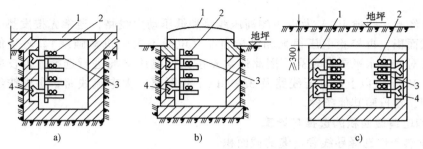

图 3-53 电缆在电缆沟内敷设
a) 户内电缆沟 b) 户外电缆沟 c) 厂区电缆沟
1—盖板 2—电力电缆 3—电缆支架 4—预埋铁件

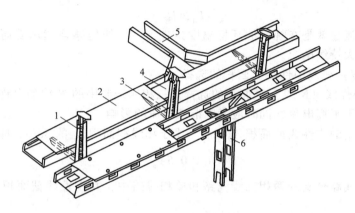

图 3-54 电缆桥架的结构
1—支架 2—盖板 3—支臂 4—线槽 5—水平分支线槽 6—垂直分支线槽

（2）电缆的敷设要求

电缆敷设要严格遵守技术规程和设计要求；竣工后，要按规定的手续和要求检查和验收，以保证电缆线路的质量。具体的规定和要求可查阅 GB 50217—2008《电力工程电缆设计规范》。

3.3.2 导线和电缆的选择

1. 导线和电缆的选择要求

在选择导线的材质时，要考虑电网电压等级与敷设的环境等因素。对于敷设在城市繁华街区、高层建筑群区及旅游区和绿化区的 10kV 及以下的架空线路，以及架空线路与建筑物间的距离不能满足安全要求的地段及建筑施工现场，宜采用绝缘导线。对于 10kV 及以下的架空线路，一般采用铝绞线。35kV 及以上的架空线路及 35kV 以下线路在档距较大、电杆较高时，则宜采用铜芯铝绞线。沿海地区及有腐蚀性介质的场所，宜采用铜绞线或绝缘导线。

对于电缆线路，在一般环境和场所，可采用铝芯电缆；在重要场所及有剧烈振动、强烈腐蚀和有爆炸危险的场所，宜采用铜芯电缆；在低压 TN 系统中，应采用三相四芯或五芯电缆。埋地敷设的电缆，应采用有外护层的铠装电缆。在可能发生位移的土壤中埋地敷设的电缆，应采用钢丝铠装电缆。敷设在电缆沟、桥架和水泥排管中的电缆，一般采用裸铠装电缆或塑料护套电缆，宜优先选用交联电缆。凡两端有较大高度差的电缆线路，不能采用油浸纸绝缘电缆。

住宅内的绝缘线路，只允许采用铜芯绝缘线，一般采用铜芯塑料线。

在选择导线截面积时要考虑几个条件，即发热条件、电压损耗条件、经济电流密度、机械强度等。

根据设计经验，一般 10kV 及以下的高压线路和低压动力线路，通常先按发热条件选择导线和电缆的截面积，再校验电压损耗和机械强度（电缆不校验机械强度）。对于低压照明线路，由于照明对电压水平要求较高，因此通常先按允许电压损耗进行选择，再校验发热条件和机械强度。35kV 及以上的高压线路及 35kV 以下长距离、大电流线路，可先按经济密度确定经济截面积，再校验其他条件。

2. 导线和电缆截面积的选择与计算

（1）按发热条件选择导线和电缆的截面积

1）三相系统中相线截面积的选择。

按发热条件选择三相系统中的相线截面积时，应使其允许载流量 I_{al} 不小于通过相线的计算电流 I_{30}，即

$$I_{al} \geqslant I_{30} \tag{3-3}$$

导线的允许载流量就是在规定的环境温度条件下，导线能够连续承受而不致使其稳定温度超过允许值的最大持续电流。

2）三相系统保护线及中性线截面积的选择。

① 三相系统中性线（N 线）截面积的选择。三相四线制中的 N 线的允许载流量不应小于三相系统中的最大不平衡电流，同时应考虑谐波电流的影响。

一般三相四线制的中性线截面积 A_0，应不小于相线截面积 A_ϕ 的 50%，即

$$A_0 \geqslant 0.5 A_\phi \tag{3-4}$$

在三相四线制线路分支的两相三线线路和单相线路中，其中性线截面积 A_0 应与相线截面积 A_ϕ 相同，即

$$A_0 = A_\phi \tag{3-5}$$

对于三次谐波电流相当突出的三相四线制线路，由于各相三次谐波电流都要通过中性线，使得中性线电流可能接近甚至超过相电流，因此中性线截面积 A_0 不宜小于相线截面积 A_ϕ，即

$$A_0 \geqslant A_\phi \tag{3-6}$$

② 三相系统保护线（PE 线）截面积的选择。

当 $A_\phi \leqslant 16\mathrm{mm}^2$ 时

$$A_{PE} \geqslant A_\phi \tag{3-7}$$

当 $16\mathrm{mm}^2 \leqslant A_\phi \leqslant 35\mathrm{mm}^2$ 时

$$A_{PE} \geqslant 16\mathrm{mm}^2 \tag{3-8}$$

当 $A_\phi > 35\mathrm{mm}^2$ 时

$$A_{PE} \geqslant 0.5 A_\phi \tag{3-9}$$

③ 三相系统保护中性线（PEN 线）截面积的选择。PEN 线兼有 N 线和 PE 线的功能，因此其截面积选择应同时满足上述 N 线和 PE 线的选择条件，取其中的最大值。

（2）按经济电流密度选择导线和电缆的截面积

这种方法适用 35kV 及以上线路和 35kV 以下但电流很大的线路，其导线和电缆截面积宜按经济电流密度选择，可以使线路的年费用支出最小。按经济电流密度选择的截面积，称为经济截面积。

导线的截面积越大，电能损耗越小，但线路投资、维修费用要增加。因此，从经济方面考虑，导线应选择一个比较经济合理的截面积，既可以降低电能损耗，又不至于过分增加线路投资、维修管理费用。

图 3-55 所示为线路年费用 C 与导线截面积 A 的关系曲线。其中曲线 1 表示线路的年折旧费（线路投资除以折旧年限之值）和线路的年维修管理费之和与导线截面积的关系曲线；曲线 2 表示线路的年电能损耗与导线截面积的关系曲线；曲线 3 为曲线 1 与曲线 2 的叠加，表示线路的年运行费用与导线的截面积的关系曲线。

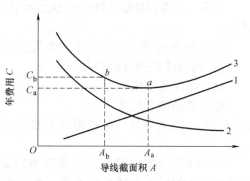

图 3-55 线路年费用与导线截面积的关系曲线

由图 3-55 的曲线 3 可以看出，年费用最小值 C_a（a 点）相对应的导线截面积 A_a 与年费用 C_b（b 点）相对应的导线截面积 A_b 相比，年费用相差不多，而导线截面积却显著减少。从全面的经济效益来考虑，导线的截面积选 A_b 比 A_a 更为经济合理。这种从全面的经济效益考虑选择的导线截面积，称为经济截面积，用符号 A_{ec} 表示。

我国现行的经济电流密度规定见表 3-10。

按经济电流密度 j_{ec} 计算经济截面积 A_{ec} 的公式为

$$A_{ec} = \frac{I_{30}}{j_{ec}} \tag{3-10}$$

式中，I_{30} 为线路的计算电流。

表 3-10 经济电流密度选择表

线路类型	导线材质	年最大负荷利用时间		
		3000h 以下	3000~5000h	5000h 以上
架空线路	铜	3.00	2.25	1.75
	铝	1.65	1.15	0.90
电缆线路	铜	2.50	2.25	2.00
	铝	1.92	1.73	1.54

【例 3-1】 距变电所 400m 处的办公楼，照明负荷有 36kW，线路采用 220/380V 三相四线制供电，干线上的电压损失不允许超过 5%，敷设的环境温度为 40℃，试选择干线的导线截面积，并验证发热条件。

解：（1）功率矩为 $M = PL = 36\text{kW} \times 400\text{m} = 14400\text{kW} \cdot \text{m}$

查表 3-10，三相四线制采用铜线，常数 $C = 76.5\text{kW} \cdot \text{m/mm}^2$，则导线的截面积为

$$A = \frac{\sum M}{C \Delta U_{al} \%} = \frac{14400\text{kW} \cdot \text{m}}{76.5\text{kW} \cdot \text{m/mm}^2 \times 5} \approx 37.6\text{mm}^2$$

初选导线截面积为 50mm^2 的铜芯塑料线 BV，其允许载流量为 168A。

（2）按发热条件验证。该负荷的计算负荷为

$$S_{30} = K_d \frac{P_e}{\cos\varphi} = 0.7 \times \frac{36}{1}\text{kV} \cdot \text{A} = 25.2\text{kV} \cdot \text{A}$$

该负荷的计算电流为

$$I_{30} = \frac{S_{30} \times 10^3}{\sqrt{3} U_N} = \frac{25.2 \times 10^3}{\sqrt{3} \times 380}\text{A} \approx 38.3\text{A} < 168\text{A}$$

可见，所选的导线允许载流量远大于负荷计算的电流，故可以选用 BV-(3×50+1×35)mm² 的导线。

(3) 按电压损耗选择导线和电缆的截面积

1) 电力线路的电阻和电抗。

电力线路的电阻为：$R_{WL} = R_0 l$

电力线路的电抗为：$X_{WL} = X_0 l$

式中，R_0、X_0 为导线、电缆单位长度的电阻、电抗，可查附录 B 或相关手册得到；l 为线路长度。

由于线路阻抗的存在，当负荷电流通过线路时，就会产生电压损耗。为保证供电质量，线路的电压损耗不应超过允许值。如果线路的电压损耗超过允许值，则应适当加大导线或电缆的截面积，使之满足允许电压损耗的要求。

2) 电压降落与电压损耗。

如果分别以 U_1 和 U_2 表示线路的首端和末端的电压，则电压降落为线路两端电压的相量差，即 $\Delta \dot{U} = \dot{U}_1 - \dot{U}_2$；电压损耗则是指线路首端线电压和末端线电压的代数差，即 $\Delta U = U_1 - U_2$，通常用百分数的形式表示，即

$$\Delta U\% = \frac{\Delta U}{U_N} \times 100\% \tag{3-11}$$

按规定，高压配电线路（6~10kV）的允许电压损耗不得超过线路额定电压的 5%，从配电变压器一次侧出口到用电设备受电端的低压输配电线路的电压损耗，一般不超过设备额定电压（220V、380V）的 5%，对视觉要求较高的照明线路，则不得超过其额定电压的 2%~3%。

3) 电压损耗的计算。

若以 P_1、Q_1、P_2、Q_2 表示各段线路的有功功率和无功功率，p_1、q_1、p_2、q_2 表示各个负荷的有功功率和无功功率，l_1、r_1、x_1、l_2、r_2、x_2 表示各段线路的长度、电阻和电抗；L_1、R_1、X_1、L_2、R_2、X_2 为线路首端至各负荷点的长度、电阻和电抗。

线路总的电压损耗为

$$\Delta U = \frac{p_1 R_1 + p_2 R_2 + q_1 X_1 + q_2 X_2}{U_N} = \frac{\sum(pR + qX)}{U_N} \tag{3-12}$$

对于"无感"线路，即线路的感抗可省略不计或线路负荷的 $\cos\varphi \approx 1$，则其电压损耗为

$$\Delta U = \frac{\sum(pR)}{U_N} \tag{3-13}$$

如果是"均一无感"线路，即不仅线路的感抗可省略不计或线路负荷的 $\cos\varphi \approx 1$，而且全线路采用同一型号规格的导线，则其电压损耗为

$$\Delta U = \frac{\sum(pL)}{\gamma A U_N} = \frac{\sum M}{\gamma A U_N} \tag{3-14}$$

式中，γ 为导线的电阻率；A 为导线的截面积；L 为线路首端至负荷 p 的长度；$\sum M$ 为线路的所有功率矩之和 M 为功率矩，单位为 kW·m。

对"均一无感"线路，其电压损耗的百分值为

$$\Delta U\% = 100 \frac{\sum(M)}{\gamma A U_N^2} = \frac{\sum M}{CA} \tag{3-15}$$

式中，C 是计算系数，见表 3-11。

表 3-11 计算系数 C

线路类型	线路额定电压/V	计算系数 $C/(kW \cdot m \cdot mm^{-2})$	
		铝导线	铜导线
三相四线或三相三线	220/380	46.2	16.5
两相三线		20.5	34.0
单相或直流	220	7.74	12.8
	110	1.94	3.21

注：表中 C 值是在导线工作温度为 50℃、功率矩 M 的单位为 kW·m、导线截面积的单位为 mm^2 时的值。

3.3.3 干包式终端头制作实训

1. 实训目的

1) 了解干包式终端头制作的相关规范及要求。
2) 学会干包式终端头的制作方法。

2. 干包式终端头制作步骤

(1) 准备工作

1) 准备材料和工具，检查材料是否合格，按施工设计图核对电缆型号、规格，检查电缆是否受潮。
2) 施工现场符合安全防火规定，现场使用喷灯时须注意防火防爆。

(2) 剥切电缆绝缘

终端头的安装位置确定后，电缆的外层和铅包的剥切尺寸如图 3-56 所示。

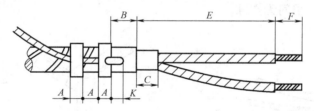

图 3-56 干包式电缆的剥切尺寸

A—电缆卡子与卡子间的尺寸，一般等于电缆本身的铠装宽度　K—焊接地线尺寸，不分电缆的电压与截面积大小，$K = 10 \sim 15mm$　B—预留铅（铝）包尺寸，B = 铅（铝）包外径+60　C—预留统包绝缘尺寸，1kV 及以下 C = 25mm；10kV 时 C = 55mm　E—绝缘包扎长度尺寸，视引出线的长度而定　F—导线裸露长度，F = 线鼻子孔深度+5mm

(3) 剥切外护层

在锯割钢带上做好记号，由此向下 100mm 处的一段钢带上，用汽油擦净钢带表面污物，再用细锉打光，表面搪一层焊锡，放好接地用的多股裸铜线，并装上电缆钢带上的卡子。

(4) 焊接地线

地线应采用多股裸铜线，其截面积不应小于 $10mm^2$，长度按实际需要而定。地线与钢带的焊接点选在两道卡箍之间。

(5) 剥切电缆铅（铝）包

如图 3-57 和图 3-58 所示，当剥完电缆包皮后，用胀口器把电缆铅（铝）包切口胀成喇叭口，胀口时要用力均匀，以防胀裂。因铅（铝）包皮较硬，胀喇叭口困难，略胀开一些即可。

(6) 剥除统包绝缘和线芯绝缘纸

先将电缆外皮的喇叭口以上 25mm 部分的统包绝缘用聚氯乙烯包缠，包缠的层数以能填平喇叭口为准，最后包两层塑料黏性包带。绝缘带包缠好之后。将统包绝缘纸自上而下松下，沿已包缠的绝缘带边缘纸带边缘整齐地撕掉（禁止用刀子切割），再用手将线芯缓慢地分开。

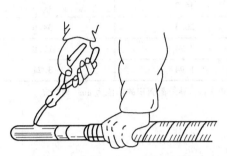

图 3-57 在铅（铝）包割痕之间
撕下中间铅（铝）皮条

图 3-58 剥掉电缆铅（铝）包

（7）包缠线芯绝缘

从线芯分叉口根部开始，用聚氯乙烯带在线芯上包缠 1~3 层，层数以能使塑料管较紧地套装为宜，不使线芯与塑料管之间产生空气隙。

（8）包缠内包层

经过胀喇叭口分开线芯后，在喇叭口及三岔口出现了空隙，因此必须用绝缘物填满。

充填的方法：

如图 3-59 和图 3-60 所示，"风车"压入后，应向下勒紧，使"风车"带均衡分开，摆放平整。带间不能皱起，层间无空隙。

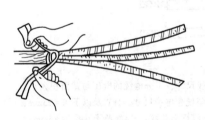

图 3-59 分叉口压入"风车"

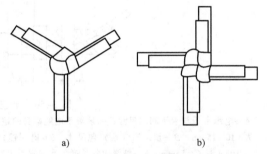

图 3-60 用聚氯乙烯带制成的"风车"
a）三芯电缆"风车" b）四芯电缆"风车"

（9）套入聚氯乙烯手套

内包层包缠完后，在内包层末端下面 20mm 以内的一段电缆铅（铝）包上，用蘸汽油的抹布擦净。待汽油挥发干后，在该段电缆铅（铝）包上，用塑料包带进行包缠，一直包缠到外径比软手套袖口稍大一些。然后，在线芯上刷一层中性凡士林或机油，也可把软手套放在变压器油中浸一下，把三相线芯并拢，使三相线芯同时插入手套内的手指中，然后把手套轻轻向下勒，与内包层贴紧，手套三岔口必须紧贴压紧"风车"。

如图 3-61 所示，在套入手套后，应用聚氯乙烯带和塑料胶带包缠手套的手指部分，包缠从手指根部开始，至高出手指口约 10mm 处，塑料胶带包在最外层，手指根部共缠四层，手指口共缠两层缠成一个锥形体，如图 3-62 所示。

（10）套入塑料管

绑扎尼龙绳，手套包缠好后，就可以在线芯上套入塑料管，长度为线芯长度加 80~100

图 3-61 包缠内包层图

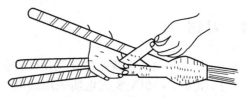

图 3-62 包缠手套手指

mm，管的套入端剪成 45°的斜口，塑料管内壁用汽油擦净并预热后就开始套，一直套到手指的根部。塑料管套好后，将上口翻边，其长度等于接线端子下端长度。

（11）压接线端子（线鼻子）

压接线端子，然后用塑料带在线芯绝缘到端子筒一段包缠，并把压坑填实，再把原来卷起的塑料套管翻上去，盖住接线端子的压坑。再用尼龙绳紧扎软管与线鼻子的重叠部分。

（12）包缠外包层

包缠外包层可先从线芯分叉口处开始，在塑料套管外面用黄蜡带包缠加固，一般外缠两层。在三相分叉口处的软手套外面压入 2~3 个"风车"，用力勒紧填实分叉口的空隙。一直包到成型为止。图 3-63 所示为终端头结构图。

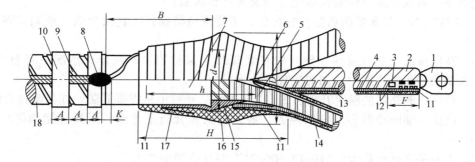

图 3-63 1kV 干包终端头结构图

1—接线端子　2—压坑内填以环氧聚酰胺腻子　3—导线线芯　4—塑料管　5—线芯绝缘
6—环氧聚酰胺腻子　7—电缆铅包　8—接地线焊点　9—接地线　10—电缆钢带卡子
11—尼龙绳绑扎　12—聚氯乙烯带　13—黄蜡带加固层　14—相色塑料胶粘带
15—聚氯乙烯带内包层　16—外包层　17—聚氯乙烯软手套　18—电缆钢带

3.3.4 问题与思考

1）电缆的类型有哪些？分别适用于什么线路？
2）导线和电缆截面积的选择应考虑哪些条件？

3.3.5 任务总结

导线截面积的选择必须满足：发热条件、电压损失条件、经济电流密度条件、机械强度和短路时的动、热稳定度；同时，还必须考虑与保护装置的配合问题；对于绝缘导线和电缆，还应满足工作电压的要求。对于电缆，不必校验其机械强度和短路动稳定度，但需校验短路热稳定度。对于母线，短路动、热稳定度都需考虑；对 6~10kV 及以下的高压配电线路和低压动力线路，先按发热条件选择导线截面积，再校验电压损失和机械强度；对 35kV 及以上的高压输电线路和 6~10kV 长距离、大电流线路，则先按经济电流密度选择导线截面积，再校验发热条件、电压损失和机械强度；对低压照明线路，先按电压损失选择导线截面积，再校验发热条件和机械强度。

3.4 习题

3-1 什么是电气设备？主要包括哪些类型？一次电路中的电气设备有哪几种类型？

3-2 我国6~10kV变配电所采用的电力变压器，按绕组绝缘和冷却方式分，有哪些类型？各适用于什么场合？按绕组联结组标号分，有哪些联结组标号？各适用于什么场合？在三相负荷严重不平衡或三次谐波电流比较突出的场合宜采用哪种联结组标号？

3-3 什么是电力变压器的额定容量？其负荷能力（出力）与哪些因素有关？

3-4 电力变压器并列运行必须满足哪些条件？联结组标号不同的变压器并列运行时有何危险？

3-5 电流互感器和电压互感器各有哪些功能？电流互感器工作时二次侧开路有什么后果？

3-6 电流互感器有哪些常用接线方式？各自用在什么场合？

3-7 电压互感器有哪些常用接线方式？各自用在什么场合？

3-8 一般跌开式熔断器与一般高压熔断器（如RN1型）在功能方面有何异同？负荷型跌开式熔断器与一般跌开式熔断器在功能方面又有什么区别？

3-9 高压隔离开关有哪些功能？它为什么不能带负荷操作？它为什么能隔离电源，保证安全检修？

3-10 高压负荷开关有哪些功能？它可装设什么保护装置？在什么情况下可自动跳闸？在采用高压负荷开关的电路中，如何实现短路保护？

3-11 什么叫断路器的额定开断容量？"五防型"开关柜是指哪五防？如何实现五防？

3-12 高压少油断路器和真空断路器，各自的灭弧介质是什么？灭弧性能如何？各适用于什么场合？

3-13 刀开关有什么功能？"HD13-600/31"是什么类型的刀开关？

3-14 低压负荷开关的结构特点是什么？有何功能？

3-15 说明"DW15-630/330"的含义。

3-16 电气设备选择校验的一般原则是什么？

3-17 高低压负荷开关、高低压断路器、低压刀开关的断流能力各应如何选择校验？

3-18 选择导线的截面积时，一般应满足什么条件？对于动力线路、照明线路及超高压输电线路又先按什么原则选择，再按什么原则校验？为什么？

3-19 什么叫"经济截面积"？什么情况下的线路导线或电缆要按"经济电流密度"选择？

3-20 有一条采用BLX-500型铝芯橡皮线明敷的220/380V的TN-S线路，计算电流为60A，敷设地点的环境温度为+35℃。试按发热条件选择此线路的导线截面积。

3-21 某35kV变电站经20km的LJ型铝绞线架空线路向用户供电，计算负荷为3000kW，$\cos\varphi=0.8$，年最大负荷利用小时为5400h，试选择其经济截面积。

项目4 供配电系统的继电保护

在供配电系统中，各种电气设备通过电气线路连接在一起，运行中系统可能会发生故障或出现不正常的运行情况。为了保证系统能够安全可靠地运行，需要在系统的主要电气设备及线路中装设不同类型的保护装置。供配电系统的保护包括继电保护的基本知识、低压配电系统的保护等内容，其中继电保护重点介绍高压线路及变压器保护。

4.1 任务1 继电保护基本知识

【任务描述】 本任务学习继电保护的基本知识、常用继电器类型、结构、特性及接线方式等知识。

【知识目标】 了解继电保护的任务、分类及适用范围等知识。掌握继电保护的基本要求、基本原理。

【能力目标】 掌握常用继电保护器的类型、结构，掌握继电保护装置的接线方式。

4.1.1 继电保护装置的概念

1. 继电保护装置的任务

（1）故障时跳闸

在供电系统出现短路故障时，作用于前方最靠近的控制保护装置，使之迅速跳闸，切除故障部分，恢复其他无故障部分的正常运行，同时发出信号，以便提醒值班人员检查，及时消除故障。

（2）异常状态发出报警信号

在供电系统出现不正常工作状态，如过负荷或有故障苗头时发出报警信号，提醒值班人员注意并及时处理，以免发展成故障。

2. 继电保护装置的基本要求

（1）选择性

继电保护动作的选择性是指在供配电系统发生故障时，只使电源一侧距离故障点最近的继电保护装置动作，通过开关电器将故障切除，而非故障部分仍然正常运行。如图4-1所示，当 k-1 点发生短路时，则继电保护装置动作只应使断路器 1QF 跳闸，切除电动机 M。而其他断路器都不跳闸；满足这一要求的运作称为"选择性动作"。如果 1QF 不动作，其他断路器跳闸，则称为"失去选择性动作"。

（2）速动性

速动性就是快速切除故障。当系统内发生短路故障时，保护装置应尽快动作，快速切除故障，使电压降低的时间缩短，减少对用电设备的影响，缩小故障影响的范围，提高电力系统运行的稳定性；速动性还可减少故障对电气设备的损坏程度（如果故障能在 0.2s 内切除，

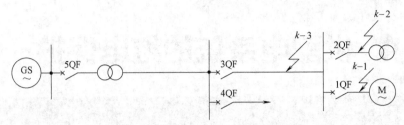

图 4-1　继电保护装置动作选择性示意图

则一般电动机就不会停转）。

（3）可靠性

可靠性指保护装置该动作时就应动作（不拒动），不该动作时不误动。前者为信赖性，后者为安全性，即可靠性包括信赖性和安全性。为了提高可靠性，继电保护装置的接线方式应力求简单，触点回路少。

（4）灵敏性

灵敏性是指保护装置在其保护范围内对故障和不正常运行状态的反应能力。如果保护装置对其保护区内极轻微的故障都能及时地反应动作，则说明保护装置的灵敏度高。灵敏性通常用灵敏系数 S_p 来衡量。

对电流保护装置，灵敏度为

$$S_p = \frac{I_{k.min}}{I_{op.1}} \tag{4-1}$$

式中，$I_{k.min}$ 为系统最小运行方式（电力系统处于短路阻抗最大、短路电流为最小的状态时的一种运行方式）时，保护范围末端的短路电流；$I_{op.1}$ 为保护装置一次侧的动作电流。

以上四项要求对熔断器和低压断路器保护也是适用的。但这四项要求对于一个具体的继电保护装置，则不一定都是同等重要，应根据保护对象而有所侧重。例如对电力变压器，一般要求灵敏性和速动性较好；对一般的电力线路，灵敏度可略低一些，但对选择性要求较高。

继电保护装置除满足上面的基本要求外，还要求投资省，便于调试及维护，并尽可能满足系统运行时所要求的灵活性。

4.1.2　继电保护装置的组成及常用保护继电器

1. 继电保护装置的组成

继电保护装置是由若干个继电器组成的，如图 4-2 所示，当线路上发生短路时，启动用的电流继电器 KA 瞬时动作，使时间继电器 KT 启动，KT 经整定的一定时限后，接通信号继电器 KS 和中间继电器 KM，KM 触头接通断路器 QF 的跳闸回路，使断路器 QF 跳闸。

2. 常用的保护继电器

继电器是继电保护装置的基本元件，继电器的分类方式很多，按其应用分，有控制继电器和保护继电器两大类。机床控制电路应用的继电器多属于控制继电器；供电系统中应用的继电器多属于保护继电器。保护继电器按其在保护装置中的功能分，有启动继电器、时间继电器、信号继

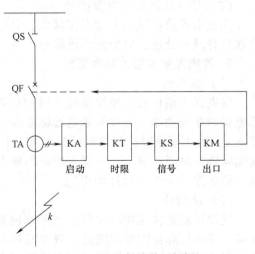

图 4-2　继电保护装置框图

电器、中间继电器或出口继电器等。

在供电系统中常用的保护继电器，有电磁式继电器、感应式继电器以及晶体管继电器。前两种是机电式继电器，它们工作可靠，而且有成熟的运行经验，所以目前仍普遍使用。晶体管继电器具有动作灵敏、体积小、能耗低、耐振动、无机械惯性、寿命长等一系列优点，但由于晶体管的特性受环境温度变化影响大，晶体管的质量及运行维护的水平都影响到保护装置的可靠性，目前国内较少采用。但随着电力系统向集成电路和计算机保护方向的发展，晶体管继电器的应用也不断提高。

继电器型号的含义如下：

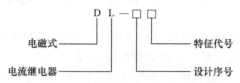

常用的机电式继电器分为电磁式和感应式两种。

(1) 电磁式继电器

1) 电磁式电流继电器。电磁式电流继电器在继电保护装置中，通常用作启动元件，因此又称启动继电器。电流继电器的文字符号为 KA。

DL-10 系列电磁式电流继电器的内部结构如图 4-3 所示。当电流流过继电器的线圈 1 时，电磁铁 2 中将产生磁通，使 Z 形钢片 3 向磁极方向转动一个角度。与此同时，轴 10 上的反作用力弹簧 9 又阻止钢片偏转。当继电器线圈中的电流增大到使钢片所受的转矩大于弹簧的反作用力矩时，钢片转动一个角度被吸近磁极，使常开触点闭合，常闭触点断开。当线圈电流小到一定值时，钢片被弹簧拉回到原来位置，继电器恢复到起始状态。

使继电器动作的最小电流称为继电器动作电流，用 I_{op} 表示。当继电器动作后，线圈的电流减小到某一电流值时，钢片在弹簧的作用下回到起始位置的最大电流，称为继电器的返回电流，用 I_{re} 表示。继电器的返回电流与动作电流的比称为继电器返回系数，用 K_{re} 表示，即

$$K_{re} = \frac{I_{re}}{I_{op}} \qquad (4-2)$$

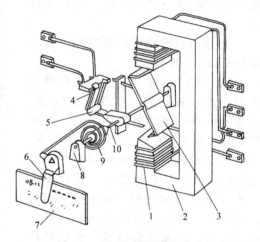

图 4-3 DL-10 系列电磁式电流继电器的内部结构
1—线圈 2—电磁铁 3—Z 形钢片 4—静触头 5—动触头 6—动作电流调整杆 7—标度盘 8—轴承 9—反作用力弹簧 10—轴

过电流继电器的 K_{re} 小于 1，电磁式电流继电器的返回系数一般为 0.85。K_{re} 越接近 1，继电器越灵敏。

DL-10 系列电磁式电流继电器的内部接线和图形符号如图 4-4 所示。当继电器的线圈不带电时，常开触点断开，常闭触点闭合。

电磁式电流继电器的动作电流调节可采用以下两种方法。

① 改变线圈的连接方式。利用连接片把继电器的两个线圈接成串联或并联。当线圈串联时，流入继电器的电流与通过线圈的电流相等；当改为并联时，通过线圈的电流是流入继电器电流的一半，继电器动作电流增大一倍。

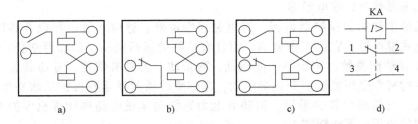

图 4-4 DL-10 系列电磁式电流继电器的内部接线和图形符号
a) DL-11 型　b) DL-12 型　c) DL-13 型　d) 图形符号

② 改变调整杆 6 的位置来改变弹簧的反作用力。需要注意的是，调整杆标度盘不一定准确，需要实测；当采用并联接法时，标度盘的数字应乘以 2。

2) 电磁式电压继电器。电磁式电压继电器的结构和工作原理与电磁式电流继电器基本相同，不同之处在于电压继电器的线圈为电压线圈，与电压互感器的二次绕组并联。电压继电器的文字符号为 KV。

电磁式电压继电器分为欠电压继电器和过电压继电器两种。欠电压继电器的返回系数 K_{re} 大于 1，通常取 1.25；过电压继电器的返回系数 K_{re} 小于 1，通常取 0.8。K_{re} 越接近 1，继电器越灵敏。

3) 电磁式时间继电器。电磁式时间继电器在继电保护装置中，用作时限元件，使保护装置的动作获得一定的延时，其文字符号为 KT。

DS 系列电磁式时间继电器的基本结构如图 4-5 所示。

如图 4-5 所示，当继电器的线圈通电时，铁心被吸入，压杆失去支持，使被卡住的一套钟表机构启动，同时切换瞬时触点。在拉引弹簧的作用下，经过整定的延时，使主触点闭合。继电器的延时，是通过改变主静触头的位置（即它与主动触头的相对位置）来调整的。调整的时间范围，在标度盘上标出。当线圈失电后，继电器在拉引弹簧的作用下返回起始位置。

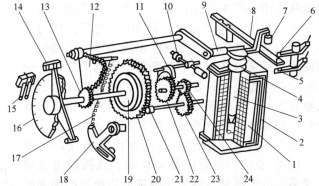

图 4-5　DS 系列电磁式时间继电器的基本结构
1—线圈　2—电磁铁　3—可动铁心　4—返回弹簧　5、6—瞬时静触头　7—绝缘杆　8—瞬时动触点　9—压杆　10—平衡锤　11—摆动卡板　12—扇形齿轮　13—传动齿轮　14—主动触头　15—主静触头　16—标度盘　17—拉引弹簧　18—弹簧拉力调节器　19—摩擦离合器　20—主齿轮　21—小齿轮　22—犁轮　23、24—钟表机构传动齿轮

DS 型系列时间继电器有两种，一种为 DS-110 型，另一种为 DS-120 型，如图 4-6 所示。前者为直流，后者为交流。

4) 电磁式信号继电器。电磁式信号继电器在继电保护装置中，用来发出指示信号，指示保护装置已经动作，提醒运行值班人员注意。

DX-11 型电磁式信号继电器的内部结构如图 4-7 所示。信号继电器在正常状态时，其信号牌是被衔铁支持住的。当继电器线圈通电时，衔铁被吸向铁心而使信号牌掉下，显示其动作信号（可由玻璃窗孔观察），同时带动转轴旋转 90°，使固定在转轴上的导电条（动触头）与静触头接通，从而接通信号回路，发出音响或灯光信号。要使信号停止，可旋动外壳上的复位旋钮，断开信号回路，同时使信号牌复位。

DX-11 型电磁式信号继电器的内部接线和图形符号如图 4-8 所示，其中线圈符号为机械保

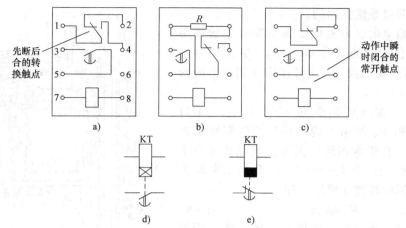

图 4-6 DS-110 和 DS-120 系列时间继电器的内部接线和图形符号
a) DS-111、121、112、122、113、123 型 b) DS-111C、112C、113C 型 c) DS-115、125、116、126 型 d) 带延时闭合触点的时间继电器 e) 带延时断开触点的时间继电器

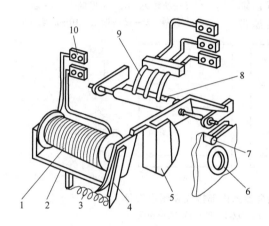

图 4-7 DX-11 型电磁式信号继电器的内部结构
1—线圈 2—电磁铁 3—弹簧 4—衔铁 5—信号牌
6—玻璃窗孔 7—复位旋钮 8—动触头 9—静触头
10—接线端子

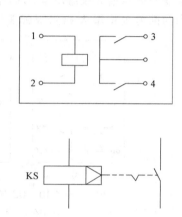

图 4-8 DX-11 型电磁式信号继电器的内部接线和图形符号

持继电器线圈,其触点上的附加符号表示定位或非自动复位。

5)电磁式中间继电器。电磁式中间继电器主要用于各种保护和自动装置中,以增加保护和控制回路的触点数量和触点容量。它通常用在保护装置的出口回路中,用来接通断路器的跳闸回路,故又称为出口继电器。

常用的 DZ-10 系列中间继电器的基本结构如图 4-9 所示,它一般采用吸引衔铁式结构。当线圈通电时,衔铁被快速吸合,常闭触点断开,常开触点闭合。当线圈断电时,衔铁被快速释放,触点全部返回起始位置。其内部接线和图形符号如图 4-10 所示,其中线圈为快吸和快放线圈。

(2)感应式电流继电器

供电系统中常用的 GL-10、GL-20 感应式电流继电器的内部结构如图 4-11 所示。它由感应系统和电磁系统两大部分组成。感应系统主要包括线圈 1、带短路环 3 的电磁铁 2 及装在可偏转的铝框架 6 上的转动铝盘 4 等部件。电磁系统主要包括线圈 1、电磁铁 2 和衔铁 15。线圈 1

和电磁铁 2 是两组系统共用的。

当线圈 1 通电时,电磁铁 2 在短路环 3 的作用下产生两个相位不同的磁通 Φ_1、Φ_2(它们的相位差为 φ),穿过转动铝盘 4。这时作用于铝盘上的转矩 M_1 为

$$M_1 = K_1 \Phi_1 \Phi_2 \sin\varphi \quad (4\text{-}3)$$

铝盘在转矩 M_1 作用下转动后,切割制动永久磁铁 8 的磁通,在铝盘内产生涡流,该涡流又与永久磁铁的磁通作用,产生一个与 M_1 反向的制动力矩 M_2,M_2 与铝盘转速 n 成比,即

$$M_2 = K_2 n \quad (4\text{-}4)$$

当铝盘转速 n 增大到一定值时,$M_1 = M_2$,则铝盘匀速转动。铝盘受力使铝框架 6 产生绕轴顺时针方向偏转的趋势,但会受到调节弹簧 7 的阻力。

当线圈电流增大到继电器的动作电流 I_{op} 时,铝盘受到的推力也将增大到克服弹簧阻力,使铝盘带

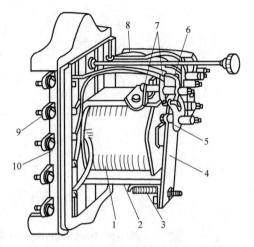

图 4-9 DZ-10 系列中间继电器的基本结构
1—线圈 2—电磁铁 3—弹簧 4—衔铁
5—动触头 6、7—静触头 8—连接线 9—接线端子 10—底座

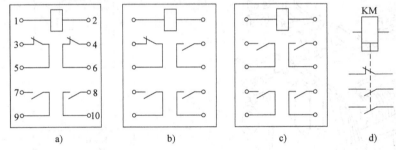

图 4-10 DZ-10 系列中间继电器的内部接线和图形符号
a) DZ-15 型 b) DZ-16 型 c) DZ-17 型 d) 图形符号

动框架前移,使蜗杆 10 与扇形齿轮 9 啮合,即继电器动作。由于铝盘继续转动使得扇形齿轮沿着蜗杆上升,最后使继电器触头 12 切换,同时使信号牌掉下,从继电器外壳上的观察孔内可看到信号牌红色或白色的信号指示,表示继电器已经动作。

继电器线圈中的电流越大,铝盘转动得越快,扇形齿轮沿蜗杆上升的速度也越快,因此动作时间也越短,这是感应式电流继电器的反时限特性,如图 4-13 所示动作特性曲线的 abc 部分。反时限特性由其感应元件产生。

感应系统的工作原理、特性如图 4-12 和图 4-13 所示。

当继电器线圈中的电流进一步增大到整定的速断电流 I_{qb} 时,电磁铁 2 瞬时吸下

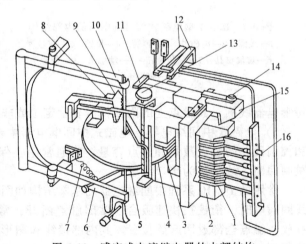

图 4-11 感应式电流继电器的内部结构
1—线圈 2—电磁铁 3—短路环 4—铝盘 5—钢片 6—铝框架 7—调节弹簧 8—制动永久磁铁
9—扇形齿轮 10—蜗杆 11—扁杆 12—触头
13—时限调节螺钉 14—速断电流调节螺杆
15—衔铁 16—动作电流调节插销

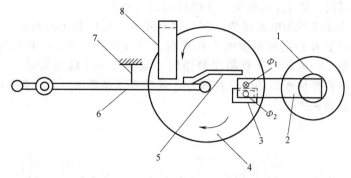

图 4-12 感应式电流继电器的转动力矩 M_1、制动力矩 M_2

1—线圈 2—电磁铁 3—短路环 4—铝盘 5—钢片 6—铝框架 7—调节弹簧 8—制动永久磁铁

衔铁 15，使继电器触头 12 切换，同时也使信号牌掉下，这是感应式电流继电器的电流速断特性，如图 4-13 所示的 $bb'd$ 部分，电流速断特性由电磁元件产生。

图 4-13 所示动作特性曲线上对应于开始速断时间的动作电流倍数 n_{qb}，称为速断电流倍数，即

$$n_{qb} = \frac{I_{qb}}{I_{op}} \quad (4-5)$$

图 4-13 感应式电流继电器的反时限特性

式中，I_{qb} 为继电器线圈中使电流速断元件动作的最小电流，即速断电流；I_{op} 为继电器的动作电流。

GL-10、GL-20 系列感应式电流继电器的速断电流倍数 $n_{qb}=2\sim8$。感应式电流继电器的图形符号如图 4-14a 所示。

4.1.3 保护装置的接线方式

保护装置的接线方式是指启动继电器与电流互感器之间的连接方式。6~10kV 高压线路的过电流保护装置，通常采用两相两继电器式接线和两相一继电器式接线两种方式。

1. 三相三继电器式接线

如图 4-15 所示，为了表述继电器电流 I_{KA} 与电流互感器二次电流 I_2 的关系，引入接线系数 K_w，即

$$K_w = \frac{I_{KA}}{I_2} \quad (4-6)$$

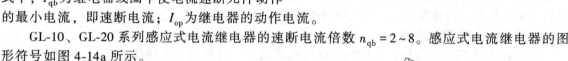

图 4-14 感应式电流继电器
a) 图形符号 b) 反时限特性符号

这种接线方式又称为三相完全星形联结，如图 4-15 所示。

将三个电流继电器分别与三个电流互感器连接，可以反映每相电流的变化。当发生三相短路、两相短路或中性点直接接地系统发生单相短路时，至少有一个继电器动作，使一次电路的断路器断闸。这种接线方式能反映所有形式的故障，但是所用设备较多，接线比较复杂。其接线系数 $K_w=1$，主要用于 110kV 及以上中性点直接接地的系统中，作为相间短路和单相短路的保护装置。

2. 两相两继电器式接线

图 4-16 所示的接线图中，如一次电路发生三相短路或任意两相短路，至少有一个继电器

动作,且流入继电器的电流 I_{KA} 就是电流互感器的二次电流 I_2。

两相两继电器式接线属相电流接线,在一次电路发生任何形式的相间短路时 $K_w=1$,即保护灵敏度都相同。由于 B 相没有装设电流互感器,当该相接地时,保护装置不能起到保护作用。当一次电路发生三相短路或任意两相短路时,至少有一个继电器动作。可见它不能反映单相短路,但能保护各种相间短路。这种接线方式的接线系数 $K_w=1$,主要用于 6~10kV 小接地电流系统的相间短路保护。

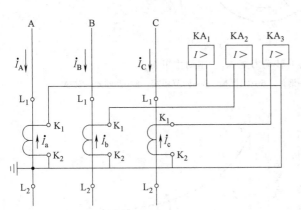

图 4-15　三相三继电器式接线图

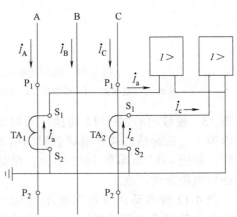

图 4-16　两相两继电器式接线图

3. 两相三继电器式接线

两相三继电器式接线如图 4-17 所示,是在两相两继电器式接线的公共中性线上接入第三个继电器。实际上流入该继电器的电流为流入其他两个继电器电流之和。这一电流在数值上与第三相(B 相)电流相等,这样就使过电流保护的灵敏度提高了。

4. 两相一继电器式接线

图 4-18 所示的这种接线,又称两相电流差式接线,或两相交叉接线。正常工作和三相短路时,流入继电器的电流 $\dot{I}_{KA}$ 为 A 相和 C 相两相电流互感器二次电流的相量差,即 $\dot{I}_{KA}=\dot{i}_a-\dot{i}_c$,而量值上 $I_{KA}=\sqrt{3}I_a$,如图 4-19a 所示。在 A、C 两相短路时,流进继电器的电流为电流互感器二次侧电流的 2 倍,如图 4-19b 所示。在 A、B 或 B、C 两相短路时,流进电流继电器的电流等于电流互感器二次侧的电流,如图 4-19c 所示。

可见,两相电流差接线的接线系数与一次电路发生短路的形式有关,不同的短路形式,其接线系数不同。

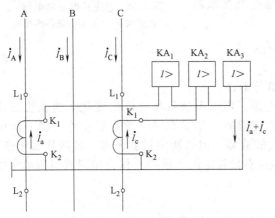

图 4-17　两相三继电器式接线图

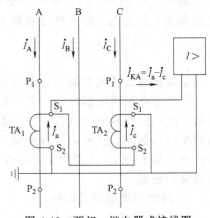

图 4-18　两相一继电器式接线图

三相短路：$K_w = \sqrt{3}$

A 相与 B 相或 B 相与 C 相短路：$K_w = 1$

A 相与 C 相短路：$K_w = 2$

因为两相电流差式接线在不同短路时接线系数不同，故在发生不同形式的故障情况下，保护装置的灵敏度也不同。有的甚至相差一倍，这是不够理想的。然而这种接线所用设备较少，简单经济，因此在工厂高压线路、小容量高压电动机和车间变压器的保护中仍有所采用。

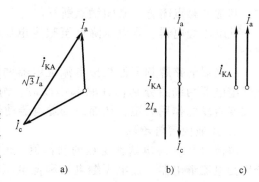

图 4-19 两相电流差接线在不同短路形式下的电流相量图
a) 三相短路 b) A 相、C 相短路
c) A 相、B 相短路

4.1.4 电磁式电流、电压继电器特性实训

1. 实训目的

1) 熟悉和认识 DL 型电流继电器和 DY 型电压继电器的实际结构、工作原理、基本特性。

2) 掌握其动作电流值、动作电压值及其相关参数的整定方法。

3) 掌握电流、电压继电器的安装方法、安装方式及技巧。

2. 原理说明

DL-20C 系列电流继电器用于发电机、变压器及输电线路过负荷和短路的继电保护回路中，作为启动元件。

DY-20C 系列电压继电器用于发电机、变压器及输电线路的电压升高（过电压保护）或电压降低（低电压闭锁）的继电保护线路中，作为启动元件。

DL-20C、DY-20C 系列继电器的内部接线图如图 4-20 所示。

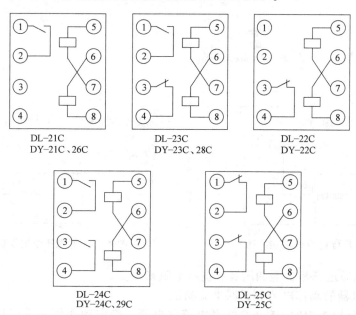

图 4-20 电流（压）继电器内部接线图

上述继电器是瞬时动作的电磁式继电器，当电磁铁线圈中通过的电流达到或超过整定值时，衔铁克服反作用力矩而动作，且保持在动作状态。

过电流（压）继电器：当电流（压）升高至整定值（或大于整定值）时，继电器立即动作,其常开触点闭合,常闭触点断开。

低电压继电器:当电压降低至整定电压时,继电器立即动作,常开触点断开,常闭触点闭合。

继电器的铭牌刻度值是按电流继电器两线圈串联、电压继电器两线圈并联时标注的,若上述继电器两线圈分别作并联和串联时,则整定值为指示值的 2 倍。转动刻度盘上的指针,以改变游丝的作用力矩,从而改变继电器动作值。

3. 实训内容与步骤

电流(压)继电器整定点的动作值、返回值及返回系数测试:试验接线图 4-21~图 4-23 分别为电流继电器、过电压继电器和低电压继电器的试验接线图,可根据下述试验要求分别进行。

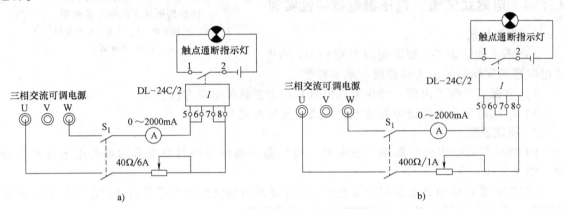

图 4-21 电流继电器试验接线图
a)电流继电器线圈并联 b)电流继电器线圈串联

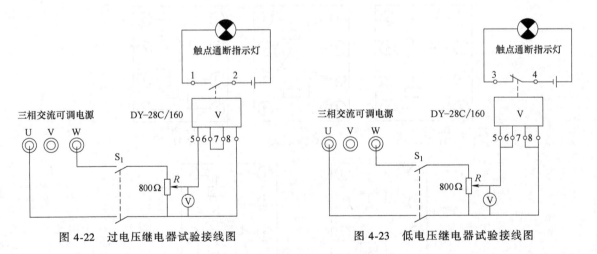

图 4-22 过电压继电器试验接线图　　图 4-23 低电压继电器试验接线图

试验参数电流通过三相自耦调压器和瓷盘电阻来改变。

(1)电流继电器的动作电流和返回电流测试

① 选择继电保护柜中的 DL-24C/2 型电流继电器,确定动作值并进行初步整定。本试验整定值为 0.6A 及 1.4A 的两种工作状态,见表 4-1。

② 根据继电器的整定值要求,确定继电器线圈的接线方式(串联或并联)。

③ 按图 4-21a 接线,检查无误后,启动控制柜电源,调节控制柜左侧的三相自耦调压器,使调压器输出 10V 电压,合上开关 S_1 调节继电保护控制柜上 40Ω/6A 的瓷盘电阻,增大电流

继电器线圈中的电流,使继电器动作。读取能使继电器动作的最小电流值,即使常开触点由断开变成闭合的最小电流,记入表4-1;动作电流用I_{dj}表示。继电器动作后,反向调节瓷盘电阻,减小电流,使电流继电器触点开始返回至原来位置时的最大电流称为电流继电器的返回电流,用I_{fj}表示,读取此值并记入表4-1,并计算返回系数;继电器的返回系数是返回电流与动作电流的比值,用K_f表示。

$$K_f = \frac{I_{fj}}{I_{dj}} \tag{4-7}$$

过电流继电器的返回系数在0.85~0.9。当小于0.85或大于0.9时,应进行调整。

表4-1 电流继电器试验结果记录表

整定电流 I	0.6A				1.4A		
测试序号	1	2	3	继电器两线圈的接线方式选择为:	1	2	3
实测启动电流 I_{dj}							
实测返回电流 I_{fj}							
返回系数 $K_f = I_{fj}/I_{dj}$							
每次实测启动电流与整定电流的误差(%)							

(2) 过电压继电器的动作电压和返回电压测试

① 选择继电保护柜中的DY-28C/160型过电压继电器,确定动作值为1.5倍的额定电压,即试验参数取120V并进行初步整定。

② 根据整定值要求确定继电器线圈的接线方式。

③ 按图4-22接线。检查无误后,启动控制柜电源,调节三相自耦调压器,分别读取能使继电器动作的最小电压U_{dj}及使继电器返回的最高电压U_{fj},记入表4-2并计算返回系数K_{fj}。返回系数K_{fj}为

$$K_{fj} = \frac{U_{fj}}{U_{dj}} \tag{4-8}$$

过电压继电器的返回系数不应小于0.85,当大于0.9时,也应进行调整。

(3) 低电压继电器的动作电压和返回电压测试

① 选择继电保护柜中的DY-28C/160型低电压继电器,确定动作值为0.7倍的额定电压,即试验参数取60V并进行初步整定。

② 根据整定值要求确定继电器线圈的接线方式。

③ 按图4-23接线,调节三相自耦调压器,增大输出电压,先对继电器加100V电压,然后逐步降低电压,至继电器舌片开始跌落时的电压称为动作电压U_{dj},再升高电压至舌片开始被吸上时的电压称为返回电压U_{fj},将所取得的数值记入表4-2并计算返回系数。返回系数的含义与过电压继电器的相同。

低电压继电器的返回系数不大于1.2,用于强行励磁时不应大于1.06。

以上试验,要求平稳单方向地调节电流或电压实训参数值,并应注意舌片转动情况。如遇到舌片有中途停顿或其他不正常现象时,应检查轴承有无污垢、触点位置是否正常、舌片与电磁铁有无相碰等现象存在。

动作值与返回值的测量应重复三次,每次测量值与整定值的误差不应大于±5%。否则应检查轴承和轴尖。

在试验中，除了测试整定点的技术参数外，还应进行刻度检验。

表 4-2　电压继电器试验结果记录表

继电器种类	过电压继电器				低电压继电器			
整定电压 U/V	120V				70V			
测试序号	1	2	3		1	2	3	
实测启动电压 U_{dj}				继电器两线圈的接线方式选择为：				继电器两线圈的接线方式选择为：
实测返回电压 U_{fj}								
返回系数 $K_{fj}=U_{fj}/U_{dj}$								
每次实测动作电压与整定电压的误差(%)								

用整定电流的 1.2 倍或额定电压的 1.1 倍进行冲击实训后，复试定值，与整定值的误差不应超过±5%。否则应检查可动部分的支架与调整机构是否有问题，或线圈内部是否层间短路等。

（4）返回系数的调整

返回系数不满足要求时应予以调整。影响返回系数的因素较多，如轴间的表面粗糙度、轴承清洁情况、静触头位置等。但影响较显著的是舌片端部与磁极间的间隙和舌片的位置。

返回系数的调整方法有以下几种：

① 调整舌片的起始角和终止角：

调节继电器右下方的舌片起始位置限制螺杆，以改变舌片起始位置角，此时只能改变动作电流，而对返回电流几乎没有影响。故可通过改变舌片的起始角来调整动作电流和返回系数。舌片起始位置离开磁极的距离越大，返回系数越小，反之，返回系数越大。

调节继电器右上方的舌片终止位置限制螺杆，以改变舌片终止位置角，此时只能改变返回电流而对动作电流则无影响。故可通过改变舌片的终止角来调整返回电流和返回系数。舌片终止角与磁极的间隙越大，返回系数越大；反之，返回系数越小。

② 不调整舌片的起始角和终止角位置，而变更舌片两端的弯曲程度以改变舌片与磁极间的距离，也能达到调整返回系数的目的。该距离越大返回系数也越大；反之返回系数越小。

③ 适当调整触点压力也能改变返回系数，但应注意触点压力不宜过小。

（5）动作值的调整

① 继电器的整定指示器在最大刻度值附近时，主要调整舌片的起始位置，以改变动作值，为此可调整右下方的舌片起始位置限制螺杆。当动作值偏小时，调节限制螺杆使舌片的起始位置远离磁极；反之则靠近磁极。

② 继电器的整定指示器在最小刻度值附近时，主要调整弹簧，以改变动作值。

③ 适当调整触点压力也能改变动作值，但应注意触点压力不宜过小。

4．技术数据

1）继电器中触点数量统计表见表 4-3。

表 4-3　继电器中触点数量统计表

继电器型号	继电器中触点数量	
	常开触点	常闭触点
DL-21C、DY-21C、DY-26C	1	
DL-22C、DY-22C		1
DL-23C、DY-23C、DY-28C	1	1
DL-24C、DY-24C、DY-29C	2	
DL-25C、DY-25C		2

2）动作时间：过电流（或电压）继电器在 1.2 倍整定值时，动作时间不大于 0.15s；在 3 倍整定值时，动作时间不大于 0.03s。低电压继电器在 0.5 倍整定值时，动作时间不大于 0.15s。

3）接点断开容量：在电压不大于 250V、电流不大于 2A 时的直流有感负荷电路（时间常数不大于 5×10^3s）中断开容量为 40W；在交流电路中断开容量为 200V·A。

4.1.5 问题与思考

1）继电保护装置的任务是什么？对继电保护装置有哪些基本要求？

2）电磁式电流继电器、电磁式时间继电器、电磁式信号继电器及电磁式中间继电器在保护装置中的作用分别是什么？

3）为什么三相三继电器式接线可以用于单相短路保护装置中，而两相两继电器式接线和两相一继电器式接线不能用于单相短路保护装置中？

4.1.6 任务总结

继电保护装置就是能反应供配电系统中电气设备发生的故障或异常运行状态，并能动作于断路器跳闸或启动信号装置发出预告信号的一种装置。

继电保护装置的任务是，在供电系统出现短路故障时，保护装置动作，切除故障；在供电系统出现异常情况时，发出报警信号，及时处理，以免发展为故障。对继电保护的要求是要具有选择性、速动性、可靠性和灵敏度。继电保护常用的继电器，有电磁式 DL 型和感应式 GL 型，其中 DL 型用直流电源，用于定时限保护装置中；GL 型用交流电源，用于反时限保护装置中。保护装置的接线方式，指电流互感器与过电流继电器之间的连接方式。有两相两继电器和两相一继电器两种方式。两相两继电器接线无论发生何种相间短路，接线系数 K_w 都等于 1；而两相一继电器，不同形式的相间短路，其接线系数不同，但简单经济，在车间变压器、高压线路的保护中仍有采用。

4.2 任务2 供配电系统保护

【任务描述】 本任务介绍供配电系统线路继电保护、变压器继电保护、熔断器保护及低压断路器保护等保护工作原理、整定方法。

【知识目标】 了解线路继电保护的分类及适用范围等知识；了解电力变压器的继电保护类型及使用范围等知识；了解熔断器保护的概念，掌握低压断路器保护的工作原理及过程。

【能力目标】 掌握线路过电流保护、电流速断保护、单相接地保护、线路过负荷保护的组成和工作原理。掌握电力变压器的过电流保护、电流速断保护、过负荷保护、瓦斯保护、差动保护、单相保护等继电保护方式的原理及构成。

4.2.1 高压配电的继电保护

1. 概述

按 GB/T 50062—2008《电力装置的继电保护和自动装置设计规范》规定：对 3~66kV 电力线路，应装设相间短路保护、单相接地保护和过负荷保护。

作为线路的相间短路保护，主要采用带时限的过电流保护和瞬时动作的电流速断保护（按 GB/T 50062—1992 规定，过电流保护的时限不大于 0.5~0.7s 时，可不装设瞬时动作的电流速断保护）。相间短路保护应动作于断路器的跳闸机构，使断路器跳闸，切除短路故障部分。

作为单相接地保护，一般有两种方式：①绝缘监视装置，装设在变配电所的高压母线上，动作于信号；②有选择性的单相接地保护（零序电流保护），亦动作于信号，但当危及人身和设备安全时，则应动作于跳闸。

对可能经常过负荷的电缆线路，按 GB/T 50062—1992 规定，应装设过负荷保护，动作于信号。

2. 定时限过电流保护装置的组成和动作原理

定时限过电流保护装置的原理接线图如图 4-24 所示，其中，图 4-24a 所示为集中表示的原理接线图，图 4-24b 所示为展开式电路图。从原理分析的角度来看，展开式原理电路图简明清晰，在二次回路中应用较普遍。

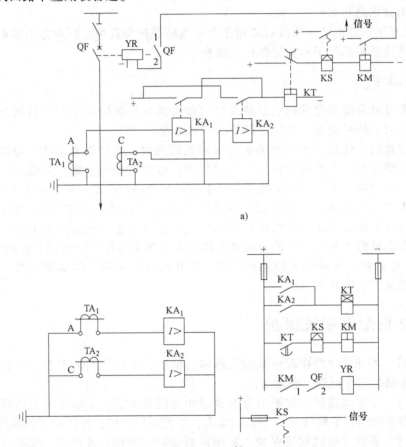

图 4-24 定时限过电流保护装置的原理接线图
a）原理接线图　b）展开式电路图
QF—断路器　KA—电流继电器（DL 型）　KT—时间继电器（DS 型）　KS—信号继电器（DX 型）
KM—中间继电器（DZ 型）　YR—跳闸线圈

定时限过电流保护装置通常由电流继电器、时间继电器、信号继电器及中间继电器组成。在工厂配电系统中多采用两相两继电器接线方式。

正常运行时，断路器 QF 闭合，供电正常，线路中流过正常电流。当一次电路发生相间短路时，电流继电器 KA 瞬时动作，触点闭合，使时间继电器 KT 接通，KT 经过整定的时限后，其延时触点闭合，使串联的信号继电器（电流型）KS 和中间继电器 KM 动作。KS 动作后，其指示牌掉下，同时接通信号回路，给出灯光信号和音响信号。KM 动作后，接通跳闸线圈 YR 回路，使断路器 QF 跳闸，切除短路故障。短路故障被切除后，继电保护装置除 KS 外的其他继电器均自动返回起始状态,而 KS 须手动或电动复位。

3. 反时限过电流保护装置的组成和动作原理

反时限过电流保护装置就是通过保护装置的故障电流越大,动作时间越短,即保护装置动作的时限随通过保护装置电流大小的变化而成反时限的变化。这种保护装置由 GL 型电流继电器组成,图 4-25 所示为反时限过电流保护的原理图和展开图。

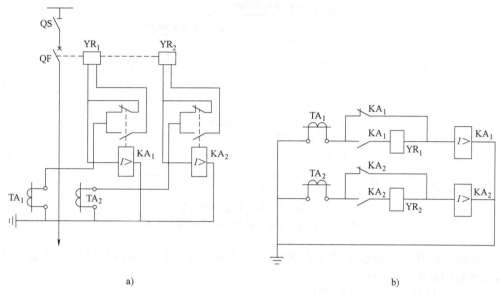

图 4-25 反时限过电流保护装置的原理图和展开图
a) 原理图 b) 展开图

在正常情况下,电流继电器通过正常工作电流,其常开触点闭合,常闭触点断开,断路器的跳闸线圈不会得电。当一次电路发生相间短路时,电流继电器 KA 中流过的电流增大,经过一定的延时后,达到其动作值,其常闭触点闭合,接通跳闸线圈 YR,常开触点断开,去掉分流使 YR 得电,带动断路器跳闸,切除短路故障,同时 GL 型继电器的信号牌掉下。短路故障切除后,电流继电器自动返回,信号牌可手动复位。

由于继电器本身动作带有时限,有动作指示掉牌信号,所以反时限过电流保护装置不需要接时间继电器和信号继电器。

图 4-25b 中的电流继电器增加了一对常开触点,与跳闸线圈串联,其目的是防止电流继电器的常闭触点在一次电路正常运行时由于外界振动等因素而使之偶然断开,造成断路器误跳闸。

4. 过电流保护动作电流的整定

带时限的过电流保护装置的动作电流,应躲开线路正常运行时流经该线路的最大负荷电流,以免在线路的最大负荷电流通过线路时误动作,而且其保护装置的返回电流也应躲过线路的最大负荷电流,否则保护装置可能会误动作。

线路过电流保护整定如图 4-26 所示,当线路上 WL_2 的 k 点发生短路故障时,由于短路电流远远大于线路上的所有负荷电流,所以沿线路的所有过电流保护装置(包括 KA_1、KA_2)都要启动。为保证保护装置选择性的要求,应该是靠近故障点 k 的保护 KA_2 首先断开 QF_2,切除故障线路 WL_2。这时线路 WL_1 就可恢复正常运行,保护装置 KA_1 立即返回,不至于断开 QF_1。若 KA_1 的返回电流未躲过线路 WL_1 的最大负荷电流,即 KA_1 的返回系数过低时,在 KA_2 切除 WL_2 以后,KA_1 可能不返回而继续保持启动状态,从而达到它所整定的时限后,错误地断

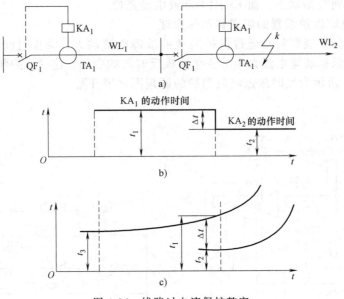

图 4-26 线路过电流保护整定
a) 电路 b) 定时限整定说明 c) 反时限整定说明

开 QF_1，造成 WL_1 停电，使故障停电范围扩大，这是不允许的。所以保护装置的返回电流也必须躲过线路的最大负荷电流。

(1) 过电流保护动作电流的整定

过电流保护动作电流按式 (4-9) 整定。

$$I_{op} = \frac{K_{rel}K_w}{K_{re}K_i} \tag{4-9}$$

式中，I_{op} 为继电器的动作电流；K_{rel} 为保护装置的可靠系数，对 DL 系列继电器取 1.2，对 GL 系列继电器取 1.3；K_w 为保护装置的接线系数，三相三继电器式、两相两继电器式和两相三继电器式接线取 1，两相一继电器式接线取 3；K_{re} 为保护装置的返回系数，对 DL 系列继电器取 0.85，对 GL 系列继电器取 0.8；K_i 为电流互感器的电流比。

(2) 过电流保护动作时限的整定

过电流保护装置的动作时间，应按阶梯原则进行整定，以保证前后两级保护装置动作时间的选择性。当在后一级保护装置所保护的线路首端（如图 4-26a 中的 k 点）发生三相短路时，前一级保护的动作时间应比后一级保护中最长的动作时间 t_2 都要大一个时间级差 Δt，如图 4-26b 和图 4-26c 所示，即

$$t_1 \geq t_2 + \Delta t \tag{4-10}$$

对定时限过电流保护装置 Δt 取 0.5s，对反时限过电流保护装置 Δt 取 0.7s。定时限过电流保护的动作时间利用时间继电器整定。反时限过电流保护的动作时间，由于 GL 系列电流继电器的时限调节机构是按 10 倍动作电流的动作时间来标度的，因此要根据前后两级保护的 GL 系列继电器的动作特性曲线来整定。

(3) 过电流保护装置的灵敏度

过电流保护装置的灵敏度 S_p 由式 (4-11) 确定。

$$S_p = \frac{K_w I_{k.min}}{K_i I_{op}} \tag{4-11}$$

式中,$I_{k.min}$为被保护线路末端在系统最小运行方式下的两相短路电流。

过电流保护装置的灵敏度S_p必须满足的条件为$S_p \geq 1.5$,如果过电流保护作为后备保护时,则$S_p \geq 1.2$即可。

(4) 低电压闭锁的过电流保护

当过电流保护装置的灵敏度达不到上述要求时,可采用低电压闭锁的过电流保护装置来提高灵敏度。在线路过电流保护的过电流继电器 KA 的常开触点回路中,串入低电压继电器 KV 的常闭触点,而 KV 通过电压互感器 TV 接于母线上。

在供电系统正常运行时,母线电压接近于额定电压,电压继电器 KV 的常闭触点断开,由于 KV 的常闭触点与电流继电器 KA 的常开触点是串联的,这时即使由于线路过负荷而使 KA 误动作,其常开触点闭合,但此时 KV 的常闭触点是断开的,也不会造成断路器 QF 误动作。过电流保护装置的动作电流,只需按躲过线路的计算电流I_{30}来整定,而不必按躲过线路上的最大负荷电流整定。

装有低电压闭锁的过电流保护的动作电流整定计算公式为

$$I_{op} = \frac{K_{rel}K_w}{K_{re}K_i}I_{30} \tag{4-12}$$

由于I_{op}的减小,能有效地提高保护灵敏度。

5. 定时限过电流保护与反时限过电流保护的比较

定时限过电流保护的优点是动作时间比较准确,容易整定,而且不论短路电流大小,动作时间都是一定的,不会因短路电流小而动作时间长;其缺点是所需继电器数量较多,接线复杂。在靠近电源处短路时,保护装置的动作时间较长。

反时限过电流保护的优点是可采用交流操作,接线简单,所用继电器数量少,因此这种方式简单经济,在工厂供电系统中的车间变电所和配电线路上用得较多;其缺点是动作时限整定复杂,误差较大,当距离保护装置安装处较远的地方发生短路时,其动作时间较长,延长了故障持续时间。

【例 4-1】 如图 4-27 所示的某厂 10kV 电力线路,保护装置接线方式为两相两继电器式接线。已知 WL_2 的最大负荷电流为 56A,TA_1 的电流比为 100/5,TA_2 的电流比为 75/5,继电器均为 DL-11/10 型电流继电器。KA_1 已整定,其动作电流为 9A,动作时间为 1s。k-1 点的三相短路电流为 800A,k-2 点的三相短路电流为 320A。试整定 KA_2 的动作电流和动作时间,并校验其灵敏度。

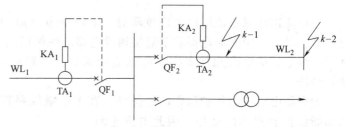

图 4-27 例 4-1 电力线路图

解:(1) 整定 KA_2 的动作电流。

取 $K_{rel} = 1.2$,$K_{re} = 0.85$,$K_w = 1$,$K_i = 75/5 = 15$,已知 $I_{L.max} = 56A$,则

$$I_{op(2)} = \frac{K_{rel}K_w}{K_{re}K_i}I_{L.max} = \frac{1.2 \times 1}{0.85 \times 15} \times 56A = 5.27A$$

取整数,动作电流整定为 5A。

(2) 整定 KA_2 的动作时间。保护装置 KA_1 的动作时限应比保护装置 KA_2 的动作时限大 Δt,取 $\Delta t = 0.5s$,由于 KA_1 的动作时间为 1s,所以 KA_2 的动作时间为 $t_2 = 1s - 0.5s = 0.5s$。

(3) KA_2 的灵敏度校验。KA_2 保护的线路 WL_2 末端 k-2 点的两相短路电流为其最小短路电

流，即

$$I_{k.min}^{(2)} = \frac{\sqrt{3}}{2} I_{k-2}^{(3)} = 0.866 \times 320 \text{A} \approx 277 \text{A}$$

$$S_p = \frac{K_w I_{k.min}}{K_i I_{op}} = \frac{1 \times 277}{15 \times 5} \approx 3.69 > 1.5$$

由此可见，灵敏度满足要求。

6. 电流速断保护

当带时限的过电流保护装置发生短路时，越靠近电源处保护装置动作时间越长，而短路电流则是越靠近电源其值越大，危害也越大。为此，当过电流保护的动作时限超过 0.5~0.7s 时，应装设电流速断保护装置。电流速断保护实质上是一种瞬时动作的过电流保护。

图 4-28 所示为线路上同时装有定时限过电流保护和电流速断保护的电路图。图中，KA_1、KA_2、KT、KS_1 和 KM 组成定时限过电流保护，而 KA_3、KA_4、KS_2 和 KM 组成电流速断保护。

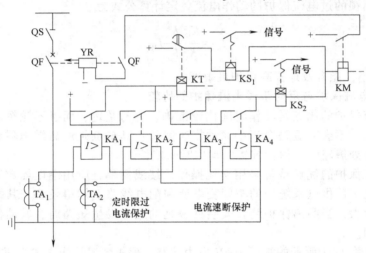

图 4-28 定时限过电流保护和电流速断保护电路图

当电流速断保护范围内出现故障时，电流继电器启动后，将首先启动信号继电器和中间继电器，最后由中间继电器的触点接通继电器的跳闸回路。如果采用 GL 系列电流继电器，则利用该继电器的电磁元件来实现电流速断保护，其感应元件则用来实现反时限过电流保护，非常经济。

为保证电流速断保护动作的选择性，在下一级线路首端发生最大短路电流时，前一级电流速断保护装置不应动作，因此电流速断保护的动作电流 I_{qb} 必须按躲过它所保护线路末端的最大短路电流（末端三相短路电流）$I_{k.max}$ 来整定。线路电流速断保护电路如图 4-29 所示。

电流速断保护的动作电流整定公式为

$$I_{qb} = \frac{K_{rel} K_w}{K_i} I_{k.max} \quad (4-13)$$

式中，I_{qb} 为电流速断保护动作电流；K_{rel} 为可靠系数，对 DL 系列电流继电器可取 1.2~1.3，对 GL 系列电流继电器可取

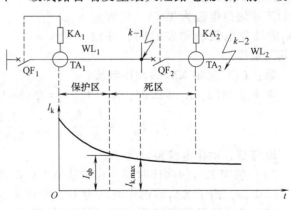

图 4-29 线路电流速断保护电路

1.4~1.5；$I_{k.max}$ 为被保护线路末端短路时的最大短路电流。

(1) 电流速断保护的组成及速断电流的整定

电流速断保护实际上就是一种瞬时动作的过电流保护。其动作时限仅仅为继电器本身的固有动作时间，它的选择性不是依靠时限，而是依靠选择适当的动作电流来解决。对于 GL 型电流继电器，直接利用继电器本身结构，既可完成反时限过电流保护，又可完成电流速断保护，不用额外增加设备，非常简单经济。

(2) 电流速断保护的"死区"及其弥补

由于电流速断保护的动作电流是按躲过线路末端的最大短路电流来整定的，因而其动作电流会大于被保护范围末端的短路电流。从图 4-29 可以看出，$I_{qb}>I_{k.max}$，前一段线路 WL_1 末端 k-1 点的三相短路电流，实际上与后一段线路 WL_2 首端 k-2 点的三相短路电流是近似相等的。因而这使得保护装置不能保护线路的全长，出现一段"死区"。

为了弥补速断保护存在"死区"的缺陷，一般规定，凡装设电流速断保护的线路，都必须装设带时限的过电流保护。且过电流保护的动作时间比电流速断保护至少长一个时间级差 $\Delta t = 0.5 \sim 0.7 \mathrm{s}$，而且前后级过电流保护的动作时间符合前面所说的"阶梯原则"，以保证选择性。在速断保护区内，速断保护作为主保护，过电流保护作为后备保护；而在速断保护的"死区"内，则过电流保护为基本保护。

(3) 电流速断保护的灵敏度

如果配电线路较短，配电线路可只装过电流保护，不装电流速断保护。电流速断保护的灵敏度按其安装处（线路首端）在系统最小运行方式下的两相短路电流作为最小短路电流来校验。

电流速断保护的灵敏度应满足

$$S_p = \frac{K_w I_k^{(2)}}{K_i I_{qb}} \geq 1.5 \tag{4-14}$$

【例 4-2】 试整定例 4-1 中 KA_2 继电器的速断电流倍数，并校验其灵敏度。

解：(1) 整定 KA_2 继电器的速断电流倍数。按式 (4-13)，电流速断保护的动作电流为

$$I_{qb} = \frac{K_{rel} K_w}{K_i} I_{k.max} = \frac{1.3 \times 1}{15} \times 320 \mathrm{A} \approx 28 \mathrm{A}$$

已知 KA_2 的 $I_{op} = 5 \mathrm{A}$，因此 KA_2 的速断电流倍数应整定为

$$n_{qb} = \frac{I_{qb}}{I_{op}} = \frac{28}{5} = 5.6$$

(2) 校验 KA_2 电流速断保护的灵敏度。

KA_2 保护的线路 WL_2 首端 k-1 点的两相短路电流为

$$I_{k.min}^{(2)} = \frac{\sqrt{3}}{2} \times I_{k-1}^{(3)} = 0.866 \times 800 \mathrm{A} = 692 \mathrm{A}$$

$$S_p = \frac{K_w I_{k.min}^{(2)}}{K_i I_{qb}} = \frac{1 \times 692}{15 \times 28} = 1.65 > 1.5$$

由此可见，KA_2 的电流速断保护的灵敏度基本满足要求。

7. 中性点不接地系统的单相接地保护

(1) 单相接地保护

单相接地保护又称"零序电流保护"，它利用单相接地故障线路的零序电流（较非故障电流大）通过零序电流互感器，在铁心中产生磁通。二次侧相应地感应出零序电流，使电流继电器动作接通信号回路，发出报警信号。如图 4-30 所示，在电力系统正常运行及三相对称短

路时，因在零序电流互感器二次侧由三相电流产生的三相磁通相量之和为零，即在零序电流互感器中不会感应出零序电流，继电器不动作。当发生单相接地时，就有接地电容电流通过，此电流在二次侧感应出零序电流，使继电器动作，并发出信号。

对架空线路一般在各相均装设电流互感器组成零序电流过滤器，如图4-30a所示。当三相对称运行或三相（或两相）短路时，流入继电器的电流为零，继电器不动作。当出现单相接地故障时，零序电流流过继电器，继电器动作并发出信号。

对于电缆线路，则采用图4-30b和专用零序电流互感器的接线。注意电缆头的接地线必须穿过零序电流互感器的铁心，否则零序电流（不平衡电流）不穿过零序电流互感器的铁心，保护就不会动作。

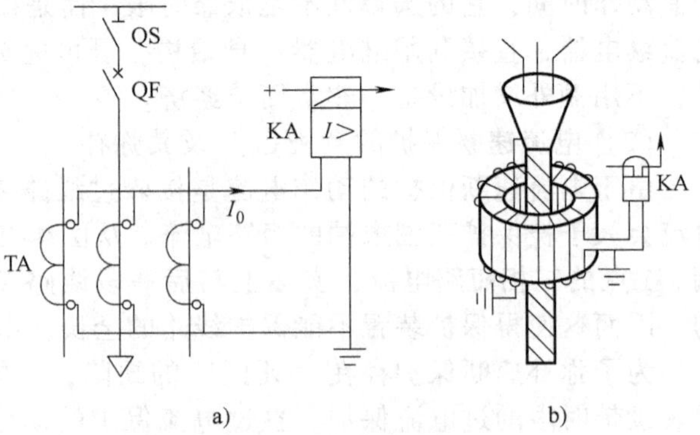

图4-30 零序电流保护装置
a) 架空线路用 b) 电缆线路用

（2）单相接地保护动作电流的整定

保护动作电流在整定时，要躲过其他线路上发生单相接地时在本线路上引起的电容电流，即

$$I_{op(E)} = \frac{K_{rel}}{K_i} I_C \tag{4-15}$$

式中，$I_{op(E)}$为继电器的动作电流；I_C为其他线路发生单相接地时，在被保护线路上产生的电容电流；K_i为零序电流互感器的电流比；K_{rel}为可靠系数，保护装置不带时限时取4~5，保护装置带时限时取1.5~2。

（3）单相接地保护的灵敏度

灵敏度按本线路发生单相接地时，保护装置应可靠动作进行校验，即

$$S_p = \frac{I_{C.\Sigma} - I_C}{K_i I_{op(E)}} \geq 1.5 \tag{4-16}$$

式中，$I_{C.\Sigma}$为流经接地点的总接地电容电流。

4.2.2 电力变压器的继电保护

1. 概述

电力变压器是供电系统中的重要设备，如果它出现故障会对供电的可靠性和用户的生产、生活产生严重的影响。因此，必须根据变压器的容量和重要程度装设适当的保护装置。

变压器故障一般分为内部故障和外部故障两种。内部故障和外部故障均应动作于跳闸；对于外部相间短路引起的过电流，保护装置应带时限动作于跳闸；对过负荷、油面降低、温度升高等不正常状态的保护一般只作用于信号。

1）高压侧为6~10kV的车间变电所的主变压器，通常装设有带时限的过电流保护和电流速断保护。如果过电流保护的动作时间范围为0.5~0.7s，也可不装设电流速断保护。

2）容量在800kV·A及以上的油浸式变压器（如安装在车间内部，则容量在400kV·A及以上时），还需装设瓦斯保护。

3）并列运行的变压器容量（单台）在400kV·A及以上，以及虽为单台运行但又作为备用电源用的变压器有可能过负荷时，还需装设过负荷保护，但过负荷保护只动作于信号，而其他保护一般动作于跳闸。

4）如果单台运行的变压器容量在 10000kV·A 及以上、两台并列运行的变压器容量（单台）在 6300kV·A 及以上时，则要求装设纵联差动保护来取代电流速断保护。

高压侧为 35kV 及以上的工厂总降压变电所主变压器，一般应装设过电流保护、电流速断保护和瓦斯保护。

2. 变压器的瓦斯保护（气体继电保护）

变压器的瓦斯保护是保护油浸式变压器内部故障的一种基本保护。瓦斯保护又称气体继电保护，其主要元件是气体继电器（瓦斯继电器），如图 4-31 所示，它装在变压器的油箱和储油柜之间的联通管上；图 4-32 为 FJ-80 型开口杯式气体继电器的结构示意图。

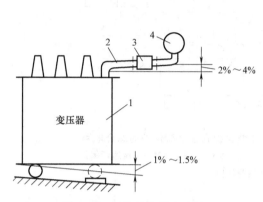

图 4-31 气体继电器在变压器上的安装示意图
1—变压器油箱 2—联通管 3—气体继电器 4—储油柜

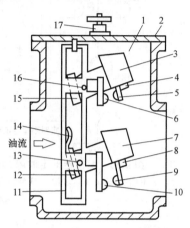

图 4-32 FJ-80 型开口杯式气体继电器的结构示意图
1—容器 2—盖 3—上油杯 4—永久磁铁 5—上动触点 6—上静触点 7—下油杯 8—永久磁铁 9—下动触点 10—下静触点 11—支架 12—下油杯平衡锤 13—下油杯转轴 14—挡板 15—上油杯平衡锤 16—上油杯转轴 17—放气阀

在变压器正常工作时，气体继电器的上下油杯中都是充满油的，油杯因其平衡锤的作用使其上下触点都是断开的。当变压器油箱内部发生轻微故障致使油面下降时，上油杯因其中盛有剩余的油使其力矩大于平衡锤的力矩而降落，从而使上触点接通，发出报警信号，这就是轻瓦斯动作。当变压器油箱内部发生严重故障时，由于故障产生的气体很多，带动油流迅猛地由变压器油箱通过联通管进入储油柜，在油流经过气体继电器时，冲击挡板，使下油杯降落，从而使下触点接通，直接动作于跳闸，这就是重瓦斯动作。

如果变压器出现漏油，将会引起气体继电器内的油也慢慢流尽。这时继电器的上油杯先降落，接通上触点，发出报警信号，当油面继续下降时，会使下油杯降落，下触点接通，从而使断路器跳闸。

气体继电器只能反映变压器内部的故障，包括漏油、漏气、油内有气、匝间故障、绕组相间短路等。而对变压器外部端子上的故障情况则无法反映。因此，除设置瓦斯保护外，还需设置过电流、速断或差动等保护。

3. 变压器的过电流保护、电流速断保护和过负荷保护

（1）变压器的过电流保护

变压器的过电流保护装置一般都装设在变压器的电源侧。无论是定时限还是反时限，变压器过电流保护的组成和原理与电力线路的过电流保护完全相同。

图 4-33 为变压器的定时限过电流保护、电流速断保护和过负荷保护的综合电路，全部继

电器均为电磁式。图 4-34 是按分开表示法绘制的展开图。

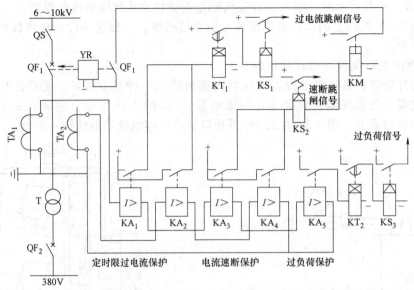

图 4-33　变压器的定时限过电流保护、电流速断保护和过负荷保护的综合电路
KA_1、KA_2、KT_1、KS_1、KM—定时限过电流保护　　KA_3、KA_4、KS_2、KM—电流速断保护
KA_5、KT_2、KS_3—过负荷保护

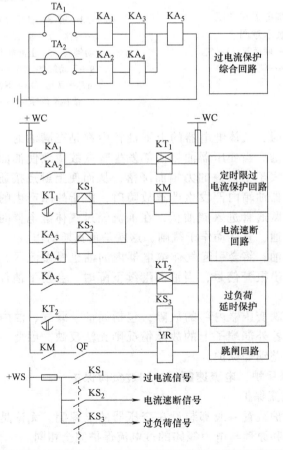

图 4-34　变压器的定时限过电流保护、电流速断保护和过负荷保护的综合电路的展开图

变压器过电流保护的动作电流整定计算公式，也与电力线路过电流保护的整定计算公式基本相同，即

$$I_{op} = \frac{K_{rel}K_w}{K_{re}K_i} I_{L.max} \quad (4-17)$$

式中，$I_{L.max}$ 应取为 (1.5~3) I_{1NT}，这里的 I_{1NT} 为变压器的额定一次电流。

变压器过电流保护的动作时间，也按"阶梯原则"整定。但对车间变电所来说，由于它属于电力系统的终端变电所，因此其动作时间可整定为最小值 0.5s。

变压器过电流保护的灵敏度，按变压器低压侧母线在系统最小运行方式时发生两相短路（换算到高压侧的电流值）来校验。其灵敏度的要求也与线路过电流保护相同，即 $S_p \geqslant 1.5$；当作为后备保护时可取 $S_p \geqslant 1.2$。

(2) 变压器的电流速断保护

变压器的过电流保护动作时限大于 0.5s 时，必须装设电流速断保护。电流速断保护的组成、原理，也与电力线路的电流速断保护完全相同。

其动作电流整定为

$$I_{qb} = \frac{K_{rel}K_w}{K_i} I_{k.max} \quad (4-18)$$

式中，$I_{k.max}$ 为低压侧母线的三相短路电流换算到高压侧的穿越电流值；K_{rel} 为可靠系数，取为 1.2~1.3；K_w 为保护装置的接线系数。

变压器速断保护的灵敏度，按变压器高压侧在系统最小运行方式时发生两相短路的短路电流 $I_k^{(2)}$ 来校验，要求 $S_p \geqslant 1.5$。

变压器的电流速断保护，与电力线路的电流速断保护一样，也有"死区"（不能保护变压器的全部绕组）。弥补"死区"的措施，也是配备带时限的过电流保护。

考虑到变压器在空载投入或突然恢复电压时将出现一个冲击性的励磁涌流，为避免速断保护误动作，可在速断保护整定后，将变压器空载试投若干次，以检验速断保护是否会误动作。根据经验，当速断保护的一次动作电流比变压器额定一次电流大 2~3 倍时，速断保护一般能躲过励磁涌流，不会误动作。

【例 4-3】 某降压变电所装有一台 10/0.4kV、1000kV·A 的电力变压器。已知变压器低压母线三相短路电流 $I_k^{(3)} = 13kA$，高压侧继电保护用电流互感器电流比为 100/5 (A)，继电器采用 GL-25 型，接成两相两继电器式。试整定该继电器的反时限过电流保护的动作电流、动作时间及电流速断保护的速断电流倍数。

解：(1) 过电流保护的动作电流整定

取 $K_{rel} = 1.3$，而 $K_w = 1$，$K_{re} = 0.8$，$K_i = 100/5 = 20$，则

$$I_{L.max} = 2I_{1NT} = 2 \times \frac{100kV \cdot A}{\sqrt{3} \times 10kV} = 115.5A$$

故 $I_{op} = \frac{1.3 \times 1}{0.8 \times 20} \times 115.5A = 9.38A$

因此，动作电流 I_{op} 整定为 9A。

(2) 过电流保护动作时间的整定 考虑此为终端变电所的过电流保护，故其 10 倍动作电流的动作时间整定为最小值 0.5s。

(3) 电流速断保护的速断电流的整定 取 $K_{rel} = 1.5$，而

$$I_{k.max} = 13kA \times \frac{0.4kV}{10kV} = 520A$$

故按公式（4-18），$I_{qb} = \dfrac{1.5 \times 1}{20} \times 520\text{A} = 39\text{A}$

因此，速断电流倍数整定为 $n_{qb} = \dfrac{39}{9} \approx 4.3$

（3）变压器的过负荷保护

变压器的过负荷保护是用来反映变压器正常运行时出现的过负荷情况，只在变压器确有过负荷可能的情况下才予以装设，一般动作于信号。

变压器的过负荷在大多数情况下都是三相对称的，因此过负荷保护只需要在一相上装一个电流继电器。在过负荷时，电流继电器动作，再经过时间继电器给予一定延时，最后接通信号继电器发出报警信号。

过负荷保护的动作电流按躲过变压器额定一次电流 I_{1NT} 来整定，其计算公式为

$$I_{op(OL)} = (1.2 \sim 1.5) \dfrac{I_{1NT}}{K_i} \tag{4-19}$$

式中，K_i 为电流互感器的电流比。

过负荷保护的动作时间一般取 10~15s。

4. 变压器低压侧的单相短路保护

（1）低压侧装设三相均带过电流脱扣器的低压断路器

这种低压断路器，既可用作低压侧的主开关，操作方便，便于自动投入，提高供电可靠性，又可用来保护低压侧的相间短路和单相短路。这种措施在低压配电保护电路中得到了广泛的应用。DW16 型低压断路器还具有所谓"第四段保护"，专门用作单相接地保护（注意：仅对 TN 系统的单相金属性接地有效）。

（2）低压侧三相装设熔断器保护

这种措施既可以保护变压器低压侧的相间短路，也可以保护单相短路，但由于熔断器熔断后更换熔体需要一定的时间，所以它主要适用于供电要求不高、不太重要的负荷的小容量变压器。

（3）在变压器中性点引出线上装设零序过电流保护

在变压器低压侧中性点引出线上装设零序过电流保护的工作原理图如图 4-35 所示。零序电流保护装置由零序电流互感器和过电流继电器组成，当变压器低压侧发生单相接地短路时，零序电流经电流互感器使电流继电器动作，可使变压器高压侧断路器跳闸，切除故障。

零序电流保护的动作电流按躲过变压器低压侧最大不平衡电流来整定，即

$$I_{op.KA} = \dfrac{0.25K_{rel}}{K_i} I_{2N.T} \tag{4-20}$$

式中，K_{rel} 为保护装置的可靠系数，取 1.2；K_i 为零序电流互感器的电流比；$I_{2N.T}$ 为变压器低压侧额定电流。

零序电流保护的动作时间取 0.5~0.7s。灵敏度按变压器低压侧干线末端最小单相短路电流来校验。对于架空线路，$S_p \geq 1.5$；对于电缆线路，$S_p \geq 1.2$。采用此种保护措施，灵敏度较高，但投资较大。

（4）采用两相三继电器接线或三相三继电器接线的过电流

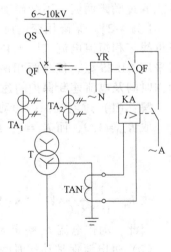

图 4-35 变压器的零序过电流保护
QF—高压断路器 TAN—零序电流互感器 KA—电流继电器 YR—断路跳闸线圈

保护

两种接线既能实现相间短路保护，又能实现对变压器低压侧的单相短路保护，且保护灵敏度比较高。

在上述四种措施中，第一种措施在供电系统中应用最广泛。

5. 变压器的差动保护

前面主要介绍了变压器的过电流保护、电流速断保护和瓦斯保护。它们各有优点和不足之处。过电流保护动作时限较长，切除故障不迅速；电流速断保护由于"死区"的影响使保护范围受到限制；瓦斯保护只能反映变压器内部故障，而不能保护变压器套管和引出线的故障。

变压器的差动保护，主要用来保护变压器内部以及引出线和绝缘套管的相间短路故障，并且也可用于保护变压器内的匝间短路，其保护区在变压器一、二次侧所装电流互感器之间。

图 4-36 是变压器差动保护的单相原理电路图。将变压器两侧的电流互感器同极性串联起来，使继电器跨接在两连线之间，于是流入差动继电器的电流就是两侧电流互感器二次电流之差，即 $I_{KA}=I_1''-I_2''$。在变压器正常运行或差动保护的保护区外 k-1 点发生短路时，流入继电器 KA（或差动继电器 KD）的电流相等或相差极小，继电器 KA（或 KD）不动作；而在差动保护的保护区内 k-2 点发生短路时，对于单端供电的变压器来说，$I_2''=0$，所以 $I_{KA}=I_1''$，超过继电器 KA（或 KD）所整定的动作电流 $I_{op(d)}$，使 KA（或 KD）瞬时动作然后通过出口继电器 KM 使断路器 QF_1、QF_2 同时跳闸，将故障变压器退出，切除短路故障，同时由信号继电器发出信号。

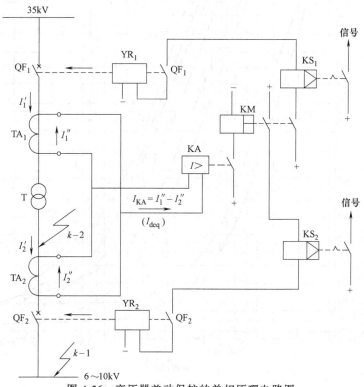

图 4-36 变压器差动保护的单相原理电路图

综上所述，变压器差动保护的工作原理是：正常工作或外部故障时，流入差动继电器的电流为不平衡电流，在适当选择好两侧电流互感器的电流比和接线方式的条件下，该不平衡电流值很小，并小于差动保护的动作电流，故保护不动作；在保护范围内发生故障时，流入继电器的电流大于差动保护的动作电流,差动保护动作于跳闸。因此它不需要与相邻元件的保护在整定值和动作时间上进行配合,可以构成无延时速动保护。其保护范围包括变压器绕组内部及两侧套管和引出线上所出现的各种短路故障。

4.2.3 低压配电系统的保护

1. 熔断器保护

(1) 熔断器及其安秒特性曲线

熔断器包括熔管(又称熔体座)和熔体。通常它串接在被保护的设备前或接在电源引出线上。当被保护区出现短路故障或过电流时,熔断器熔体熔断,使设备与电源隔离,免受电流损坏。因熔断器结构简单、使用方便、价格低廉,所以应用广泛。

熔断器的技术参数包括熔断器(熔管)的额定电压、额定电流、分断能力、熔体的额定电流和熔体的安秒特性曲线。额定电压为250V和500V是低压熔断器,为3~110kV属高压熔断器。决定熔体熔断时间和通过电流的关系曲线称为熔断器熔体的安秒特性曲线,如图4-37所示,该曲线由实验得出,它只表示时限的平均值,其时限相对误差会高达±50%。

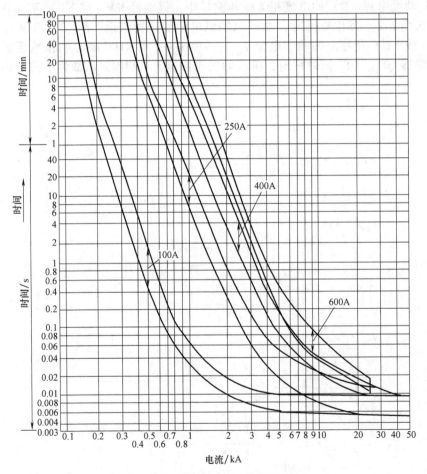

图4-37 熔断器熔体的安秒特性曲线

(2) 熔断器的选用及其与导线的配合

图4-38是由变压器二次侧引出的低压配电图。如采用熔断器保护,应在各配电线路的首端装设熔断器。熔断器只装在各相相线上,中性线是不允许装设熔断器的。

1) 对于保护电力线路和电气设备的熔断器，其熔体电流的选用可按以下条件进行：
① 熔断器的熔体电流应不小于线路正常运行时的计算电流 I_{30}，即

$$I_{\text{N.FE}} \geq I_{30} \tag{4-21}$$

② 熔断器熔体电流还应躲过由于电动机起动所引起的尖峰电流 I_{pk}，以使线路出现正常的尖峰电流而不致熔断。因此

$$I_{\text{N.FE}} \geq KI_{\text{pk}} \tag{4-22}$$

式中，为选择熔体时用的计算系数，其值应根据熔体的特性和电动机的拖动情况来决定。设计规范中提供的数据如下：轻负荷起动时起动时间在 3s 以下者，$K = 0.25 \sim 0.35$；重负荷起动时，起动时间在 $3 \sim 8s$ 者，$K = 0.35 \sim 0.5$；超过 8s 的重负荷起动或频繁起动、反接制动等，$K = 0.5 \sim 0.6$；I_{pk} 为尖峰电流。

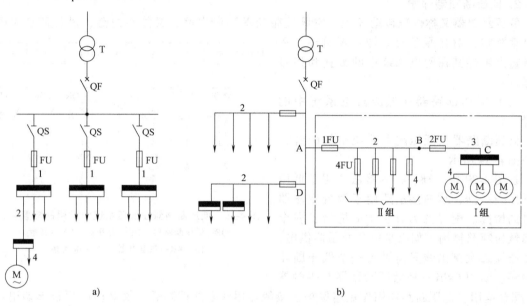

图 4-38 低压配电系统示意图
a) 放射式 b) 变压器干线式
1—干线 2—分干线 3—支干线 4—支线 QF—低压断路器（自动空气开关）

③ 为使熔断器可靠地保护导线和电缆，避免因线路短路或过负荷损坏甚至起燃，熔断器的熔体额定电流 $I_{\text{N.FE}}$ 必须和导线或电缆的允许电流 I_{al} 相配合，因此要求：

$$I_{\text{N.FE}} \leq k_{\text{OL}} I_{\text{al}} \tag{4-23}$$

式中，k_{OL} 为绝缘导线和电缆的允许短路过负荷系数。对电缆或穿管绝缘导线，$k_{\text{OL}} = 2.5$；对明敷绝缘导线，$k_{\text{OL}} = 1.5$；对于已装设有其他过负荷保护的绝缘导线、电缆线路而又要求用熔断器进行短路保护时，$k_{\text{OL}} = 1.25$。

2) 对于保护电力变压器的熔断器，其熔体电流可按下式选定，即

$$I_{\text{FE}} (1.5 \sim 2.0) I_{\text{NT}} \tag{4-24}$$

式中，I_{NT} 为变压器的额定一次电流。熔断器装设在哪一侧，就选用哪侧的额定值。

3) 用于保护电压互感器的熔断器，其熔体额定电流可选用 0.5A，熔管可选用 RN2 型。

(3) 熔断器（熔管或熔座）的选择和校验
1) 熔断器的额定电压应不低于被保护线路的额定电压。
2) 熔断器的额定电流应不小于它所安装的熔体的额定电流。
3) 熔断器的类型应符合安装条件及被保护设备的技术要求。

4) 熔断器的分断能力应满足

$$I_{oc} > I_{sh}^{(3)} \tag{4-25}$$

式中，$I_{sh}^{(3)}$ 为流经熔断器的三相短路冲击电流有效值。

（4）上下级熔断器的相互配合

用于保护线路短路故障的熔断器，它们上下级之间的相互配合应是这样：设上一级熔体的理想熔断时间为 t_1，下一级为 t_2；因熔体的安秒特性曲线误差约为 ±50%，设上一级熔体为负误差，则 $t_1' = 0.5t_1$，下一级为正误差，即 $t_2' = 1.5t_2$。如欲在某一电流下使 $t_1' > t_2'$，以保证它们之间的选择性，这样就应使 $t_1 > 3t_2$。对应这个条件可从熔体的安秒特性曲线上分别查出这两个熔体的额定电流值。一般使上下级熔体的额定值相差 2 个等级即能满足动作选择性的要求。

2. 低压断路器保护

低压断路器又称低压自动开关。它既能带负荷通断电路，又能在短路、过负荷和失电压时自动跳闸，对其原理及结构不再赘述。在此将重点讲述其在配电系统中的配置和型号选择。

（1）低压断路器在低压配电系统中的配置

低压断路器在低压配电系统中的配置方式如图 4-39 所示。

在图 4-39 中，3#、4#的接法适用于低压配电出线；1#、2#的接法适用于两台变压器供电的情况。配置的刀开关 QK 是为了安全检修低压断路器用。如果是单台变压器供电，其变压器二次侧出线只需设置一个低压断路器即够。图中 6#出线是低压断路器与接触器

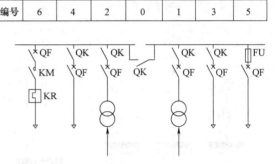

图 4-39 低压断路器在低压系统中常用的配置方式
QF—低压断路器 QK—刀开关 KM—接触器 KR—热继电器 FU—熔断器

KM 配合运用，低压断路器用作短路保护，接触器用作电路控制器，供电动机频繁起动用；其次热继电器 KR 用作过负荷保护。5#出线是低压断路器与熔断器的配合方式，适用于开关断流能力不足的情况，此时靠熔断器进行短路保护，低压断路器只在过负荷和失电压时才断开电路。

（2）低压断路器中的过电流脱扣器

配电用低压断路器分为选择型和非选择型两种，因此，所配备的过电流脱扣器有三种：①具有反时限特性的长延时电磁脱扣器，动作时间可以不小于 10s；②延时时限分别为 0.2s、0.4s、0.6s 的短延时脱扣器；③动作时限小于 0.1s 的瞬时脱扣器。对于选择型低压断路器必须装有第②种短延时脱扣器；而非选择型低压断路器一般配置第①和③种脱扣器，其中长延时用作过负荷保护，短延时或瞬时均用于短路故障保护。我国目前普遍应用的为非选择型低压断路器，短路保护特性以瞬时动作方式为主。

低压断路器各种脱扣器的电流整定如下：

1）长延时过电流脱扣器（即热脱扣器）的整定。这种脱扣器主要用于线路过负荷保护，故其整定值比线路计算电流稍大即可。

$$I_{op(1)} \geq 1.1 I_{30} \tag{4-26}$$

式中，$I_{op(1)}$ 为长延时脱扣器（即热脱扣器）的整定动作电流。但是，热元件的额定电流 I_{HN} 应比 $I_{op(1)}$ 大 (10~25)% 为好，即

$$I_{HN} \geq (1.1 \sim 1.25) I_{op(1)} \tag{4-27}$$

2) 瞬时（或短延时）过电流脱扣器的整定。瞬时（或短延时）脱扣器的整定电流应躲开线路的尖峰电流 I_{pk}，即

$$I_{op(0)} \geqslant K_{rel} I_{pk} \qquad (4\text{-}28)$$

式中，$I_{op(0)}$ 为瞬时（或短延时）过电流脱扣器的整定电流值，对于额定电流在 2500A 及以上的断路器，规定短延时过电流脱扣器整定电流的调节范围为 3~6 倍脱扣器的额定值，对 2500A 以下的断路器为 3~10 倍；瞬时脱扣器整定电流调节范围，对 2500A 及以上的选择型开关为 7~10 倍，对 2500A 以下则为 10~20 倍，对非选择型开关约为 3~10 倍；K_{rel} 为可靠系数，对动作时间 $t_{op} \geqslant 0.4s$ 的 DW 型断路器，取 $K_{rel} = 1.35$；对动作时间 $t_{op} \leqslant 0.2s$ 的 DZ 型断路器，$K_{rel} = 1.7 \sim 2$；对有多台设备的干线，可取 $K_{rel} = 1.3$。

3) 低压断路器过电流脱扣器整定值与导线的允许载流 I_{al} 的配合要使低压断路器在线路发生过负荷或短路故障时，能够可靠地保护导线不致过热而损坏，必须满足

$$I_{op(1)} < I_{al} \qquad (4\text{-}29)$$

或

$$I_{op(0)} < 4.5 I_{al} \qquad (4\text{-}30)$$

3. 低压断路器与熔断器在低压电网保护中的配合

通过安秒特性曲线可以检验低压断路器与熔断器之间的选择性配合。一般低压断路器处于前一级，可考虑 -20%~-10% 的负偏差；而熔断器处于后一级，可考虑 +30%~+50% 的正偏差。此时，若两条曲线不重叠也不交叉，而且前一级的曲线总处在后一级的曲线之上，即可保证动作的选择性。两条曲线之间的裕量越大，则动作选择性越好。

4.2.4 定时限过电流保护实训

1. 实训目的

1) 了解 DL 型电流继电器、DS 型时间继电器、DX 型信号继电器和 DZ 型中间继电器的结构、接线、动作原理及使用方法。

2) 学会如何组成定时限过电流保护，掌握其工作原理。

3) 掌握定时限过电流保护的整定原则和方法。

2. 实训电路

1) 定时限过电流保护实训原理图如图 4-40 所示。

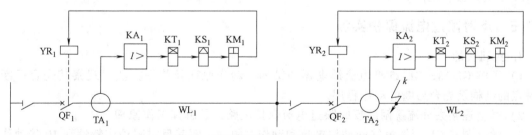

图 4-40 两级定时限过电流保护原理图

2) 两级定时限过电流保护实训电路接线图如图 4-41 所示。

3. 实训步骤

1) 按图 4-41 接线，将调压器的输出电压调至零，将模拟线路 WL_1 阻抗的电阻 R_1 调至较小值，模拟线路 WL_2 负荷阻抗的电阻 R_2 调至较大值。

2) 合上电源开关 QK，并接通直流操作电源（也可用交流 220V 代替，但时间继电器等均需相应改用交流型），调节调压器的电压，使通过电流表的电流为 1~2A，此电流就假定为通

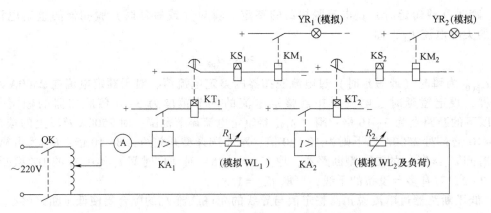

图 4-41 两级定时限过电流保护实训电路图

过继电器 KA_1 和 KA_2 的最大负荷电流,$I'_{L.max} = \dfrac{K_w}{K_i} I_{L.max}$,然后断开 QK。

3)整定计算 KA_1 和 KA_2 的动作电流。不仅动作电流 I_{op} 要躲过 $I_{L.max}$,而且返回电流 I_{re} 也要躲过 $I_{L.max}$,即

$$I_{op} = \dfrac{K_{rel} K_w}{K_{re} K_i} I_{L.max} = \dfrac{K_{rel}}{K_{re}} I'_{L.max}$$

式中,K_{re} 为继电器返回系数,取 0.8;K_{rel} 为可靠系数,取 1.2。

因此,动作电流应为 $I_{op} = 1.5 I'_{L.max}$。

4)整定 KT_1 或 KT_2 的动作时间。假定已先整定 KT_2 或 KT_1 的动作时间,若 KT_2 的动作时间为 t_2,则 KT_1 的动作时间 $t_1 = t_2 - 0.5s$。

5)将 R_2 调至零,模拟线路 WL_2 首端发生三相短路。

6)再合上 QK,观察前后两级保护装置的动作情况。

KA_1 和 KA_2 应同时启动,但模拟后一级线路断路器 QF_2 的跳闸线圈 YR_2 的灯泡应先亮,QF_2 先跳闸,而模拟前一级线路断路器 QF_1 的跳闸线圈 YR_1 的灯泡应后亮,表示 QF_2 不跳闸时 QF_1 紧接着跳闸。实际上,正常情况下,QF_2 跳闸后,短路故障被切除,KA_1 应返回,因此 QF_1 不会紧接着跳闸。

4.2.5 反时限过电流保护实训

1. 实训目的

1)了解 GL-18、GL-25 型电流继电器的结构、动作原理及使用方法。观察其先合后断转换触点的结构及先合后断的动作程序。

2)学会连接去分流跳闸的反时限过电流保护电路,了解其工作原理。

3)学会调整 GL 型继电器的动作电流和动作时限,了解其反时限动作特性和 10 倍动作电流的动作时限的概念。

2. 实训电路

(1)去分流跳闸的反时限过电流保护实训

1)实训电路原理如图 4-42 所示。

2)实训电路接线如图 4-43 所示。

(2)GL 型继电器反时限动作特性曲线的测试

按图 4-44 接线,测试前,将继电器的常闭触点用绝缘纸隔开,只保留其常开触点。

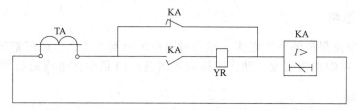

图 4-42 去分流跳闸的反时限过电流保护实训电路原理图

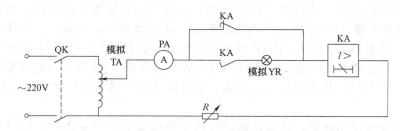

图 4-43 去分流跳闸的反时限过电流保护实训电路接线图

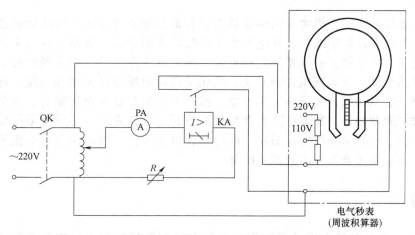

图 4-44 GL 型电流继电器反时限动作特性曲线实训电路图

3. 实训步骤

（1）去分流跳闸的反时限过电流保护实训

1）了解 GL 型电流继电器的结构、接线，观察继电器先合后断转换触点的结构和先合后断的动作程序。然后按图 4-44 接好线路，调压器输出电压调至零。

2）整定继电器的动作电流和动作时间。

3）调小电阻 R，即假定电路发生短路故障。合上 QK，调节调压器的输出电压，使继电器动作，观察交流操作去分流跳闸的情况，模拟跳闸线圈 YR 的灯泡会闪光。

（2）GL 型继电器反时限动作特性曲线的测绘

1）按图 4-44 接线，调节调压器输出电压至零。

2）整定动作电流和动作时间（10 倍动作电流时的时间）。

3）合上 QK，调节调压器的输出电压，使通过继电器的电流依次为 1.5 倍、2 倍、3 倍、……通过电子秒表测出其动作时间。每次调定电流后，断开 QK，将电子秒表复位至零，然后合上 QK，记下电流和动作时间。

4）绘制某一整定电流和整定时间下的动作特性曲线。

4.2.6 问题与思考

1) 定时限过电流保护的动作电流、动作时限整定原则是什么？如何整定？
2) GL 型继电器的动作电流、动作时间如何调整？10 倍动作电流的动作时限是什么含义？

4.2.7 任务总结

带时限过电流保护，针对相间短路保护，有定时限和反时限保护两种定时限保护，保护装置的动作时间是固定的，动作时间比较准确，易整定，但需要直流电源，投资大。反时限保护，用 GL 型继电器，按 10 倍动作电流来整定，通过线圈的电流越大，动作时间越短，只需要交流电源，投资较小，在 6~10kV 供电系统中有广泛的应用。动作电流整定，应躲过线路的最大负荷电流；动作时间整定，用时间继电器或利用 GL 继电器本身进行整定，前后级保护装置的动作时间按"阶梯原则"进行整定，当过电流保护的动作时限超过 0.7s 时，应装设电流速断保护。

电力线路的单相接地保护，分为无选择性的单相接地保护和有选择性的单相接地保护两种。无选择性的单相接地保护，装绝缘监测装置；有选择性的单相接地保护，装零序电流互感器。

低压配电系统的保护，通常采用熔断器保护和低压断路器保护。熔断器的选择：熔断器的电压大于所装线路的额定电压，其电流大于所装熔体的电流，熔体电流应大于线路的计算电流、峰值电流、小于被保护线路的允许电流。同时要注意上下级熔断器的配合及与断路器的配合。低压熔断器，又叫低压自动开关，既能带负荷通断电路又能在短路、过负荷和失电压时自动跳闸，在低压保护线路中应用广泛。按过电流脱扣器延时时限分，有长延时、短延时、瞬时动作三种脱扣器，我国目前普遍应用的是瞬时动作方式。不同时限脱扣器的动作电流的整定值不同，长延时动作电流最小，瞬时动作电流最大。同时注意过电流脱扣器的整定值与导线允许电流的配合及与熔断器的配合。

4.3 习题

4-1 对继电保护装置有哪些基本要求？什么叫作选择性动作？什么叫作灵敏性和灵敏系数？

4-2 电磁式电流继电器、时间继电器、信号继电器和中间继电器在继电保护装置中各起什么作用？各采用什么文字符号和图形符号？

4-3 什么叫过电流继电器的动作电流、返回电流和返回系数？如继电器返回系数过低有什么不好？

4-4 感应式电流继电器又有哪些功能？动作时间如何调节？动作电流如何调节？什么叫"10 倍动作电流动作时间"？

4-5 简要说明定时限过电流保护装置和反时限过电流保护装置的组成特点、整定方法。

4-6 分别说明过电流保护和电流速断保护是怎样满足供电系统对继电保护装置要求的。

4-7 在中性点不接地系统中，发生单相接地短路故障时，通常采用哪些保护措施？

4-8 什么叫低电压闭锁的过电流保护？在什么情况下采用？

4-9 带时限的过电流保护的动作时间整定时，时间级差考虑了哪些因素？电流速断保护的动作电流如何整定？

4-10 感应式电流继电器由哪几个部分组成？各有什么动作特性？它在保护装置中起什么作用？它的文字符号和图形符号是什么？如何整定和调节反时限过电流保护的动作电流和动

作时限?

4-11 对变压器的低压侧单相短路,有哪几种保护措施?最常用的单相接地保护措施是哪些?

4-12 瓦斯保护规定在什么情况下应予装设?在什么情况下"轻瓦斯动作"、什么情况下"重瓦斯动作"?

4-13 电力变压器通常设有哪些保护?对变压器低压侧单相接地进行保护有哪些方法?

4-14 简述熔断器熔体安秒特性的含义,在选择熔体电流时应考虑哪些因素?

4-15 低压断路器过电流脱扣器的电流如何整定?

项目 5 二次回路与变电站自动化

用于电力系统监测、控制、测量、调节和保护的低压电气设备按一定的功能要求连接在一起所构成的电气回路统称为二次回路，它是确保电力系统安全生产、经济运行和可靠供电不可缺少的重要组成部分。本项目重点介绍直流操作电源控制回路、信号回路及变电站综合自动化系统等知识。

5.1 任务 1 二次回路和自动装置

【任务描述】 本任务学习二次回路基本知识和典型信号、控制回路。包括：操作电源、断路器控制回路、绝缘监测回路、二次回路图、自动重合闸装置及备用电源自动投入装置等。

【知识目标】 了解二次回路和自动装置基本知识，掌握二次回路操作电源、高压断路器控制回路、测量和绝缘监视回路、自动装置及二次回路接线图。

【能力目标】 能完成高压断路器控制回路维护；掌握常用典型二次回路接线图。

5.1.1 二次回路概述

二次回路是指用来控制、指示、监测和保护一次回路运行的电路。按功能二次回路可分为断路器控制回路、信号回路、保护回路、监测回路和自动化回路，为保证二次回路的用电，还有相应的操作电源回路等。供电系统的二次回路功能示意图如图 5-1 所示。

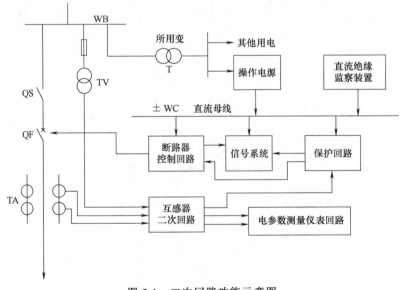

图 5-1 二次回路功能示意图

在图 5-1 中，断路器控制回路的主要功能是对断路器进行通、断操作，当线路发生短路故障时，电流互感器二次回路有较大的电流，相应继电保护的电流继电器动作，保护回路做出相应的动作，一方面保护回路中的出口（中间）继电器接通断路器控制回路中的跳闸回路，使断路器跳闸，断路器的辅助触点启动信号系统回路发出声响和灯光信号；另一方面保护回路中相应的故障动作回路的信号继电器向信号回路发出信号，如光字牌、信号吊牌等。

操作电源主要是向二次回路提供所需的电源。电压、电流互感器还向监测、电能计量回路提供主回路的电流和电压参数。

就二次回路图而言，主要有二次回路原理图、二次回路原理展开图、二次回路安装接线图。二次回路原理图用来表示继电保护、断路器控制、监测等回路的工作原理，在原理图中继电器和其触点画在一起，由于导线交叉太多，故它的应用受到一定的限制，因此广泛应用的还是原理展开图。本章所介绍的断路器控制回路、信号回路等均采用原理展开图。二次回路安装接线图是在原理图或其展开图的基础上绘制的，为安装、维护时提供导线连接位置。

原理图或原理展开图通常是按功能电路如控制回路、保护回路、信号回路来绘制的，而安装接线图是以设备（如开关柜、仪表盘等中的设备）为对象绘制的。

5.1.2 操作电源

继电保护装置的操作电源指供给继电保护装置、信号装置及其所作用的断路器操动机构的电源，它应能在正常或故障情况下向这些装置不间断地供电。继电保护的操作电源有直流操作电源和交流操作电源两类。

1. 直流操作电源

直流操作电源有铅酸蓄电池组、镉镍蓄电池组或带电容储能的晶闸管整流装置。

现在工厂变配电所很少采用铅酸蓄电池组。虽然它与交流供电系统无直接联系，工作可靠，但是须设置专门的蓄电池室，而且腐蚀性较强。

镉镍蓄电池组不受供电系统运行情况的影响，工作可靠，腐蚀性小，无须专用房间，充放电控制方便，现在在大、中型工厂变配电所中应用广泛。

带电容储能的晶闸管整流装置设备投资少，减少了运行维护的工作量，但是电容器有漏电问题，容易损坏，可靠性比镉镍蓄电池组差。

图 5-2 为硅整流电容储能直流系统原理图。硅整流的电源来自所用变低压母线，一般设一路电源进线，但为了保证直流操作电源的可靠性，可以采用两路电源和两台硅整流器。硅整流器 U1 主要用作断路器合闸电源，并可向控制、保护、信号等回路供电，其容量较大。硅整流器 U2 仅向操作母线供电，容量较小。两组硅整流器之间用电阻 R 和二极管 V3 隔开，V3 起到逆止阀的作用，它只允许从合闸母线向控制母线供电而不能反向供电，以防止在断路器合闸或合闸母线侧发生短路时，引起控制母线的电压严重降低，影响控制和保护回路供电的可靠性。电阻 R 用于限制在控制母线侧发生短路时流过硅整流器 U1 的电流，起保护 V3 的作用。在硅整流器 U1 和 U2 前，也可以用硅整流变压器（图中未画出）实现电压调节。整流电路一般采用三相桥式整流电路。

2. 交流操作电源

交流操作电源的优点是投资少，运行维护方便，二次回路简单可靠等，因此在中、小型工厂变配电所中应用广泛。交流操作电源继电保护装置的操作方式主要有两种。

（1）直接动作式

如图 5-3 所示，利用断路器跳闸线圈 YR 作为过电流继电器直接动作于跳闸，可以接成两相两继电器式或两相一继电器式。正常运行时，跳闸线圈 YR 中流过的电流小于动作电流，因

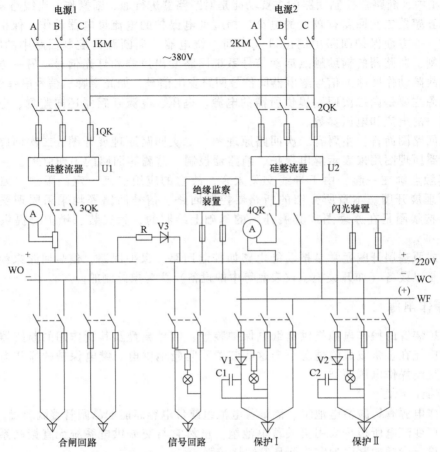

图 5-2 硅整流电容储能直流系统原理图

此断路器不动作。当一次电路发生相间短路时，短路电流反映到电流互感器的二次侧，流过跳闸线圈 YR 的电流达到或超过动作电流值，使断路器 QF 跳闸。这种操作方式设备最少，接线简单，但受脱扣器型号的限制，保护灵敏度较低，实际上很少使用。

（2）去分流跳闸式

如图 5-4 所示，正常运行时，电流继电器的常闭触点将跳闸线圈 YR 短路，YR 中无电流流过，因此断路器不会跳闸。当一次电路发生相间短路时，继电器 KA 动作，其常闭触点断开，使跳闸线圈 YR 的短路分流支路被去掉，电流互感器二次侧的电流全部流过 YR，因此断

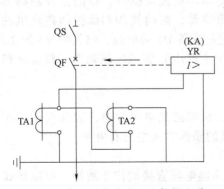

图 5-3 直接动作式过电流保护电路

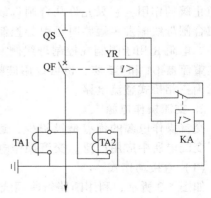

图 5-4 去分流跳闸式过电流保护电路

路器跳闸。这种接线方式简单，灵敏度较高，但要求继电器的触点容量比较大。这种接线方式在工厂企业中应用广泛。

5.1.3 高压断路器控制回路

断路器控制回路是指控制（操作）高压断路器跳、合闸的回路，直接控制对象为断路器的操动（作）机构。操动机构主要有手动操作机构、电磁操动机构（CD）、弹簧操动机构（CT）、液压操动机构（CY）等。根据操动机构的不同，控制回路也有一些差别，但接线基本相似。

1. 手动操作的断路器控制回路

图 5-5 为手动操作的断路器控制回路的原理图。

合闸时，推上操作机构手柄使断路器合闸。这时断路器的辅助触点 QF3-4 闭合，红灯 HR 亮，指示断路器已经合闸。由于有限流电阻 R2，跳闸线圈 YR 虽有电流通过，但电流很小，不会动作。红灯 HR 亮，还表明跳闸线圈 YR 回路及控制回路的熔断器 FU1～FU2 是完好的，即红灯 HR 同时起着监视跳闸回路完好性的作用。

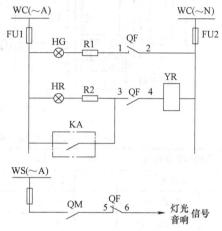

图 5-5 手动操作的断路器控制回路

跳闸时，扳下操作机构手柄使断路器跳闸。断路器的辅助触点 QF3-4 断开，切断跳闸回路，同时辅助触点 QF1-2 闭合，绿灯 HG 亮，指示断路器已经跳闸。绿灯 HG 亮，还表明控制回路的熔断器 FU1～FU2 是完好的，即绿灯 HG 同时起着监视控制回路完好性的作用。

在断路器正常操作跳、合闸时，由于操作机构辅助触点 QM 与断路器辅助触点 QF5-6 都是同时切换的，总是一开一合，所以事故信号回路总是不通的，因而不会错误地发出事故信号。

当一次电路发生短路故障时，继电保护装置 KA 动作，其出口继电器触点闭合，接通跳闸线圈 YR 的回路，使断路器跳闸。随后 QF3-4 断开，使红灯 HR 灭，并切断 YR 的跳闸电源。与此同时，QF1-2 闭合，使绿灯 HG 亮。这时操作机构的操作手柄虽然仍在合闸位置，但其黄色指示牌掉落，表示断路器自动跳闸。同时事故信号回路接通，发出音响和灯光信号。事故信号回路是按"不对应原理"接线的——由于操作机构仍在合闸位置，其辅助触点 QM 闭合，而断路器已经事故跳闸，其辅助触点 QF5-6 也返回闭合，因此事故信号回路接通。当值班员得知事故跳闸信号后，可将操作手柄扳下至跳闸位置，这时黄色指示牌随之返回，事故信号也随之消除。

2. 电磁操动机构的断路器控制回路

（1）控制开关

控制开关是断路器控制和信号回路的主要控制元件，由运行人员操作使断路器合、跳闸，在工厂变电所中常用的是 LW2 型系列自动复位控制开关，如图 5-6 和表 5-1 所示。

（2）电磁操动机构的断路器控制及信号回路

图 5-7 为电磁操动机构的断路器控制及信号回路图。

1) 断路器的手动操作过程。

合闸过程：设断路器处于跳闸状态，此时控制开关 SA 处于"跳闸后"（TD）位置，其触点 10-11 通，QF1 通，HG 绿灯亮，表明断路器是断开状态，在此通路中，因电阻 1R 存在，合闸接触线圈 KM 不足以使其触点闭合。

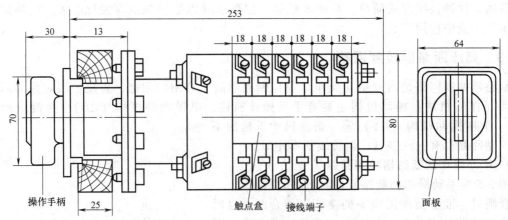

图 5-6 LW2 型自动复位控制开关外形图

表 5-1 LW2-Z-1a、4、6a、40、20/F8 型控制开关的触点图标

手柄和触点盒型式	F-8	1a		4		6a			40			20		
触点号		1-3	2-4	5-8	6-7	9-10	9-12	10-11	13-14	14-15	13-16	17-19	17-18	18-20
位置 跳后(TD)	←	—	×	—	—	—	—	×	—	×	—	—	—	×
预合(PC)	↑	×	—	—	—	—	×	—	—	×	—	—	×	—
合闸(C)	↗	—	—	×	—	×	—	—	—	—	×	×	—	—
合后(CD)	↑	×	—	—	—	×	—	—	—	—	×	×	—	—
预跳(PT)	←	—	×	—	—	—	—	—	×	—	—	—	×	—
跳闸(T)	↙	—	—	—	×	—	×	—	×	—	—	—	—	×

跳闸过程：将控制开关 SA 逆时针旋转 90°置于"预备跳闸"(PT) 位置，13-16 断开，而 13-14 接通闪光母线，使红灯 HR 发出闪光，表明 SA 的位置与跳闸后的位置相同，但断路器仍处于合闸状态。将 SA 继续旋转 45°而置于"跳闸"(T) 位置，6-7 通，使跳闸线圈 YR 接通，此回路中的（KTL 线圈为电流线圈）YR 通电跳闸，QF1 合上，QF2 断开，红灯熄灭。当松开 SA 后，SA 自动回到"跳闸后"位置，10-11 通，绿灯发出平光，表明断路器已经跳开。

2) 断路器的自动控制。

断路器的自动控制通过自动装置的继电器触点，如图 5-7 中 1K 和 2K（分别与 5-8 和 6-7 并联）的闭合分别实现合、跳闸控制。自动控制完成后，灯信号 HR 或 HG 将出现闪光，表示断路器自动合闸或跳闸，运行人员须将 SA 放在相应的位置上即可。

当断路器因故障跳闸时，保护出口继电器 3K 闭合，SA 的 6-7 触点被短接，YR 通电，断路器跳闸，HG 发出闪光。与 3K 串联的 KS 为信号继电器电流型线圈，电阻很小。KS 通电后将发出信号。表明断路器因故障跳闸。同时由于 QF3 闭合（12 支路）而 SA 是置"合闸后"(CD) 位置，1-3、17-19 通，事故音响小母线 WAS 与信号回路中负电源接通（成为负电源）发出事故音响信号，如电笛或蜂鸣器发出声响。

3) 断路器的"防跳"。

如果没有 KTL 防跳继电器，在合闸后，若控制开关 SA 的触点 5-8 或自动装置触点 1K 被卡死；而此时遇到一次系统永久性故障，继电保护使断路器跳闸，QF1 闭合，合闸回路又被接通，出现多次"跳闸—合闸"现象。如果断路器发生多次跳跃现象，会使其毁坏，造成事故扩大，所以在控制回路中增设了防跳继电器 KTL。

防跳继电器 KTL 有两个线圈，一个是电流启动线圈，串联于跳闸回路，另一个是电压自

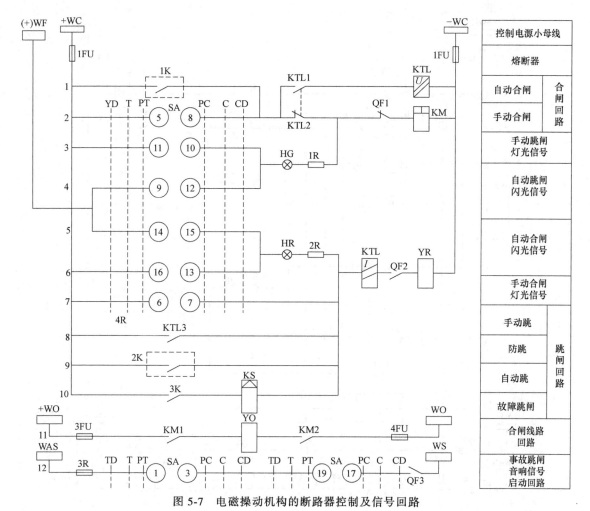

图 5-7 电磁操动机构的断路器控制及信号回路
WC—控制小母线　WF—闪光信号小母线　WO—合闸小母线　WAS—事故音响小母线　KTL—防跳继电器
HG—绿色信号灯　KS—信号继电器　KM—合闸接触器　YO—合闸线圈　YR—跳闸线圈　SA—控制开关

保持线圈，经自身的常开触点并联于合闸回路中，其常闭触点则串入合闸回路中。当用控制开关 SA 合闸（5-8 通）或自动装置触点 1K 合闸时，如合在短路故障上，防跳继电器 KTL 的电流线圈启动，KTL1 常开触点闭合（自锁），KTL2 常闭触点打开，其 KTL 电压线圈也动作，自保持。断路器跳开后，QF1 闭合，即使触点 5-8 或 1K 卡死，因 KTL2 常闭触点已断开，所以断路器不会合闸。当触点 5-8 或 1K 断开后，防跳继电器 KTL 电压线圈释放，常闭触点才闭合，这样就防止了跳跃现象。

(3) 弹簧操动机构的断路器控制及信号回路

图 5-8 为使用直流操作电源的弹簧操动机构控制回路图，图中 M 为储能电动机，Q1～Q4 为操动机构的辅助触点，其余设备与图 5-7 相同。

由于弹簧操作机构储能耗用功率小，合闸电流小，在断路器控制回路中，合闸回路可用控制开关直接接通合闸线圈 YO。

当弹簧操动机构的弹簧未拉紧时，辅助触点 Q1 打开，不能合闸，Q2 和 Q3 闭合，使电动机接通电源储能；弹簧拉紧，Q1 闭合，而 Q2 和 Q3 断开，电动机停止储能。断路器是利用弹簧存储的能量进行合闸的，合闸后，弹簧释放，电动机又接通储能，为下次动作（合闸）做准备。

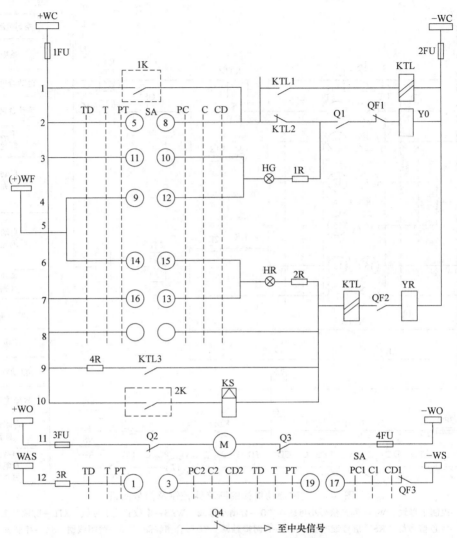

图 5-8 直流弹簧操动机构的断路器控制及信号回路

5.1.4 绝缘监测监视

6~35kV 电网中性点不接地系统发生单相接地故障时,只有很小的接地电容电流,而线电压值不变,故障相对地电压为零,非故障相的电压要升高为原对地电压的 $\sqrt{3}$ 倍,所以对线路的绝缘增加了威胁,如果长此下去,可能引起非故障相对地绝缘击穿而导致两相接地短路,这时将引起线路开关跳闸,造成停电。为此,对于中性点不接地的供电系统,一般应装设绝缘监察装置或单相接地保护装置,用它来发出信号,通知值班人员及时发现和处理。

这种装置是利用系统接地后出现的零序电压给出信号,图 5-9 中在变电所的母线上接一个三相五心式电压互感器,其二次侧的星形联结绕组接有电压表,以测量各相对地电压;另一个二次对地绕组接成开口三角形,接入电压继电器,用来反映线路单相接地时出现的零序电压。

系统正常运行时,三相电压对称,开口三角形两端电压接近于零,继电器不动作,在系统发生一相接地时,接地相电压为零,其他两相对地电压升高到 $\sqrt{3}$ 倍,开口处出现 100V 的零序电压,使继电器动作,发出报警的灯光和音响信号。

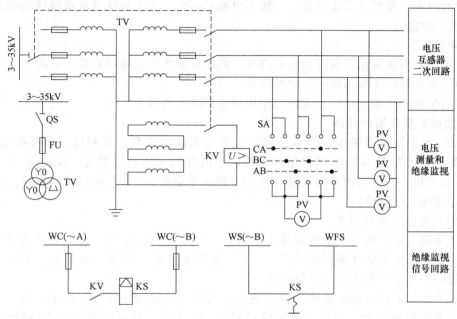

图 5-9 绝缘监测装置接线图

这种保护装置简单,虽然能给出故障信号,但没有选择性,难以找到故障线路。值班人员根据信号和电压表指示可以知道发生了接地故障且知道故障的类别,但不能判断哪一条线路发生了接地故障。因此这种监视装置一般用于出线不太多、并且允许短时停电的供电系统中。

5.1.5 二次回路安装接线图

二次回路的接线图主要是指二次安装接线图,简称二次接线图,是安装施工和运行维护时的重要参考图样,是在原理展开图和屏面布置图的基础上绘制的。图中设备的布局与屏上设备布置后视图是一致的。

二次接线图是用来表示屏(成套装置)内或设备中各元器件之间连接关系的一种图形。

1. 电气图的一般规则

(1) 图线

绘制电气图所用的各种线条统称为图线,图线的宽度有 0.25mm、0.35mm、0.5mm、0.75mm、1.0mm、1.4mm 几种,通常在图上用两种宽度的图线绘图,粗线为细线的两倍,如 0.5mm 和 1.0mm,或 0.35mm 和 0.7mm,也可 0.7mm 和 1.4mm。图线的类型主要有四种,见表 5-2。

表 5-2 图线形式表

图线名称	图线形式	一般应用
实线	——————	基本线,可见轮廓线,导线
虚线	------	辅助线,屏蔽线,不可见轮廓线,不可见导线,计划扩展线
点画线	—·—·—	分界线,结构框线,功能围框线,分组围框线
双点画线	—··—··—	辅助围框线

(2) 图形布局

1) 图中各部分间隔均匀。

2）图线应水平布置或垂直布置，一般不应画成斜线。表示导线或连接线的图线都应是交叉和折弯最少的直线。

(3) 图形符号

1）应采用最新国家标准规定的图形符号，并尽可能采用优选形和最简单的形式。

2）同一电气图中应采用同一形式的符号。

3）图形符号均是按无电压、无外力作用的正常状态表示。

2. 二次回路接线图的绘制

在二次回路安装接线图中，设备的相对位置与实际的安装位置相符，不需按比例画出。图中的设备外形应尽量与实际形状相符。若设备内部的接线比较简单（如电流表、电压表等），可不必画出，若设备内部接线复杂（如各种继电器等），则要画出内部接线。按国家规定所有图样均用 CAD 绘制。

（1）安装单位和屏内设备

为了区分同一屏中两个以上分别属于不同一次回路的二次设备，设备上必须标以安装单位的编号，安装单位的编号用罗马数字Ⅰ、Ⅱ、Ⅲ等来表示，如图 5-10 所示。当屏中只有一个安装单位时，直接用数字表示设备编号。

对同一个安装单位内的设备应按从左到右，从上到下的顺序编号，如 I1、I2、I3 等。当屏中只有一个安装单位时，直接用数字编号如 1、2、3 等。设备编号应放在圆圈的上半部。设备的种类代号放在圆圈的下半部，对相同型号的设备，如电流继电器有 3 个时，则可分别以 1KA、2KA、3KA 表示。

（2）接线端子（排）

在屏内与屏外二次回路设备的连接或屏内不同安装单位设备之间以及屏内与屏顶设备之间的连接都是通过端子排来连接的。若干个接线端子组合在一起构成端子排，端子排通常垂直布置在屏后两侧。

3. 屏面布置图的绘制

屏面布置图是生产、安装过程的参考依据。屏面布置图中设备的相对位置应与屏上设备的实际位置一致，在屏面布置图中应标定屏面安装设备的中心位置尺寸，屏面布置的原则是：

（1）控制屏屏面布置原则

1）控制屏屏面布置应满足监视和操作调节方便、模拟接线清晰的要求。相同的安装单位其屏面布置应一致。

2）测量仪表应尽量与模拟接线对应，A、B、C 相按纵向排列，同类安装单位中功能相同的仪表，一般布置在相对应的位置。

3）每列控制屏的各屏间，其光字牌的高度应一致，光字牌宜放在屏的上方，要求上部取齐，也可放在中间，要求下部取齐。

4）操作设备宜与其安装单位的模拟接线相对应。功能相同的操作设备，应布置在相对应的位置上，操作方向全变电所必须一致。

采用灯光监视时，红、绿灯分别布置在控制开关的右上侧和左上侧。屏面设备的间距应满足设备接线及安装的要求。800mm 宽的控制屏上，每行控制开关不得超过 5 个（强电小开关及弱电开关除外）。二次回路端子排布置在屏后两侧。

5）操作设备（中心线）离地面一般不得低于 600mm，经常操作的设备宜布置在离地面 800～1500mm 处。

（2）继电保护屏屏面布置

1）继电保护屏屏面布置应在满足试验、检修、运行、监视方便的条件下，适当紧凑。

2）相同安装单位的屏面布置宜对应一致，不同安装单位的继电器装在一块屏上时，宜按

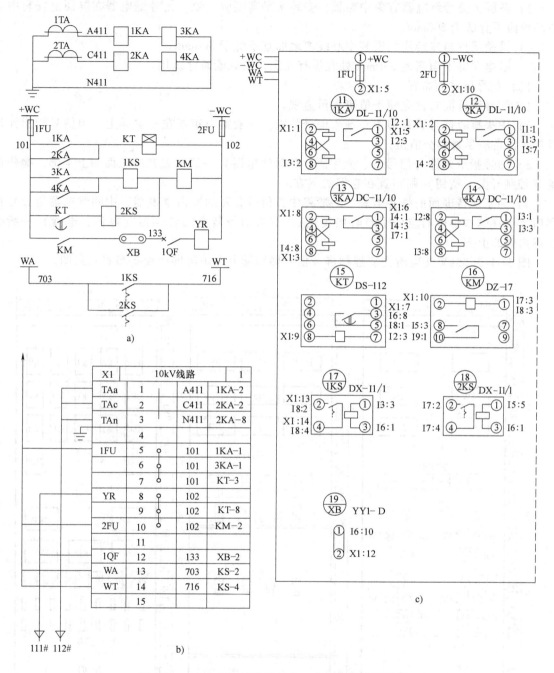

图 5-10 10kV 出线过电流保护二次回路安装接线图
a) 展开图   b) 端子排图   c) 安装接线图
1KA、2KA—过电流保护电流继电器   3KA、4KA—速断保护电流继电器

纵向划分，其布置宜对应一致。

3）各屏上设备装设高度横向应整齐一致，避免在屏后装设继电器。

4）调整、检查工作较少的继电器布置在屏的上部，调整、检查工作较多的继电器布置在中部。一般按如下次序由上至下排列：电流、电压、中间、时间继电器等布置在屏的上部，方向、差动、重合闸继电器等布置在屏的中部。

5）各屏上信号继电器宜集中布置，安装水平高度应一致。信号继电器在屏面上安装中心线离地面不宜低于 600mm。

6）试验部件与连接片的安装中心线离地面宜不低于 300mm。

7）继电器屏下面离地 250mm 处宜设有孔洞，供试验时穿线用。

（3）信号屏屏面布置

1）信号屏屏面布置应便于值班人员监视。

2）中央事故信号装置与中央预告信号装置，一般集中布置在一块屏上，但信号指示元件及操作设备应尽量划分清楚。

3）信号指示元件（信号灯、光字牌、信号继电器）一般布置在屏正面的上半部，操作设备（控制开关、按钮）则布置在它们的下方。

4）为了保持屏面的整齐美观，一般将中央信号装置的冲击继电器、中间继电器等布置在屏后上部（这些继电器应采用屏前接线式）。中央信号装置的音响器（电笛、电铃）一般装于屏内侧的上方。

图 5-11 为 35kV 变电所主变控制屏、信号屏和继电保护屏屏面设备布置示意图。

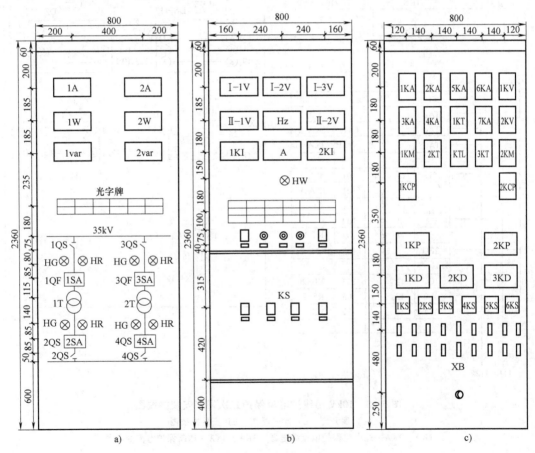

图 5-11 屏面布置图
a) 35kV 主变控制屏 b) 信号屏 c) 继电保护屏

5.1.6 自动重合闸装置

电力系统的运行经验证明：架空线路上的故障大多数是瞬时性短路，如雷电放电、潮湿闪络、鸟类或树枝的跨接等。这些故障虽然会引起断路器跳闸,但短路故障后,如雷闪过后、鸟或树枝烧毁后,故障点的绝缘一般能自行恢复。此时若断路器再合闸,便可立即恢复供电,从而提高了供电的可靠性。自动重合闸装置(ARD)就是利用这一特点,运行资料表明,重合闸成功率通常在60%~90%。自动重合闸装置主要用于架空线路,在电缆线路(电缆为架空线混合的线路除外)中一般不用ARD,因为电缆线路中的大部分跳闸多因电缆、电缆头或中间接头绝缘破坏所致,这些故障一般不是短暂的。

自动重合闸装置按其不同特性有不同的分类方法。按动作方法可分为机械式和电气式,机械式ARD适用于弹簧操动机构的断路器,电气式ARD适用于电磁操动机构的断路器;按重合次数来分可分为一次重合闸、二次或三次重合闸,工厂变电所一般采用一次重合闸。

图5-12为自动重合闸原理图,重合闸继电器采用DH-2型,1SA为断路器控制开关,图中所画为合闸后的位置,2SA为自动重合闸装置选择开关,用于投入和解除ARD。

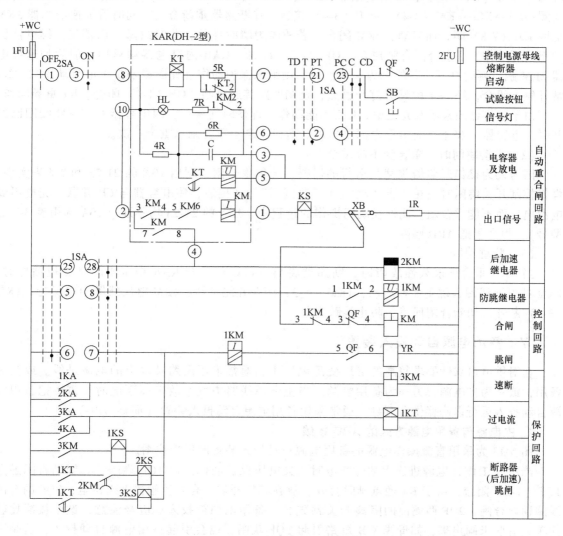

图 5-12 自动重合闸原理接线图
2SA—选择开关 1SA—断路器控制开关 KAR—重合闸继电器 KM—合闸继电器
YR—跳闸线圈 QF—断路器辅助触点 1KM—防跳继电器(DZB-115型中间继电器)
2KM—后加速继电器(D6145型中间继电器) KS—DX-11型信号继电器

(1) 故障跳闸后的自动重合闸过程

线路正常运行时，1SA 和 2SA 是在合上的位置，图中除 1-3、21-23 接通之外，其余接点均是不接通的，ARD 投入工作，QF（1-2）是断开的。重合闸继电器 KAR 中电容器 C 经 4R 充电，其通电回路是+WC→2SA→4R→C→-WC，同时指示灯 HL 亮，表示母线电压正常，电容器已在充电状态。

当线路发生故障时，由继电保护（速断或过电流）动作，使跳闸回路通电跳闸，1KM 电流线圈启动，1KM（1-2）闭合，但因 5-8 不通，1KM 的电压线圈不能自保持，跳闸后，1KM 电流、电压线圈断电。

由于 QF（1-2）闭合，KAR 中的 KT 通电动作，KT（1-2）打开，使 5R 串入 KT 回路，以限制 KT 线圈中的电流，仍使 KT 保持动作状态，KT（3-4）经延时后闭合，电容器 C 对 KM（I）线圈放电，使 KM 动作，KM（1-2）打开使 HL 熄灭，表示 KAR 动作。KM（3-4）、KM（5-6）、KM（7-8）闭合，合闸接触器 KM 经+WC→2SA→KM（3-4）、KM（5-6）→KM 电流线圈→KS→XB→1KM（3-4）→QF（3-4）接通，使断路器重新合闸。同时后加速继电器 2KM 也因 KM（7-8）闭合而启动，2KM 闭合。若故障为瞬时性的，此时故障应已消失，继电器保护不会再动作，则重合闸合闸成功。QF（1-2）断开，KAR 内继电器均返回，但后加速继电器 2KM 触点延时打开，若故障为永久性的，则继电保护动作（速断或至少过电流动作），1KT 常开触点闭合，经 1KT 的延时打开触点，跳闸回路接通跳闸，QF（1-2）闭合，KT 重新动作。

由于电容器还来不及充足电，KM 不能动作，即使时间很长，因电容器 C 与 KM 线圈已经并联，电容器 C 将不会充电至电源电压值。所以，自动重合闸只重合一次。

(2) 手动跳闸时，重合闸不应重合

因为人为操作断路器跳闸是运行的需要，无须重合闸，利用 1SA 的 21-23 和 2-4 来实现。操作控制开关跳闸时，在"预备跳"和"跳闸后"2-4 接通，使电容器与 6R 并联，充电不到电源电压而不能重合闸。此外在跳闸操作的过程中，1SA 的 21-23 均不通（1SA 选用表 8-1 的型号），相当于把 ARD 解除。

(3) 防跳功能

当 ARD 重合于永久性故障时，断路器将再一次跳闸，若 KAR 中 KM 的触点被粘住时，1KM 的电流线圈因跳闸而被启动，1KM（1-2）闭合并能自锁，1KM 电压线圈通电保持，1KM（3-4）断开，切断合闸回路，防止跳跃现象。

5.1.7 备用电源自动投入装置

在对供电可靠性要求较高的工厂变配电所中，通常采用两路及以上的电源进线。或互为备用，或一为主电源，另一为备用电源。当主电源线路中发生故障而断电时，需要把备用电源自动投入运行以确保供电可靠，通常采用备用电源自动投入装置（简称 APD）。

1. 主电源与备用电源方式的 APD 接线

图 5-13 为采用直流操作电源的备用电源自动投入装置原理接线图。

当主（工作）电源进线因故障断电时，失电压保护动作，使 1QF 跳闸，其辅助常闭触点 1QF（1-2）闭合，由于 KT 触点延时打开，故在其打开前，合闸接触器 KM 得电，2QF 的合闸线圈通电合闸，2QF 两侧面的隔离开关预先合，备用电源被投入。应当注意，这个接线比较简单，有些未画出来，如母线 WB 短路引起 1QF 跳闸，也会引起备用电源自动投入，这是不允许的。所以只有电源进线上方发生故障，而 1QF 以下部分没有发生故障时，才能投入备用电源，只要是 1QF 以下线路发生故障，引起 1QF 跳闸时，应加入备用电源闭锁装置，禁止 APD 投入。

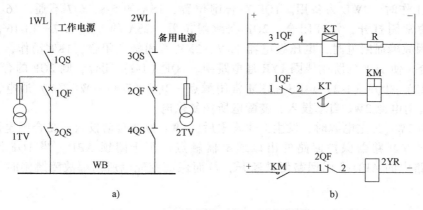

图 5-13 备用电源自动投入原理接线图
a) 对应的主接线图　b) 备用电源自动投入装置接线图

2. 双电源互为备用的 APD 接线

当双电源进线互为备用时,要求任一主工作电源消失时,另一路备用电源的自动投入装置动作,双电源进线的两个 APD 接线是相似的。如图 5-14 所示,该图的断路器采用交流操作的 CT7 型弹簧操动机构,其主电路一次接线如图 5-14a 所示。

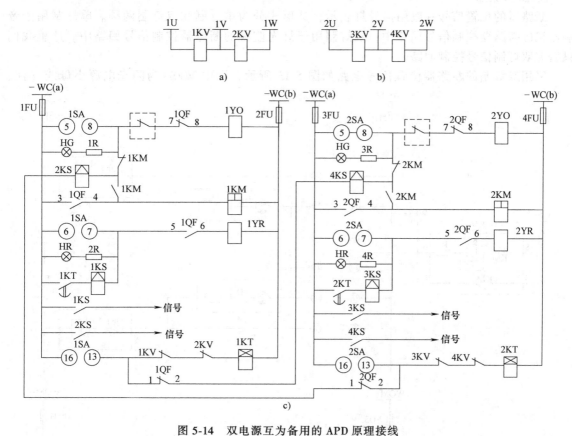

图 5-14 双电源互为备用的 APD 原理接线
a) 一段母线电压回路　b) 二段母线电压回路　c) APD 控制电路
1KV~4KV—电压继电器　1U、1V、1W、2U、2V、2W—分别为两路电源电压、互感器二次电压母线
1SA、2SA—控制开关　1YO、2YO—合闸线圈　1KS~4KS—信号继电器　1KM、2KM—中间继电器
1KT、2KT—时间继电器　1QF、2QF—断路器辅助触点

当1WL工作时,2WL为备用。1QF在合闸位置,1SA的5-8、6-7不通,16-13通。1QF的辅助触点中常闭打开,常开闭合。2QF在跳闸位置,2SA的5-8、6-7、13-16均断开。当1WL电源侧因故障而断电时,电压继电器1KV、2KV常闭触点闭合,1KT动作,其延时闭合触点延时闭合,使1QF的跳闸线圈1YR通电跳闸。1QF(1-2)闭合,则2QF的合闸线圈2YO经1SA(16-13)→1QF(1-2)→4KS→2KM常闭触点→2QF(7-8)→WC(b)通电,将2QF合上,从而使备用电源2WL自动投入,变配电所恢复供电。

同样,当2WL为主电源时,发生上述现象后,1WL也能自动投入。在合闸电路中,虚框内的触点为对方断路器保护回路的出口继电器触点,用于闭锁APD,当1QF因故障跳闸时,2WL线路中的APD合闸回路便被断开,从而保证变配电所内部故障跳闸时,APD不被投入。

5.1.8 高压断路器的控制与信号回路

1. 实训目的

1)熟悉和掌握具有灯光监视的变电站断路器控制回路的结构及工作原理。

2)理解为使断路器能够安全可靠地工作,合闸及分闸监视回路必须满足的基本要求及其重要性。

2. 工作原理

断路器的位置信号一般用信号灯表示,其形式分为单灯制和双灯制两种。单灯制用于音响监视的断路器控制信号回路中;双灯制用于灯光监视的断路器控制信号回路中。这里我们只研究双灯制信号控制回路。

采用双灯制的断路器位置信号电路如图5-15所示,图中WFS+为闪光电源小母线(注:

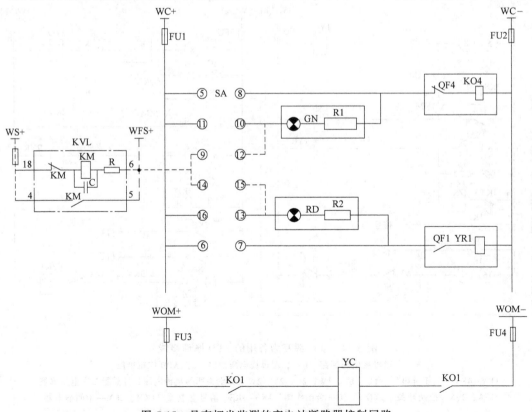

图5-15 具有灯光监测的变电站断路器控制回路

实训装置未设闪光继电器，故该项功能不能实现），该电源的母线电压为脉冲波形，时断时续，由一个闪光继电器控制；GN 为绿灯，RD 为红灯。红灯 RD 发光表示断路器处于合闸状态，绿灯 GN 发光表示断路器处于跳闸状态。另外，为了区分断路器是手动还是自动合闸或跳闸，广泛采用平光和闪光的办法加以区别：平光（红光、绿光）表示手动合闸或跳闸，闪光（红光、绿光）表示自动合闸或跳闸。

3. 实训内容及步骤

1）按照图 5-15 给出的具有灯光监测的断路器控制回路进行实训连线，LW2-Z-1a、4、6a、40、20/F8 型万能转换开关触点通断见表 5-1。

2）检查上述接线的正确性，确定无误后，接入电源进行试验，通过操作观察，深入了解具有灯光监测的断路器的控制回路的工作原理以及电路各元器件及信号灯的作用。（注意：这里信号电源 WS+ 和控制电源 WC+ 用的是同一个电源）

3）断路器的控制操作过程及工作原理如下：

① 手动合闸。将控制开关 SA 的手柄顺时针旋至垂直位置，即"预备合闸"PC 位置，触点 SA9-10 和 SA14-13 接通，由于此时断路器是断开的，其常开辅助触点 QF4 断开、常闭辅助触点 QF4 闭合，所以只有 SA9-10 触点流过电流，其路径为：WFS+→SA9-10→GN→R1→QF4→KO4→WC-，绿灯 GN 接通闪光电源而发出闪光。再将手柄顺时针旋转 45°到"合闸"C 位置，触点 SA5-8、SA9-12 和 SA16-13 接通，首先触点 SA5-8 通电，电流路径为：WC+→SA5-8→QF4→KO4→WC-，使合闸接触器线圈通电，其触点闭合后使合闸线圈 YC 通电而将断路器合上，断路器合上后其辅助常开触点 QF4 合上，常闭触点 QF4 断开；接着 SA16-13 通电，路径为：WC+→SA16-13→RD→R2→YR4→WC-，使红灯 RD 接通控制电源而发出平光。断路器合上后，其常开辅助触点 QF4 随之闭合，常闭触点随之断开。常开辅助触点合上为下一次断路器跳闸做准备，常闭辅助触点断开使合闸接触器 KO4 线圈失电，其触点断开后使合闸线圈 YC 失电，避免合闸线圈 YC 长时间通电被烧坏。手松开后 SA 手柄自动复位于"合闸后 CD"位置。触点 SA9-10 和 SA16-13 接通，但仍只有 SA16-13 通电，电流路径仍为 WC+→SA16-13→RD→R2→QF4→YR4→WC-，现象仍为红灯发平光。

② 手动跳闸。先将控制开关 SA 手柄逆时针旋转 90°至"预备跳闸"PT 位置，触点 SA11-10 和 SA14-13 接通，由于断路器的常开辅助触点闭合，因此只有 SA14-13 通电，其路径为：WFS+→SA14-13→RD→R2→QF4→YR4→WC- 使红灯 RD 发出闪光。再将手柄逆时针旋转 45°到"跳闸"T 位置，触点 SA11-10、SA14-15 和 SA6-7 通电，使跳闸线圈 YR4 励磁而将断路器断开，断路器的常开辅助触点 QF4 断开，常闭辅助触点合上，接着触点 SA11-10 通电，路径为：WC+→SA11-10→GN→R1→QF4→KO4→WC- 使绿灯 GN 发平光。断路器断开后，手松开 SA 手柄，则 SA 手柄在弹簧作用下自动顺时针旋转 45°至"跳闸后 TD"位置。触点 SA11-10 和 SA14-15 接通，但仍只有 SA11-10 通电，电流路径和现象仍同"跳闸"T 位置。

5.1.9 供配电系统的备用电源自动投入实训

1. 实验目的

1）掌握建筑供配电系统中明备用、暗备用及自备电源自投的电路的组成和工作原理。
2）了解各种备自投在实际工作中的意义。
3）掌握供配电系统中备自投应用的条件。

2. 原理说明

在对供电可靠性要求较高的供配电系统中，通常采用两路及以上的电源进线。或互为备用，或一为主电源，另一为备用电源。备用电源自动投入装置就是当主电源线路中发生故障而断电时,能自动而且迅速将备用电源投入运行,确保供电可靠性的装置,简称 APD。

备用电源自动投入装置(APD)的作用是:当正常供电电源因供电线路故障或电源本身发生事故而停电时,它可将负荷自动、迅速切换至备用电源,使供电不致中断,从而确保用电设备连续正常运转。

(1) 进线备自投工作原理

图 5-16 所示为进线备自投电路。

正常运行条件:

情况 1:进线 2、备用进线 1,1DL 处于合位置,2DL 处于分位置,进线 1、进线 2 均有电压,备自投投入开关处于投入位置。

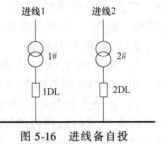

图 5-16 进线备自投

情况 2:进线 1、备用进线 2,2DL 处于合位置,1DL 处于分位置,进线 1、进线 2 均有电压,备自投投入开关处于投入位置。

启动条件:

1) 进线 2、备用进线 1:进线 2 有电压,进线 1 无电压,且无电流。

2) 进线 1、备用进线 2:进线 1 有电压,进线 2 无电压,且无电流。

动作过程:

对启动条件 1):1DL 处于分位置,经延时后合上 2DL。

对启动条件 2):2DL 处于分位置,经延时后合上 1DL。

退出条件:

对启动条件 1),2DL 处于合位置,备自投一次动作完毕,备自投投入开关处于退出位置。

对启动条件 2),1DL 处于合位置,备自投一次动作完毕,备自投投入开关处于退出位置。

(2) 分段开关备自投工作原理

图 5-17 所示为分段开关备自投电路。

正常运行条件:

1) 3DL 处于分位置,1DL、2DL 处于合位置。

2) Ⅰ 段、Ⅱ 段母线均有电压。

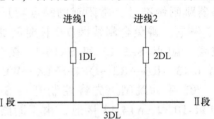

图 5-17 分段开关备自投

3) 备自投投入开关处于投入位置。

启动条件:

1) Ⅱ 段备用 Ⅰ 段:Ⅰ 段母线无电压,1DL 进线 1 无电流,Ⅱ 段母线有电压。

2) Ⅰ 段备用 Ⅱ 段:Ⅱ 段母线无电压,2DL 进线 2 无电流,Ⅰ 段母线有电压。

动作过程:对启动条件 1),当 1DL 处于分位置时,经延时后合上 3DL。

对启动条件 2),当 2DL 处于分位置时,经延时后合上 3DL。

退出条件:

3DL 处于合位置,备自投一次动作完毕,备自投投入开关处于退出位置。

3. 实训内容与步骤

(1) 进线备自投(明备)实训

状态一:

将"备自投方式切换"凸轮开关旋至空档(垂直状态)。备自投方式"手动"为手动控制备用开关。

① 打开一次系统控制电源并启动控制屏,然后合上控制屏总电源开关,将隔离开关 QS1、QS2、QS3、QS4、QS6、QS9 合闸,然后合上断路器 QF1、QF3、QF4、QF6、QF9、QF10、

QF11。即 2#进线作为备用电源。

② 将"备自投方式"旋至"明备用",按下模拟 2#进线失电压按钮。观察各个断路器的动作状况。

③ 将"备自投方式切换"凸轮开关旋至空档(垂直状态)。

状态二:

将"备自投方式切换"凸轮开关旋至空档(垂直状态)。备自投方式"手动"为手动控制备用开关。

① 打开一次系统控制电源并启动控制屏,然后合上控制屏总电源开关,将隔离开关 QS1、QS2、QS3、QS4、QS6、QS9 合闸,然后合上断路器 QF2、QF3、QF4、QF6、QF9、QF10、QF11。即 1#进线作为备用电源。

② 将"备自投方式"旋至"明备用",按下模拟 1#进线失电压按钮。观察各个断路器的动作状况。

③ 将"备自投方式切换"凸轮开关旋至空档(垂直状态)。

(2) 分段开关备自投(按备用)实训

状态一:

将"备自投方式切换"凸轮开关旋至空档(垂直状态)。备自投方式"手动"为手动控制备用开关。

① 打开一次系统控制电源并启动控制屏,然后合上控制屏总电源开关,将隔离开关 QS1、QS2、QS3、QS4、QS6、QS9 合闸,然后合上断路器 QF1、QF2、QF4、QF6、QF9、QF10、QF11。

② 将"备自投方式"旋至"暗备用"。按下模拟 1#进线失电压按钮。观察各个断路器的动作状况。

③ 将"备自投方式切换"凸轮开关旋至空档(垂直状态)。

状态二:

将"备自投方式切换"凸轮开关旋至空档(垂直状态)。备自投方式"手动"为手动控制备用开关。

① 打开一次系统控制电源并启动控制屏,然后合上控制屏总电源开关,将隔离开关 QS1、QS2、QS3、QS4、QS6、QS9 合闸,然后合上断路器 QF1、QF2、QF4、QF6、QF9、QF10、QF11。

② 将"备自投方式"旋至"暗备用"。按下模拟 2#进线失电压按钮。观察各个断路器的动作状况。

③ 将"备自投方式切换"凸轮开关旋至空档(垂直状态)。

(3) 自备电源系统自投实训

将"备自投方式切换"凸轮开关旋至空档(垂直状态)。备自投方式"手动"为手动控制备用开关。

① 打开一次系统控制电源并启动控制屏,然后合上控制屏总电源开关,将隔离开关 QS1、QS2、QS3、QS4、QS6、QS9 合闸,然后合上断路器 QF1、QF2、QF4、QF6、QF9、QF10、QF11。

② 将"备自投方式"旋至"自备电源"。按下模拟 1#进线失电压按钮,观察各个断路器的动作状况。再按下 2#进线失电压按钮,观察各个断路器的动作状况。取消线路失电压故障,手动合上断路器 QF1、QF2,观察 QF8 的状态。

③ 将"备自投方式切换"凸轮开关旋至空档(垂直状态)。

5.1.10 问题与思考

1）断路器的分、合闸时间都很短（分闸时间不大于 0.1s；合闸时间不大于 0.6s），操作机构的分、合闸线圈都按短时通电设计，若通电时间过长，就可能烧毁。请分析实训控制电路中，在分、合闸动作时是如何实现短时接通的，当动作完成后，分、合闸线圈回路是如何自动断开的？为什么要装设绝缘监视装置？绝缘监视装置电路是怎样连接的？为什么要这样连接？

2）什么是备自投装置？备自投的基本方式有几种？

3）明备用、暗备用、自备电源自投各有什么优缺点？

5.1.11 任务总结

操作电源有交流和直流之分，它为整个二次系统提供工作电源，一般为 220V。在一般大、中型变电所中，直流操作电源可采用蓄电池，也可采用硅整流电源，后者较为普遍。交流操作电源可取自互感器二次侧或所用电变压器低压母线，但保护回路的操作电源通常取自电流互感器，较常用的交流操作方式是去分流跳闸的操作方式。

高压系统中，断路器控制回路、继电保护回路在整个二次回路中有若干个，每一个断路器都有一个控制回路，也必然有一个继电保护回路与之对应，因为断路器的控制范围和继电保护范围是一致的，继电保护动作（如需跳闸）都要通过断路器来实现。断路器的操作有电磁操动机构、弹簧操动机构、液压和气体操作机构。

二次系统的安装接线图，通常是屏上设备的背视图。各种回路需经端子排连接时，在端子排的排列顺序依次为交流电流、电压回路、信号回路、控制回路、其他回路。

自动重合闸装置是在线路发生短路故障时，断路器跳闸后进行的重新合闸，能提高线路供电的可靠性，主要用于架空线路。自动重合闸装置有机械式和电气式两种，机械式适用于弹簧操作机构的断路器，电气式适用于电磁操作机构的断路器。工厂变电所中一般采用一次重合闸装置。

5.2 任务2 变电站自动化

【任务描述】 变电站自动化系统是利用微机技术重新组合与优化设计变电站二次设备的功能，以实现对变电站的自动监视、控制、测量与协调的一种综合性自动化系统。本任务介绍变电站自动化的基本知识，微机保护装置及变电站自动化系统的结构、组成等。

【知识目标】 理解供配电系统自动化的概念，了解变电站自动化系统的基本知识。

【能力目标】 学会供电线路微机保护参数整定及变电站综合自动化系统的运行管理。

5.2.1 概述

变电站是电力系统的重要组成部分，随着现代计算机技术、现代通信和网络技术的发展及在电力系统中的广泛应用，变电站综合自动化装置的发展，特别是变电站无人值班技术的发展，已经进入以计算机网络为核心，采用分层、分布式控制方式，集控制、保护、测量、信号、远动为一体的综合自动化阶段。

1. 电力系统计算机网络的有关概念

电力系统计算机网络就是把网内各调度所、厂、站中的具有独立功能的大型、中型、微型计算机（工作站），利用通道或通信线路连接起来的计算机群。电力系统中的计算机网络是局域网，范围可以是一个或几个供电局，也可以是一个地区。工作站是连接在计算机网络中的个人计算机，这些个人计算机根据具体业务的要求，可以完成不同的工作职能，对综合自动化系统而言，工作站可以是保护管理站、远动监控工作站、工程师工作站等。保护管理工作站完成线路、变压器、电力电容器等设备的继电保护任务；远动监控工作站完成线路、变压器等设备的远动和监控任务；工程师工作站是可从网络中调用各种运行信息，分析网络的运行状态，并可根据工作要求，修改各种运行参数，下达各种遥控命令等。

2. 变电站综合自动化系统的功能

变电站综合自动化系统主要有微机监控和微机保护两大功能。

（1）变电站微机监控系统的主要功能

1）数据采集和处理。定时采集全站模拟量和数字量信号，经滤波，检出事故、故障、状态变化信号和模拟量参数变化，实时更新数据库，为监控系统提供运行状态的数据。

2）控制操作。通过键盘执行对站内断路器、隔离开关、电容器及主变分接头的控制、线路的停送电操作等各项顺序操作。

3）自动电压、无功调节。

4）人机接口。能为运行人员提供人机交互界面，调用各种数据报表及运行状态图、参数图等。

5）事件报警。在系统发生事件或运行设备工作异常时，进行音响、语音报警，推出事件画面，画面上相应的画块闪光报警，并给出事件的性质、异常参数，也可以推出相应的事件处理指导。

6）技术统计与制表打印。根据运行要求进行电流、电压、功率、电度量、温度量的整点抄表、累计。

7）与调度对时、通信。

8）故障录波、测距。能把故障线路的电流、电压的参数和波形进行记录，也可计算出测量点与故障点的阻抗、电阻、距离和故障性质。

9）开列操作票。可根据具体站点主接线，提供典型的操作票。

10）系统自诊断。具有在线自诊断功能，可以诊断出通信通道、计算机外围设备、I/O模块、前置机电源等故障。

（2）变电站微机测控与保护系统的功能

在变电站综合自动化系统中，微机测控与保护可采用独立的模块单元，也可采用测控与保护为一体的综合单元。测控单元用于测量电流、电压、功率、频率等参数，保护单元主要对线路、变压器等设备进行保护，具有故障录波及定位功能，能给出故障参数，能与主单元进行数据通信。

5.2.2 变电所的微机保护

供配电系统的继电保护装置，主要由机电型继电器构成。机电型继电保护属于模拟式保护，多年来人们已经对其积累了丰富的运行和维护经验，基本上能满足系统的要求。但随着电力系统的发展，对继电保护的要求也越来越高，现有的模拟式继电保护将难以满足要求，微机控制的继电保护充分利用计算机的存储记忆、逻辑判断和数值运算等信息处理功能，克服模拟式继电保护的不足，可以获得更好的工作特性和更高的技术指标。

1. 微机继电保护的构成

微机继电保护装置主要由硬件系统和软件系统两部分构成。

（1）硬件系统

微机继电保护装置主要由硬件系统和软件系统两部分构成。典型微机继电保护装置的硬件系统框图如图5-18所示。它包括输入信号、数据信号系统、微机主机、键盘。打印机、输

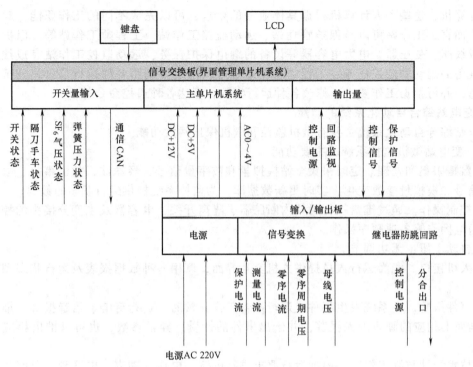

图 5-18 EDCS-6100 线路单元硬件系统框图

出信号等。

1）信号输入回路将现场送来的额定值 100V 的线路电压、零序电压及额定值为 5A 的交流电流信号变换成适合于单片机系统 A/D 采样的低电压信号。

2）输出电路

输出模块的功能是将主模块输出的 24V 分合闸控制信号隔离并放大，使其能直接驱动断路器的分合闸。

输出模块由分合闸控制电路、分合闸主电路、控制电源监视电路等几部分构成。

（2）软件系统

微机继电保护装置的软件系统一般包括调试监控程序、运行监控程序、中断继电保护功能程序三部分。其软件系统框图如图 5-19 所示。

调试监控程序对微机保护系统进行检查、校核和设定；运行监控程序对系统进行初始化，对 EPROM、RAM、数据采集系统进行静态自检和动态自检；中断保护程序完成整个继电保护功能。微机以中断方式在每个采样周期执行继电保护程序一次。

2. EDCS-6100 微机保护单元模块

EDCS-6100 微机保护装置是重庆新

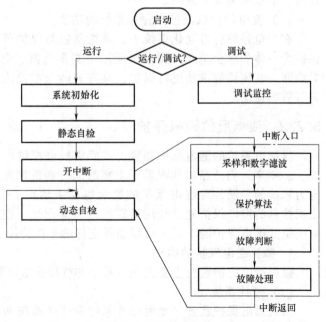

图 5-19 微机继电保护装置软件系统框图

世纪电气公司自主开发的系列微机保护设备,系统装置包括见表5-3的系列单元模块。

表5-3 现地单元层网络模块

型号	名称	型号	名称
EDCS-6110	线路单元	EDCS-6150	站用电管理单元
EDCS-6110B	带BZT功能线路单元	EDCS-6150X	箱式变电站综合监控单元
EDCS-6110H	线路横差保护单元	EDCS-6160	配电变保护单元
EDCS-6120	双绕组主变主保护单元	EDCS-6170	电动机单元
EDCS-6130	双绕组主变后备保护单元	EDCS-6180	电动机主保护单元
EDCS-6140	电容单元	EDCS-6010	调压、补偿综合控制单元

3. EDCS-6110微机线路保护装置接线

EDCS-6110微机线路保护装置接线如图5-20所示。

5.2.3 变电所的微机监控系统

1. 微机监控系统结构

根据工厂变电所运行监控要求,微机监控系统主要由数据采集系统、微机主机、键盘、打印机、显示器和开关量输出系统等组成。微机监控系统结构框图如图5-21所示,系统硬件框图如图5-22所示。

(1) 数据采集系统

数据采集系统的作用是对变电所的模拟量和开关量采样。它主要由采样信号源、辅助变换器、低通滤波器、多路开关、采样保持器、A/D转换器、光电耦合器、输入/输出接口等部分组成。

模拟量(频率、电压、电流、有功功率、无功功率、电度量等),经各自的辅助变换器,变成0~5V的直流或交流电压,经定时采样、A/D转换成数字量送入微机。开关量(主要是断路器、隔离开关、继电保护装置的状态)经光电耦合,I/O接口电路将其成组(每8个开关量编成一组,为一个字节)送入微机。由于工厂变电所开关电器操作次数较少,故障概率较低,所以开关量采用变位中断采样。

(2) 微型计算机

变电所微机监控系统采用的微型计算机,一般包括微机主机和外部设备。其中外部设备应包括键盘、CRT显示器、软盘驱动器、打印机及扩展接口等。

根据监控系统运行需要,一般采用两台打印机,一台用于制表打印,即打印正常运行日报表、最大负荷、最小负荷、负荷率、负荷曲线和电度量等;另一台用于运行记录打印及其他打印。CRT显示器主要实时显示变电所电气主接线、断路器和隔离开关的实际位置状态、系统运行参数、电力潮流等,便于运行人员集中监视和运行分析,并可随时观察了解变电所的运行方式和运行状况。

(3) 开关量输出系统

开关量输出包括信号输出和控制输出。开关量输出通道如图5-23所示。

2. 微机监控系统的应用软件

变电所微机监控系统的应用软件是在硬件系统提供的支持下,为完成微机监控系统的各种功能而设计和编制的。

变电所微机监控系统是一个实时监控系统。它不仅要监测正常运行时变电所的主要运行参数和开关操作的情况,而且要监测不正常运行状态和故障时的有关参数和开关状态信息,进行判断和分析,输出执行命令,去调节某些参数或控制某些对象,使偏离规定值的参数重

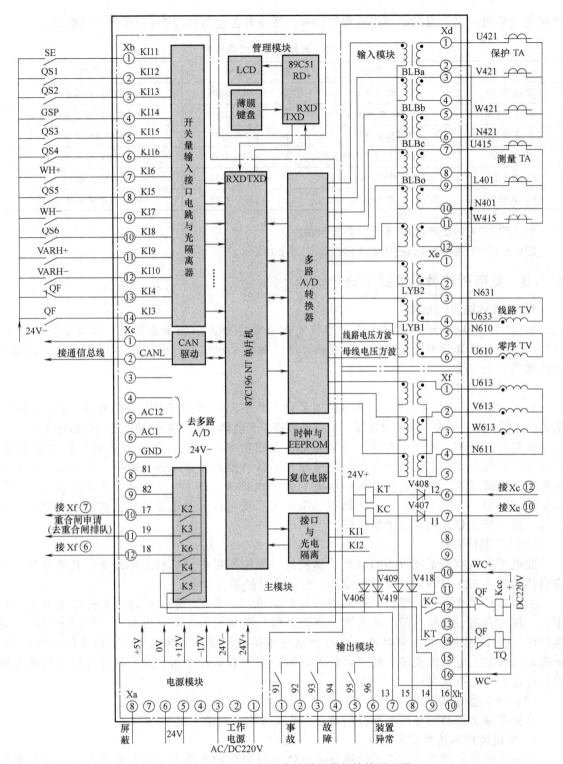

图 5-20 EDCS-6110 微机线路单元外部接线原理图

新恢复到规定值范围内。因此,为了满足实时监控的要求,必须考虑执行程序的快速性。

微机监控系统的应用软件一般由主程序和中断功能程序组成。中断功能程序包括时钟中断程序、开关量中断程序、键盘程序等。

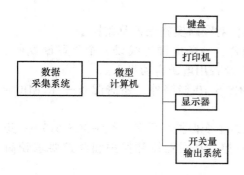

图 5-21 变电所微机监控系统结构框图

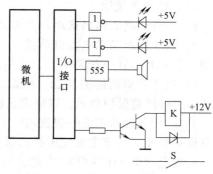

图 5-23 开关量输出通道原理图

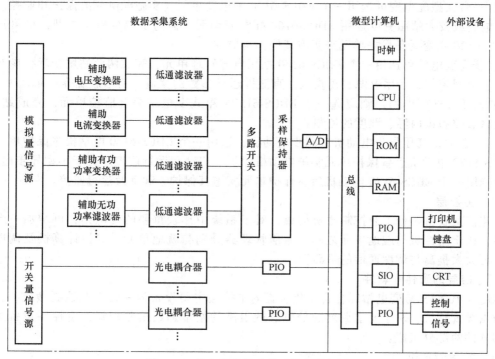

图 5-22 变电所微机监控系统硬件框图

5.2.4 变电站综合自动化系统实例

变电站综合自动化系统结构型式可分为集中式和分散式两种，集中式布置是传统的结构型式，它是把所有二次设备按遥测、遥信、遥控、电力调度、保护功能划分成不同的子系统集中组屏，安装在主控室内。因此，各被保护设备的保护测量交流回路、控制直流回路都需要用电缆送至主控室，这种结构型式虽有利于观察信号，方便调试，但耗费了大量的二次电缆。分散式布置是以间隔为单元划分的，每一个间隔的测量、信号、控制、保护综合在一个或两个（保护与控制分开）单元上，分散安装在对应的开关柜（间隔）上，高压和主变部分则集中组屏并安装在控制室内。现在的变电站综合自动化系统通常采用分散式布置。

现以 EDCS-6000 系列变电站综合自动化系统为例，简要进行介绍。

1. EDCS-6000 系列 35kV 变电站综合自动化装置的构成

变电站综合自动化装置采用分层分布式系统模式，EDCS-6100 型 35kV 系统由两层构成，一层为就地单元层，一层为主控层。

(1) 就地单元层

1) 一台线路断路器选用一个 EDCS-6110 线路单元，对线路实施保护及监控。

2) 对于要求备用电源自动投入（BZT）功能的场合，一条电源进线或一个母联断路器，选用一个 EDCS-6110 线路单元，实施线路的保护，监控及备用电源自动投入。

3) 对于有双回路的场合，除双回路各配一个 EDCS-6110 线路外，还需配备一个 EDCS-6110H 线路横差保护单元，以保障正确切除故障线路。

4) 一台双绕组主变一般选用一个 EDCS-6120 双绕组主变保护单元和一个 EDCS-6130 主变后备保护单元，实施主要变压器的保护及高、低压侧监控；在对低压侧保护和监控要求较高时，可增配一个 EDCS-6130 主变后备保护单元。

5) 一组补偿电容选用一个 EDCS-6140 电容单元，实施电容的保护及监控。

6) 一台大型配电变可选用一个 EDCS-6160 配电变单元，实施配电变的保护和监控。对于小型配电变或较大站用变可选用 EDCS-6160 配电变单元，但为了减少单元类型，也可选用一个 EDCS-6130 主变后备保护单元来实施其保护与监控。

7) 普通变电站可选用一个 EDCS-6150 站用电源管理单元，完成两台站用变运行参数的测量，分、合闸控制，备用电源自动投入，直流屏运行参数的测量，信号监视等功能。

8) 对于箱式变电站，则应选一个 EDCS-6150X 箱式变电站综合监控单元，完成站用交、直流电源监控和箱内温、湿度的控制。

9) 一台大型高压异步电动机或同步电动机，选用一个 EDCS-6180 电动机主保护单元和一个 EDCS-6170 电动机后备保护单元实施电动机保护、起动和运行监控。对于小型异步电动机，则可只选用一个 EDCS-6170 电动机后备保护单元实施其保护、起动及运行监控。

(2) 主控层

主监控主要由一台工业控制微机构成，对于系统中比较重要的变电站，可增加一台通信管理器，接于主控机与就地单元之间。通信管理器分别与就地单元、主控计算机及调度中心通信，可大大提高与调度通信的可靠性。

2. 主控层的硬件和软件

EDCS-6100 35kV 变电站综合自动化装置的主控层主要设备为一台工业控制微机，称为主控机或站级管理机；对于要求调度通信可靠性很高的站增加通信管理器，主控层设备主要由硬件和软件两部分组成：

(1) 站级管理机

1) 站级管理机的硬件。站级管理机的硬件配置：CPU-Pentium Ⅳ-1.0G 以上；主频—1.0GHz 以上，内存—128MB 以上，硬盘—20GB 以上，1.44MB 软驱+40 倍光驱，CAN 通信卡；19in（1in=2.54cm）高分辨率彩显，标准键盘加鼠标，针式打印机（可配喷墨或激光打印机）。

2) 站级管理机的软件。EDCS-6100 35kV 变电站主控机的软件为 Windows NT 和 Windows 2000 环境下的组态软件，软件是一个开放式软件，所支持的单元个数和类型可由组态决定，软件的功能也能通过组态决定，故使用方便。

① 软件主要由组态软件与运行软件两部分组成。

组态部分设定系统的初始值，确定系统的硬件配置和功能配置。应用中根据装置的具体设计方案，确定系统结构、单元箱类型、定义通信种类和控制方式、制作运行画面和进行报表组态。组态部分的结果值作为运行部分的初始值，运行部分以实时数据库为基础，包含了图形界面、数据库、报表打印、事件记录、控制和报警处理等任务模块。

② 系统的组态性能。单元组态：根据系统配置设定好全站系统使用的 EDCS-6100 系列型的单元个数和单元类型、单元占用的通信网络号以及每个单元的电压等级、A/D 通道含

义和I/O端口特性。定义好以后，组态程序便会自动调用相应的模板驱动程序，完成系统配置。

通信种类组态：除支持基本单元网络通信外，还提供了"调度通信""电子电能表通信"两类通信供选择。

在控制方式组态：主变有载调压控制、电容无功补偿控制、ISA总线模板口地址设置。

报表组态：用户根据实际需求决定在运行报表菜单栏中的报表个数，可定义各种新报表。组态生成后的报表，从实时数据库中按指定时间范围取出数据，从而生成各种报表。

图形组态：变电站的电气接线图由用户绘制，用户绘制电气接线图的过程即是按实际情况将对象元连在一起的过程。每个单元是一个对象，每个对象由许多对象元所组成。对线路单元而言，断路器等各类开关状态、控制回路的各项现场A/D参数，都是线路单元对象的对象元，对象元具有图形与数据两种属性。图形属性是指对象元的多个图形状态，数据属性是代表对象元物理特征的现场数值。在现场实时数据的驱动下，图形发生变化，可能是颜色变化、闪烁、动画效果等。在图形任意区域，能定义触发热点，用鼠标单击此热点可激活任意一个组态画面，方便用户快速切换运行画面。

③ 系统基本功能。数据采集：实现对全站单元所有电量、非电量、模拟量、状态量、脉冲量的数据采集。

数据处理：防干扰处理，将数据分类，形成各种报表；越限复限检测及报警、记录；状态异常变位报警及记录；事件顺序记录，包括事故、故障、重要操作、保护定值修改、重要参数限值修改等。

控制与调节：各断路器的分、合闸操作；自动无功补偿控制；自动有载调压控制；自动低周减载及小电流接地报警及跳闸；操作防误控制。

显示功能：显示全站主接线及运行状态、运行参数；保护定值表；各种报表、各种曲线（电压曲线、电流曲线、功率曲线、频率曲线等）、作票显示。

打印功能：运行报表打印；操作事件打印；事故打印；各种组态画面打印；屏幕拷贝。

系统管理：供高级用户增删操作人员、更名、修改密码；供操作人员修改自己的密码；供高级用户退到Windows系统下；供操作人员重新启动系统和正常关机。

（2）通信管理器

1）通信管理器的配置：EDCS-7920通信管理器具有2个CAN总线通信口和11个串行通信口，另带有一个以太网口。

2）通信管理器的功能：通信管理器经一个CAN接口与各现地单元通信，收集单元的实时数据，将这些数据按主控机的要求经以太网口送给主控机，并按要求上送调度中心的遥测、遥控信号，另一CAN总线口可作备用，根据要求以不同的通信规约和不同的波特率经两个RS-232口送到调度中心，同时转发主控机和调度中心下传的控制命令和定值数据等信息，还可以驳接其他通信方式上的主控机并转发到调度中心（如RS-232、485、422等）。

（3）有载调压与无功补偿

变压器带有载调压，10kV母线接有补偿电容，则其综合自动化装置的自动有载调压及无功补偿控制有两种方式，一种采用主控机来完成，一种采用专用调压、补偿综合控制单元（EDCS-6010）来完成。

1）采用主控机完成自动有载调压及无功补偿。

① 有载调压：采用主控机完成自动有载调压时，主控机需增加一块开关量输入卡和一块开关量输出卡，开关量输入卡读入调压开关的档位信号，开关量输出卡输出升、降压控制信号，主控机经通信由综合自动化装置各单元输入系统运行信息（如变压器低压侧母线电压、变压器运行方式等），经开关量输入卡读入档位信号，根据这些信息判别是否需进行升、降压

操作，如需进行操作，则由开关量输出卡输出升、降压控制信号，完成调压操作。

② 自动无功补偿：采用主控机完成自动无功补偿不需增加任何设备，主控机经通信由综合自动化装置，各现地单元读入系统无功、主变和电容运行状态等信息，判别是否需进行无功补偿，如需进行无功补偿，则经通信命令相应的 EDCS-6140 电容单元进行分、合闸操作，实现自动无功补偿。

2) 采用专用单元完成自动有载调压及无功补偿。EDCS-6010 有载调压、无功补偿综合控制单元是 EDCS-6000 系列电力系统综合自动化装置中的一个专用于调压和无功补偿的单元。

3) EDCS-6010 单元的工作原理。单元单片机对系统送来的主变两侧电压、电流、主变和电容运行状态，调压开关档位等信息读入并进行处理，对综合设定的控制参数（电压及偏差、允许无功值等）进行分析，判别是否需进行某种操作，如需进行操作，则由相应出口输出控制命令，完成调压或无功补偿。

3. 35kV 变电站综合自动化装置实例

图 5-24 所示的变电站主接线图是一个有 4 条 35kV 有源线路、2 台 35/10kV 双绕组主变（主变带有载调压开关）、3 条 10kV 有源线路、4 条 10kV 无源线路、2 台高压异步电动机及 2 台配电变、4 组补偿电容器、35kV 系统为单母线不分段、10kV 系统为单母线分段的变电站。下面以该变电站为例，说明变电站综合自动化装置的构成。

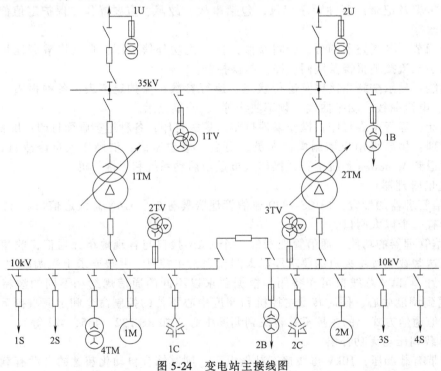

图 5-24 变电站主接线图

1) 线路、母联断路器的保护与监控变电站的 4 条 35kV 线路、7 条 10kV 线路和一台 10kV 母联断路器，选用 12 个 EDCS-6100 线路单元，分别完成各线路及母联断路器的保护及监控。

2) 主变保护与监控变电站的 2 台主变选用 2 个 EDCS-6120 双绕组主变主保护单元和 2 个 EDCS 6130 双绕组主变后备保护单元，分别完成两台主变的保护及高低压侧监控。

4. 电容器保护与监控

变电站的 4 组 10kV 补偿电容器选用 4 个 EDCS-6140 电容器单元，分别完成各组电容器的保护和监控。

5. 配电变的保护与监控

两台配电变选用 2 个 EDCS-6160 配电变单元分别完成两台配电变保护及监控。

6. 高压异步电动机的保护与监控

两台小型高压异步电动机选用 2 个 EDCS-6170 电动机单元，分别完成两台电动机的保护及监控。

7. 站级管理机

站级管理机除前述标准配置外，因主变带有有载调压开关，故增配 1 块开关量输出卡进行有载调压，再配 1 块开关量输入卡，读入档位信号。

8. 站用电监控

采用一个 EDCS-6150 站用电管理单元，完成站用电交流电压、电流、功率测量，直流合闸电压、控制电压测量及控制母线绝缘监视等监控功能。

综合自动化装置的结构框图如图 5-25 所示。

5.2.5 微机保护装置参数整定及变电自动化实训

1. 实训目的

1) 了解变电站自动化控制系统组成及小型变电站运行管理。
2) 熟悉 EDCS-6110 微机线路保护装置的使用。

2. 实训准备

1) 实训地点：学校中心配电控制室。
2) 实训设备：EDCS-6100 变电站自动控制系统。

3. EDCS-6110 微机线路保护装置参数整定实训

（1）上电操作

将单元工作电源接入即可正常工作，如上电后单元指示灯全不亮，显示器无显示，这时，应打开面板，将电源模块前上部的电源开关向上拨动，即可接通电源，使单元上电。

1) 单元上电后各指示灯状态。

① 单元内模块上的指示灯：电源模块上的 4 个指示灯应全亮，某一个灯不亮，表示该组电源无电压。

② 单元面板上的指示灯：

a. 远控指示灯亮，表明处于远控操作方式。分、合闸指示灯哪一个亮，视断路器位置而定；

b. 如已接上位机，且上位机已正常运行，通信指示灯闪烁，表示通信正常。运行灯应闪烁，如这两个灯有一个不亮，则应按一下复位键；

c. 当单元引入控制电源后，控制电源指示灯应亮；

d. 分、合闸回路无故障时，分、合闸回路指示灯应亮；

e. 当保护动作或事故状态时，蜂鸣器响，同时报警指示灯亮，以提醒运行人员。

2) 上电后 LCD 显示器的显示。

主画面：单元上电后，若 5s 内无任何键操作，将自动进入主画面，即监测参数显示主画面，如图 5-26 所示。

（2）显示画面选择

单元上电并进入正常运行状态后，操作【返回】、【▶】、【+1】、【-1】、【确认】等 5 个薄膜键，来选择欲观察的画面。

LCD 显示画面采用中文菜单方式，画面的选择程序是逐级选择，即先进入Ⅰ级菜单，再

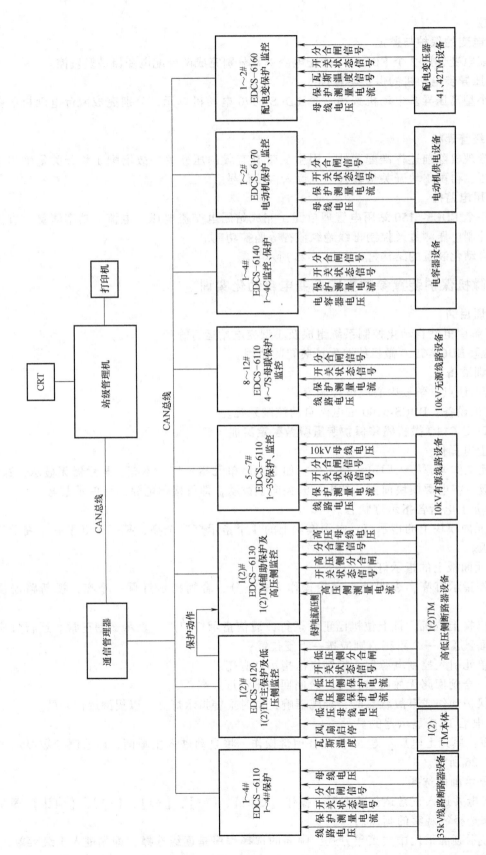

图 5-25 变电站自动化装置结构框图

进入Ⅱ级菜单，最后进入具体画面。

下面分别介绍各种显示画面选择的操作方法：

1) Ⅰ级菜单。

① Ⅰ级菜单的进入：在显示主画面，按【确认】键，即可进入Ⅰ级菜单画面。

② Ⅰ级菜单的内容：Ⅰ级菜单画面如图5-27所示，由于LCD显示中文时只能显示4行，进入后仅显示虚线上方的4行。

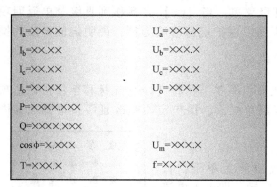

图5-26　显示主画面

图5-27　Ⅰ级菜单画面

操作【+1】、【-1】键移动【☞】光标，可使整个菜单滚动显示，如光标移到最下一行时，再按【-1】键，显示即上移一行，第一行移出显示区，第5行移到第4行。

③ 返回主画面：在Ⅰ级菜单下，将【☞】光标移到"返回"项左方，按【确认】键，即返回主画面。

2) Ⅱ级菜单。

① Ⅱ级菜单的进入：在Ⅰ级菜单下，按【+1】或【-1】键，将【☞】光标移至欲选的项目左边，再按【确认】键，即进入相应的Ⅱ级菜单。

例如：如欲进入定值显示的Ⅱ级菜单，在Ⅰ级菜单下，按【+1】、【-1】键，将光标移到图5-28左图位置，再按【确认】键，即进入图5-28右图所示的定值显示的Ⅱ级菜单。

② Ⅱ级菜单返回：在Ⅱ级菜单下，将光标移至返回项左方，按【确认】键，即可返回Ⅰ级菜单。

（3）定值修改

1) 进入单元定值修改程序。

① 进入密码输入画面：在Ⅰ级菜单下，将【☞】光标移至"定值修改"项左方，按【确认】键，即进入输入密码画面，显示的密码输入画面如图5-29所示。

图5-28　定值显示的Ⅱ级菜单

图5-29　密码输入画面

② 输入密码：在输入密码显示画面中，光标为一闪动的小黑块，在4位密码的第一位，进入本画面时，4位密码全为零。利用【返回】和【▶】键移动光标，选择修改密码的位；

利用【+1】和【-1】键,可输入光标所在位的数字。只有输入的密码与单元内置的密码相同时,才能进入定值修改程序。当用户误入密码输入画面或进入后不想修改定值时,按【确认】键,即返回Ⅰ级菜单。

③ 修改定值的选择:定值修改与定值显示的Ⅱ级菜单完全相同,欲修改某一项的定值时,将【☞】光标移至对应项左方;再按【确认】键,即进入相应定值修改的Ⅲ级菜单。定值修改与定值显示相应的Ⅲ级菜单和画面完全相同,只是定值修改中,会出现光标,为闪动的小黑块,且按【返回】键时只移动光标,不返回Ⅱ级菜单。当【☞】光标移到Ⅲ级菜单返回项左方时,按【确认】键,画面即返回主画面。下面以保护定值修改为例,说明定值修改的操作方法。

2) 保护定值修改。

① 进入保护定值修改Ⅲ级菜单:在定值修改Ⅱ级菜单下,将【☞】光标移至保护定值项左方,按【确认】键,即进入保护定值修改Ⅲ级菜单画面,保护定值修改Ⅲ级菜单画面如图5-30所示。

② 电流速断定值修改:

a. 速断定值修改的进入:在保护定值修改Ⅲ级菜单下,将【☞】光标移至"电流速断"项左方,按【确认】键,即进入电流速断定值修改画面。画面与速断定值显示画面基本相同。

b. 新定值输入:利用【返回】、【▶】、【+1】、【-1】键,输入新的速断保护定值。

c. 退出电流速断定值修改画面:电流速断定值修改完后,按【▶】键,将光标移到"Esc"处,按【确认】键,即返回保护定值修改Ⅲ级菜单。

```
电 流 速 断
限 时 速 断
复 压 过 电 流
电 压 速 断
重 合 闸 定 值
保 护 配 置
确 认 定 值
返 回
```

图 5-30 保护定值修改Ⅲ级菜单

③ 限时电流速断定值修改:

a. 限时电流速断定值修改的进入:在保护定值修改Ⅲ级菜单下,将【☞】光标移至"限时速断"左方,按【确认】键,即进入限时电流速断定值修改画面。

b. 限时电流速断新定值的输入:在限时电流速断定值修改画面中,利用【返回】、【▶】、【+1】、【-1】键,输入新定值。

c. 返回,定值输入完后,按【▶】键,直到"Esc",按【确认】键,即返回保护定值修改Ⅲ级菜单。

④ 过电流定值修改:

a. 进入过电流定值修改画面:在保护定值修改Ⅲ级菜单下,将【☞】光标移至"复压过电流"项左方,按【确认】键,即进入复压过电流定值修改画面,低压过电流定值修改画面如图 5-31 所示。图中的定值,为保护中原存入的定值,即目前运行的定值。

b. 定值修改:进入过电流定值修改画面后,闪动的黑色方块光标在第一行的"I="后的第一位,若该位数新值与原值不符,则利用【+1】、【-1】键,将其设定为新值;若新值与原值相符,则按【▶】键,将光标移到第二位,再用【+1】、【-1】键设定第2位。第 1 行的 4 位修改完后,再按【▶】键,光标即移到第 2 行"$K_i=$"后的第一位数。修改中,如发现光标前的某1位或几位数有错,

```
I=×××(过电流保护电流整定值,整定范围:1.0~12.5A)
Ki=×.××(电流返回系数整定值,整定范围:0.75~1.00)
U=×××.×(低电压整定值,整定范围:30.0~150.0V)
Ku=×.××(电压返回系数整定值,整定范围:1.00~1.25)
t=××.×(延时整定值,整定范围:0.5~99.9s)
U₋=××.×(负序电压整定值,整定范围:0~30.0V)
Esc(返回)(定值修改画面中显示此行)
```

图 5-31 过电流定值修改画面

即按【返回】键,将光标移回到错误位,利用【+1】、【-1】键将数字修改正确。

    c. 退出过电流定值修改:当过电流定值修改完后,按【▶】键数次,将光标移至"Esc"处,按【确认】键,画面即返回保护定值修改Ⅲ级菜单。

  ⑤ 电流闭锁电压速断修改:(反时限过电流保护)

    a. 电流闭锁电压速断定值修改画面的进入:在保护定值修改Ⅲ级菜单下,将【☞】光标移至"电压速断"项左方,按【确认】键即进入电流闭锁电压速断定值输入画面。

    b. 电流闭锁电压速断新定值输入:在电流闭锁电压速断定值修改画面下,利用【返回】、【▶】、【+1】、【-1】键,输入电流闭锁电压速断保护的新定值。

    c. 反时限过电流保护新定值输入:在反时限过电流保护定值修改画面下,利用【返回】、【▶】、【+1】、【-1】键,输入反时限过电流保护的新定值。

    d. 返回:输入完电流闭锁电压速断保护定值或反时限过电流保护定值后,按【▶】键移动光标,直到"Esc",按【确认】键,即返回保护定值修改Ⅲ级菜单。

  ⑥ 重合闸定值修改:

    a. 重合闸定值修改画面的进入:在保护定值修改Ⅲ级菜单下,将【☞】光标移至"重合闸定值"项左方,按【确认】键即进入重合闸定值输入画面。

    b. 重合闸新定值输入:在重合闸定值修改画面下,利用【返回】、【▶】、【+1】、【-1】键,输入重合闸新定值。

    c. 返回:输入完重合闸定值后,按【▶】键移动光标,直到"Esc",按【确认】键,即返回保护定值修改Ⅲ级菜单。

  ⑦ 保护配置输入:

    a. 保护配置修改画面的进入:在保护定值修改Ⅲ级菜单下,将【☞】光标移至"保护配置"项左方,按【确认】键,即进入保护配置修改画面,保护配置修改画面与保护配置显示画面基本相同。

    b. 保护配置的修改:在保护配置修改画面下,利用【返回】、【▶】、【+1】、【-1】键,将需配置的保护的对应位改为"1",不需配置的保护和未定义的位改为"0"。例如,保护配置为限时电流速断保护信号和出口、过电流保护信号及出口、各保护均带方向、带重合闸及后加速跳、保护电流量程为100A,则保护配置修改画面如图5-32所示。

0	0	1	1	1	1	0	0
1	0	0	0	1	1	0	0
0	0	1	1	1	1	0	0
1	0	0	0	1	0	0	0
Esc							

图5-32 保护配置修改画面

    c. 返回:保护配置修改完后,按【▶】键,将光标移至"Esc"处,按【确认】键,画面即返回到保护定值修改Ⅲ级菜单。

  ⑧ 新定值的写入:输入完所有保护定值后,返回保护定值修改Ⅲ级菜单,将【☞】光标移至"确认定值"项左方,按【确认】键,单元管理单片机自动将刚输入的新定值传送到主模块。并由主模块的单片机将新定值写入EEPROM中的定值存储区,写入完成后,显示器显示"修改成功"的提示。这时按【返回】键,即可返回Ⅰ级菜单。为慎重起见,可进入定值显示,查看保护定值是否与所写值一致,若有不符,应重新按上述步骤修改一遍。

  若输入完定值,光标移到"确认定值"项左方,按【确认】键后,显示"修改失败"的提示,应按【返回】键,返回Ⅰ级菜单,重新按前述步骤修改一次。

  保护定值修改可单项进行,即进入保护定值修改Ⅲ级菜单后,只需修改某一保护定值,如修改电流速断定值,则按前述操作方法进入电流速断定值输入画面,输入定值后,再返回保护定值修改Ⅲ级菜单,再将光标移至"确认定值"项左方,按【确认】键,即可自动完成速断定值修改，其他定值不变。

3）监控定值的修改。

① 监控定值修改的进入：按前述方法，经选定值修改项，输入正确密码后，即进入定值修改Ⅱ级菜单，然后将【☞】光标移至"监控定值"项左方，按【确认】键，即进入监控定值修改Ⅲ级菜单。

② 监控定值修改：与保护定值修改相同，在监控定值修改Ⅲ级菜单下，将【☞】光标移至欲修改定值项左方，按【确认】键，即进入相应的定值修改画面，然后利用【返回】、【▶】键移动光标，再用【+1】、【-1】键输入新的定值，输入完后，用【▶】键将光标移至"→Esc"处，再按【确认】键，即返回监控定值修改菜单。按上述步骤依次修改"低周减载定值""电流接地定值""过负荷定值"及"控制配置"。"控制配置"中，要设置的功能对应位写"1"，不要的功能对应位写"0"。

③ 监控新定值的写入：控制定值修改完返回监控定值修改Ⅲ级菜单后，将【☞】光标移至"确认定值"项左方，按【确认】键，单元管理软件即将新写入的控制参数传到监控，监控单片机即将新参数写入其EEPROM中，参数修改完后，显示"修改成功"，此后运行中，即按修改的参数进行自动控制。按【返回】键即可返回Ⅰ级菜单。

4）精校定值的修改。

① 精校定值修改画面的进入：在Ⅰ级菜单下，将【☞】光标移至"定值修改"项左方，按【确认】键，进入"密码"输入画面，输入正确密码，并按【确认】键后，进入定值修改Ⅱ级菜单，再将【☞】光标移至"精校定值"项左方，按【确认】键，即进入精校系数修改画面，同时短时报警，此画面同前述定值显示项中的精校定值显示画面。

② 精校定值的修改：在精校定值修改画面下，利用【返回】、【▶】、【+1】、【-1】键，输入修改后的精校定值。

③ 精校系数的写入：输入完精校系数后，按【确认】键，单元管理软件即自动将新系数送入主模块，主单片机将之写入EEPROM的系数存储区内。显示"修改成功"，按【返回】键，返回Ⅰ级菜单。

④ 修改校核：为确保系数修改正确，系数修改完成后，应进入定值显示中的精校系数显示画面，查看各系数是否正确，不对则应按上述步骤重新修改一次。

⑤ 误入保护精校系数修改画面的处理：如操作进入保护模拟通道精校系数修改画面而又不想修改系数或误入此画面时，则按【▶】键，将光标移至第二画面右下部直到"Esc"出现时，按【确认】键，返回Ⅲ级菜单，再通过菜单选择，返回主画面。

（4）分合闸操作

断路器的分、合闸操作，可在单元上完成，也可在站级管理机上完成。当单元处于"近控"方式时，分、合闸操作只能在单元上完成。当单元处于"远控"方式时，分、合闸操作只能在主机（或调度中心）完成，此时若操作员在单元上操作分、合闸将无效，且画面返回第一级主菜单。

1）远控/近控操作。

单元将根据现在单元的控制方式自动显示对应的画面。如果单元处于"近控"方式且要求上位机进行操作，应按下"远控/近控"键，此时画面出现"近控→远控"画面，操作员可将光标移到"确认操作"处，再按"确认"键，则单元将处于"远控"方式；若光标移到"放弃操作"处，再按"确认"键，远控/近控方式转换无效。如果单元处于"远控"方式时，若要求在单元上操作，应按下"远控/近控"键，此时画面出现"远控→近控"画面，操作员可将光标移到"确认操作"处，再按"确认"键，则单元将处于"近控"方式；若光标移到"放弃操作"处，再按"确认"键，远控/近控方式转换无效。

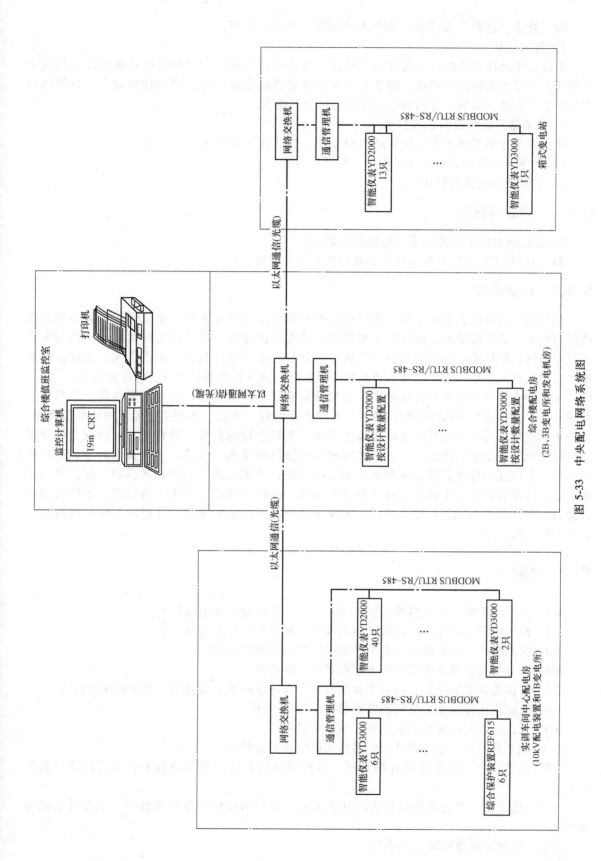

图 5-33 中央配电网络系统图

单元处于"远控"方式时，面板上"远控"指示灯应亮。

2) 远方操作。

单元处于远控方式时，可实现远控操作，对于单元来说，无论是站级管理机还是调度中心操作，均是由通信命令操作，即单元收到站级管理机发来的分、合闸操作命令，并经核对无误后，即自动发出分、合闸指令，完成分、合闸操作。

4. 变电站自动化控制系统实训

中央配电控制系统原理结构如图5-33所示，操作实训内容如下：

1) 熟悉主接线系统结构及线路分、合闸控制演示。

2) 系统管理及报表打印。

5.2.6 问题与思考

1) 微机继电保护的硬件系统包括哪些部分？

2) EDCS-6100变电站综合保护系统由哪些部分组成？

5.2.7 任务总结

变电站综合自动化系统主要分为微机保护和微机监控两大系统。微机保护主要是应用微机控制技术，替代传统机电型和电子型模拟式继电保护装置，以获得更好的工作特性和更高的技术指标。微机监控系统则是应用微机控制技术，替代现行的人工监控方式，实现运行调度的自动化和微机化。变电站综合自动化系统主要由硬件系统和软件系统两部分构成。

NSC2000系列变电站综合自动化系统的设备配置分两个层次，变电站层和间隔层，整个系统的布置方式有集中式和分散式两种。系统主要由后台主机、测控主单元及间隔级的测控、保护单元组成。后台主机是变电站的监控主机，负责全站的监控、操作任务，测控主单元是自动化系统的重要组成部分，一方面实时地与间隔级的遥测、遥控、遥信及保护单元进行通信，另一方面还与后台监控系统及远方调度中心进行数据交换。间隔级的测控、保护单元主要负责具体设备的电气参数测量和各种保护功能，并将所测的、开关变位状态、故障录波及故障参数与测控主单元进行数据通信。间隔级的设备可根据变压器、线路的具体情况选择不同的测控、保护单元。

5.3 习题

5-1 工厂变配所二次回路按功能有哪几部分？各部分的作用是什么？

5-2 操作电源有哪几种？直流操作电源又有哪几种？各有何特点？

5-3 交流操作电源有哪些特点？可通过哪些途径获得电源？

5-4 试分析交流操作电源中闪光继电器的工作原理。

5-5 断路器的控制开关有哪六个操作位置？简述断路器手动合闸、跳闸的操作过程。

5-6 试述直流弹簧操动机构的断路器控制原理（图5-8）。

5-7 直流系统两点接地有何危害？请画图说明。

5-8 完整的项目代号有哪几段？名称和前缀符号是什么？

5-9 电气图中，图线形式有哪几种？各种图线所表达的含义有哪些？图线的宽度怎样确定？

5-10 端子排一般安装在控制屏的什么位置？各回路在端子排中接线时，应按什么顺序排列？

5-11 二次回路接线图如何绘制？

5-12 什么是自动重合闸？有哪些要求？
5-13 简述自动重合闸装置的工作原理（图 5-12）。
5-14 什么是备用电源自动投入装置？在哪些情况下应投入？哪些情况下不应投入？
5-15 简述备用电源自动投入装置的工作原理（图 5-16）。
5-16 变电站综合自动化系统有哪些主要功能？
5-17 分析微机继电保护装置（图 5-20）的工作原理。
5-18 变电所微机监控系统硬件主要由哪些部分构成？

项目6　防雷接地及电气安全

【任务描述】　雷电过电压会对供配电系统安全运行造成危害，导致用电设备损坏；触电可导致人身伤亡。保证供配电系统安全运行，防雷、接地是十分重要的一个环节。本项目介绍雷电过电压的基本知识、防雷接地装置、电气接地装置、静电防护及安全用电知识等。

【知识目标】　了解电气设备防雷接地的基本知识。

【能力目标】　熟悉变电所防雷设计及防雷设备的维护，掌握接地电阻的检测方法。

6.1　过电压与雷电的防御

1. 过电压的概念

防雷就是防御过电压，过电压是指电气设备或线路上出现超过正常工作要求的电压升高。在电力系统中，按照过电压产生的原因不同，可分为内部过电压和雷电过电压两大类。

（1）内部过电压

内部过电压（又称操作过电压），指供配电系统内部由于开关操作、参数不利组合、单相接地等原因，使电力系统的工作状态突然改变，从而在其过渡过程中引起的过电压。

内部过电压又可分为操作过电压和谐振过电压。操作过电压是由于系统内部开关操作导致的负荷骤变，或由于短路等原因出现断续性电弧而引起的过电压。谐振过电压是由于系统中参数不利组合导致谐振而引起的过电压。运行经验表明，内部过电压最大可达系统相电压的4倍左右。

（2）雷电过电压

雷电过电压又称大气过电压或外部过电压，是指雷云放电现象在电力网中引起的过电压。雷电过电压一般分为直击雷、间接雷击和雷电侵入波三种类型。

1）直击雷是遭受直击雷击时产生的过电压。经验表明，直击雷击时雷电流可高达几百千安，雷电电压可达几百万伏。遭受直击雷击时均难免灾难性结果。因此必须采取防御措施。

2）间接雷击，又简称感应雷，是雷电对设备、线路或其他物体的静电感应或电磁感应所引起的过电压。图6-1所示为架空线路上由于静电感应而积聚大量异性的束缚电荷，在雷云的电荷向其他地方放电后，线路上的束缚电荷被释放形成自由电荷，向线路两端运行，形成很高的过电压。经验表明，高压线路上感应雷可高达几十万伏，低压线路上感应雷也可达几万伏，对供电系统的危害很大。

3）雷电侵入波是感应雷的另一种表现，是由于直击雷或感应雷在电力线路的附近、地面或杆塔顶点，从而在导线上感应产生的冲击电压波，它沿着导线以光速向两侧流动，故又称为过电压行波。行波沿着电力线路侵入变配电所或其他建筑物，并在变压器内部引起行波反射，产生很高的过电压。据统计，雷电侵入波造成的雷害事故，要占所有雷害事故的50%~70%。

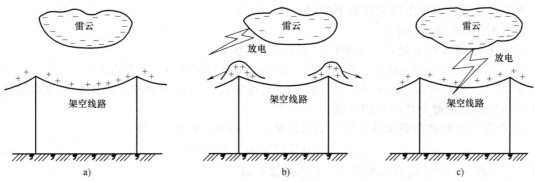

图 6-1 架空线路上的感应过电压
a) 雷云在线路上方时　b) 雷云对地或其他放电时　c) 雷云对架空线路放电时

2. 雷电的防御

防雷装置是接闪器、避雷器、引下线和接地装置等的总和。要保护建筑物等不受雷击损害，应有防御直击雷、感应雷和雷电侵入波的不同措施和防雷设备。

(1) 直击雷的防御

1) 装设独立的避雷针。

避雷针的功能实质是引雷作用。它能对雷电场产生一个附加电场（该附加电场是由于雷云对避雷针产生静电感应引起的），使雷电场畸变，从而改变雷云放电的通道。雷云经避雷针、引下线和接地装置，泄放到大地中去，使被保护物免受直击雷击。所以，避雷针实质是引雷针，它把雷电流引入地下，从而保护了附近的线路、设备和建筑物等。

避雷针一般采用镀锌圆钢（针长 1m 以下时，直径不小于 12mm；针长 1~2m 时，直径不小于 16mm）或镀锌钢管（针长 1m 以下时，直径不小于 20mm；针长 1~2m 时，直径不小于 25mm）制成。它通常安装在电杆、构架或建筑物上。它的下端通过引下线与接地装置可靠连接，如图 6-2 所示。经验表明，避雷针的确避免了许多直击雷击的事故发生，但同时也因为避雷针是引雷针，所以做得不好的避雷针比不做还坏。

避雷针的保护范围，一般采用 IEC 推荐的"滚球法"来确定。所谓"滚球法"就是选择一个半径为 h_r 的"滚球半径"球体，沿需要防护的部位滚动，如果球体只接触到避雷针（线）或避雷针与地面而不触及需要保护的部位，则该部位就在避雷针的保护范围之内（参看图 6-3）。

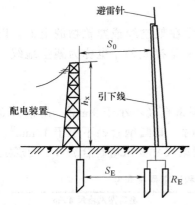

图 6-2 防直击雷的接地装置安全距离
S_0—避雷针与被保护物的间距
S_E—地下接地装置的间距

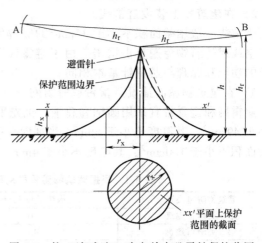

图 6-3 按"滚球法"确定单支避雷针保护范围

单支避雷针的保护范围可按以下方法计算:

当避雷针高度 $h \leqslant h_r$ 时:

① 在距地面高度 h_r 处作一条平行于地面的平行线。

② 以避雷针的顶尖为圆心,h_r 为半径,做弧线交平行线于 A、B 两点。

③ 以 A、B 为圆心,h_r 为半径,该弧线与地面相切,与针尖相交。此弧线与地面构成的整个锥形空间就是避雷针的保护区域。

④ 避雷针在距地面高度的平面上的保护半径,按式(6-1)计算:

$$r_x = \sqrt{h(2h_r-h)} - \sqrt{h_x(2h_r-h_x)} \tag{6-1}$$

式中,h_r 为滚球半径;h_x 为离地高度;h 为避雷针高度;r_x 为离地高度 h_x 时所能保护的半径。

⑤ 避雷针在地面的保护半径 r_0 [相当于式(6-1)中 $h_x = 0$ 时]:

$$r_0 = \sqrt{h(2h_r-h)} \tag{6-2}$$

当避雷针高度 $h > h_r$ 时,在避雷针上取高度 h_r 的一点来代替避雷针的顶尖作为圆心,其余与避雷针高度 $h \leqslant h_r$ 时的计算方法相同。

工程实际中也可根据建筑物防雷类别(参见表6-1)确定滚球半径。

【例 6-1】 某厂一座高 30m 的水塔旁边,建有一锅炉房(属于第三类建筑物),尺寸如图 6-4 所示。水塔上面安装有一支高 3m 的避雷针。试问此避雷针能否保护这一锅炉房?

解:查表 6-1 得滚球半径 $h_r = 60$m,而 $h = 30$m + 3m = 33m,$h_x = 8$m,由式(6-1)得避雷针的保护半径为

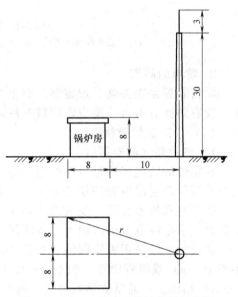

图 6-4 例 6-1 所示避雷针的保护范围

$$r_x = \sqrt{h(2h_r-h)} - \sqrt{h_x(2h_r-h_x)} = \sqrt{33 \times (2 \times 60-33)} \text{m} - \sqrt{8 \times (2 \times 60-8)} \text{m} = 23.65\text{m}$$

现锅炉房在 $h_x = 8$m 的高度上最远一角距离避雷针的水平距离为

$$r_0 = \sqrt{(10+8)^2 + 5^2} \text{m} = 18.68\text{m} < r_x = 23.65\text{m}$$

由此可见,水塔上的避雷针能保护这一锅炉房。

2) 在建筑物上装设避雷线。

避雷线一般用截面积不小于 35mm^2 的镀锌钢绞线,架设在架空线或建筑物的上面,以保护架空线或建筑物免遭直击雷击。由于避雷线既是架空的又是接地的,也称为架空地线。避雷线的功能和原理与避雷针基本相同。

3) 在建筑物屋面铺设避雷带或避雷网。

避雷网和避雷带宜采用圆钢和扁钢,优先采用圆钢。圆钢直径不小于 9mm^2,扁钢截面积不小于 49mm^2,其厚度不小于 4mm。当烟囱上采用避雷环时,其圆钢直径不小于 12mm^2,扁钢截面积不小于 100mm^2,其厚度不小于 4mm。避雷网的网络尺寸要求应符合表 6-1 的规定。

表 6-1 根据建筑物防雷类别确定滚球半径和避雷网格尺寸

建筑物防雷类别	滚球半径 h_r/m	避雷网网格尺寸/m
第一类防雷建筑	30	≤5×5 或 6×4
第二类防雷建筑	45	≤5×5 或 12×8
第三类防雷建筑	60	≤20×20 或 24×16

所有防雷装置都须有可靠的引下线与合格的接地装置相焊连。除独立的避雷针外，建筑物上的防雷引下线应不少于两根，这既是为了可靠，又是对雷电流进行分流，防止引下线上产生过高的电位。避雷针与被保护物（如建筑物和配电装置）之间在空气中的间距，一般不小于5m；与在地下的接地装置之间的距离，一般不小于2m。

（2）感应雷的防御

感应雷的防御是对建筑物最有效的防护措施，其防御方法是：

1）在建筑物屋面沿周边装设避雷带，每隔20m左右引一根接地线。

2）建筑物内所有金属物如设备外壳、管道、构架等均应接地，混凝土内的钢筋应绑扎或焊成闭合回路。

3）将突出屋面的金属物接地。

4）对净距离小于100mm的平行敷设的长金属管道，每隔20~30m用金属线跨接，避免因感应过电压而产生火花。

（3）雷电侵入波的防御

雷电侵入波的防御一般采用避雷器。避雷器装设在输电线路进线处或10kV母线上，如有条件可采用30~50m的电缆段埋地引入，在架空线终端杆上也可装设避雷器。避雷器的接地线应与电缆金属外壳相连后直接接地，并连入公共地网。

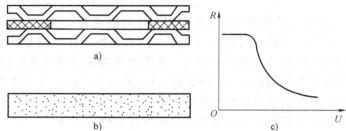

图6-5 阀式避雷器火花间隙和阀片电阻特性
a）单元火花间隙 b）阀片 c）阀片电阻特性曲线

1）避雷器。

避雷器是用来防止雷电产生的过电压波沿线路侵入变配电所或其他建筑物内，以免危及被保护设备的绝缘，如图6-5所示。避雷器主要有阀式避雷器、排气式避雷器、角型避雷器和金属氧化物避雷器等几种。

① 阀式避雷器。阀式避雷器由火花间隙和阀片电阻组成，装在密封的瓷套管内。火花间隙用铜片冲制而成，每对为一个间隙，中间用厚度为0.5~1mm的云母片（垫圈式）隔开，如图6-5a所示。火花间隙的作用是：在正常工作电压下，火花间隙不会被击穿，从而隔断工频电流；在雷电过电压出现时，火花间隙被击穿放电，电压加在阀片电阻上。阀片电阻通常是碳化硅颗粒制成，如图6-5b所示。这种阀片具有非线性特性，在正常工作电压下，阀片电阻值较高，起到绝缘作用；而出现过电压时，电阻值变得很小，如图6-5c所示。因此，当火花间隙被击穿后，阀片能使雷电流向大地泄放。当雷电过电压消失后，阀片的电阻值又变得很大，使火花间隙电弧熄灭，绝缘恢复，切断工频续流，从而恢复和保证线路的正常运行。

阀式避雷器的火花间隙和阀片的数量与工作电压的高低成比例。

图6-6为FS4-10型高压阀式避雷器的结构图。高压阀式避雷器串联多个单元的火花间隙，目的是可以实现长弧切短灭弧法，来提高熄灭电弧的能力。阀片电阻的限流作用是加

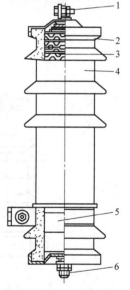

图6-6 FS4-10型高压阀式避雷器

1—上接线端子 2—火花间隙
3—云母垫圈 4—瓷套管
5—阀片 6—下接线端子

速电弧熄灭的主要因素。

雷电流流过阀片时要形成电压降（称为残压），加在被保护电气设备上。残压不能过高，否则会使设备绝缘击穿。

阀式避雷器的全型号表示和含义如下：

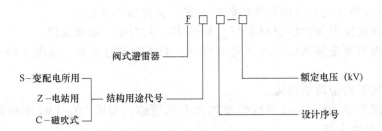

FS型阀式避雷器的火花间隙旁无并联电阻，适用于10kV及以下的中、小型变配电所中电气设备的过电压保护。FZ型阀式避雷器的火花间隙旁并联有分流电阻，其主要作用是使火花间隙上的电压分布比较均匀，从而改善阀式避雷器的保护性能。FZ型避雷器一般用于发电厂和大型变配电站的过电压保护。FC型磁吹阀式避雷器的内部附加有一个磁吹装置，利用磁力吹弧来加速火花间隙中电弧的熄灭，从而进一步提高了避雷器的保护性能，降低残压，一般专用于保护重要且绝缘比较差的旋转电机等设备。

② 金属氧化物避雷器。金属氧化物避雷器是以氧化锌电阻片为主要元件的一种新型避雷器。它又分无间隙和有间隙两种，其工作原理和外形与采用碳化硅阀片的阀式避雷器基本相似。

氧化锌避雷器主要有普通型（基本型）氧化锌避雷器、有机外套氧化锌避雷器、整体式合成绝缘氧化锌避雷器、压敏电阻氧化锌避雷器等类型。图6-7a～c给出了基本型（YSW-10/27）、有机外套型[HY5WS（2）]、整体式合成绝缘氧化锌避雷器（ZHY5W）的外形图。

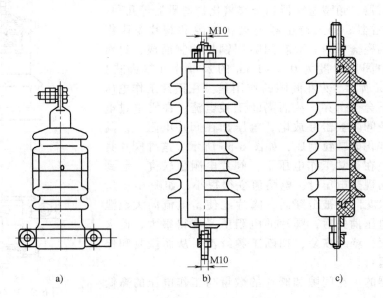

图6-7 氧化锌避雷器的外形结构
a) YSW-10/27型 b) HY5WS（2）型 c) ZHY5W型

金属氧化物避雷器的全型号表示和含义如下：

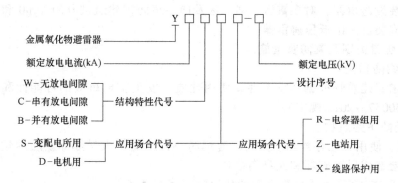

注：有机外套和整体式合成绝缘氧化锌避雷器的型号表示式，在基本型"Y"前分别加"H"和"ZH"，其后面几个字母的含义与基本型相同。

③ 高压电动机的防雷。高压电动机的防雷不能采用普通型的 FS、FD 系列避雷器，而要采用专用的保护旋转电动机的 FCD 系列磁吹式阀型避雷器，或用串联间隙的金属氧化物避雷器。

2）雷电侵入波的防御。

对 6~10kV 架空线，如有条件就采用 30~50m 的电缆段埋地引入，在架空线终端杆装避雷器，避雷器的接地线应与电缆金属外壳相连后直接接地，并连入公共地网。

对没有电缆引入的 6~10kV 架空线，在终端杆处装避雷器，在避雷器附近除了装设集中接地线外，还应连入公共地网。

对低压进出线，应尽量用电缆线，至少应有 50m 的电缆段经埋地引入，在进户端将电缆金属外壳架相连后直接接地，并连入公共地网。

变配电所在电源进线处主变压器高压侧装设避雷器。如图 6-8 所示，要求避雷器与主变压器尽量靠近安装，相互间最大电气距离不超过表 6-2 的规定，同时，避雷器的接地端与变压器的低压侧中性点及金属外壳均应可靠接地。

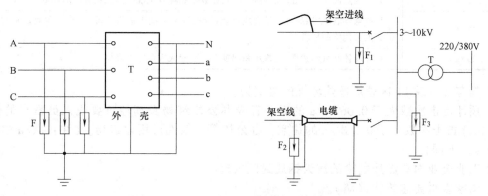

图 6-8　3~10kV 高压配电装置避雷器的装设

表 6-2　阀式避雷器至 3~10kV 主变压器的最大电气距离

雷雨季节经常运行的进线路数	1	2	3	≥4
避雷器至主变压器的最大电气距离/m	15	23	27	30

对 3~10kV 高压配电装置及车间变配电所的变压器，要求它在每路进线终端和各段母线上都装有避雷器。避雷器的接地端与电缆头的外壳相连后须可靠接地。图 6-8 为 3~10kV 高压配电装置避雷器的装设。

在低压侧装设避雷器，对多雷区、强雷区及向一级防雷建筑供电的 YynO 和 Dyn11 联结的配电变压器，应装设一组低压避雷器。

3. 建筑物防雷类别及其防雷措施

（1）建筑物防雷类别

按防雷要求，建筑物根据其重要性、使用性质、发生雷电事故的可能性和后果，分为三类（根据 GB 50057—2010 规定）。

1）第一类防雷建筑物。

① 凡制造、使用、贮存炸药、火药、起爆药、火工品等大量爆炸物质的建筑物，因电火花而引起爆炸会造成巨大破坏和人身伤亡者。

② 具有 0 区或 10 区爆炸危险环境的建筑物（参见表 6-3）。

③ 具有 1 区爆炸危险环境的建筑物，因电火花而引起爆炸会造成巨大破坏和人身伤亡者。

2）第二类防雷建筑物。

① 制造、使用、贮存爆炸物资的建筑物，且电火花不易引起爆炸或不致造成巨大破坏和人身伤亡者。

② 具有 1 区爆炸危险环境的建筑物，且电火花不易引起爆炸或不致造成巨大破坏和人身伤亡者。

表 6-3 爆炸和火灾危险环境的分区

分区代号	环境特征
0 区	连续出现或长期出现爆炸性气体混合物的环境
1 区	在正常运行时可能出现爆炸性气体混合物的环境
2 区	在正常运行时不可能出现爆炸性气体混合物的环境，或即使出现也仅是短时存在的爆炸性气体混合物的环境
10 区	连续出现或长期出现爆炸性粉尘的环境
11 区	有时会将积留下的粉尘扬起而偶然出现爆炸性粉尘混合物的环境
21 区	具有闪点高于环境温度的可燃液体，在数量和配置上能引起火灾危险的环境
22 区	具有悬浮状、堆积的可燃粉尘或可燃纤维，虽不可能形成爆炸混合物，但在数量和配置上能引起火灾危险的环境
23 区	具有固体状可燃物质，在数量和配置上能引起火灾危险的环境

③ 具有 2 区或 11 区爆炸危险环境的建筑物。

④ 预计雷击次数大于 0.06 次/a 的部、省级办公建筑物及其他重要或人员密集的公共建筑物；预计雷击次数大于 0.3 次/a 的住宅、办公楼等一般性民用建筑物。（注：次/a 中的 a 为年的符号，下同）

⑤ 工业企业内有爆炸危险的露天钢质封闭气罐。

⑥ 国家级重要建筑物（略）。

3）第三类防雷建筑物。

① 根据雷击后对工业生产的影响及产生的后果，并结合当地气象、地形、地质及周围环境等因素，确定需要防雷的 21 区、22 区、23 区火灾危险环境。

② 预计雷击次数大于或等于 0.06 次/a 的一般工业建筑物。

③ 预计雷击次数大于或等于 0.012 次/a 且小于或等于 0.06 次/a 的部、省级办公建筑物及其他重要或人员密集的公共建筑物；预计雷击次数大于 0.06 次/a 且小于或等于 0.3 次/a 的住宅、办公楼等一般性民用建筑物。

④ 在平均雷暴日大于 15d/a 的地区，高度为 15m 及以上的烟囱、水塔等孤立高耸建筑物；

在平均雷暴日小于或等于15d/a的地区，高度为20m及以上的烟囱、水塔等孤立高耸建筑物。

⑤ 省级重点文物保护的建筑物及省级档案馆。

（2）各类防雷建筑物的防雷措施

1）第一类防雷建筑物的防雷措施。

① 防直击雷。装设独立避雷针或架空避雷线（网），使被保护建筑物及风帽、放散管等突出屋面的物体均处于接闪器的保护范围内。独立避雷针和架空避雷线（网）的支柱及其接地装置至被保护建筑物及其有联系的管道、电缆等金属之间的距离，架空避雷线至被保护建筑物屋面和各种突出屋面物体之间的距离，均不得小于3m。接闪器接地引下线冲击接地电阻 $R_{sk} \leqslant 10\Omega$。当建筑物高于30m时，应采取防侧击雷的措施。

② 防雷电感应。建筑物内外的所有可产生雷电感应的金属物件均应接到防雷电感应的接地装置上，其工频接地电阻 $R_{sk} \leqslant 10\Omega$。

③ 防雷电波侵入。低压线路宜全线采用电缆直接埋地敷设。在入户端，应将电缆的金属外皮、钢管接到防雷电感应的接地装置上。当全线采用电缆有困难时，可采用水泥电杆和铁横担的架空线，并应使用一段电缆穿钢管直接埋地引入，其埋地长度不应小于15m。在电缆与架空线连接处，还应装设避雷器。避雷器、电缆金属外皮、钢管及绝缘子铁脚、金具等均应连在一起接地，其冲击接地电阻 $R_{sk} \leqslant 10\Omega$。

2）第二类防雷建筑物的防雷措施。

① 防直击雷。宜采取在建筑物上装设避雷针或架空避雷网（带）或由其混合组合的接闪器，使被保护建筑物及风帽、放散管等突出屋面的物体均处于接闪器的保护范围内。接闪器接地引下线冲击接地电阻 $R_{sk} \leqslant 10\Omega$。当建筑物高于45m时，应采取防侧击雷的措施。

② 防雷电感应。建筑物内的设备、管道、构架等主要金属物，应就近接至防雷电感应的接地装置或电气设备的保护接地装置上，可不另设接地装置。

③ 防雷电波侵入。当低压线路全长采用埋地电缆或敷设在架空金属线槽内的电缆引入时，在入户端应将电缆金属外皮和金属线槽接地。低压架空线改换一段埋地电缆引入时，埋地长度不应小于15m。平均雷暴日小于30d/a地区的建筑物，可采用低压架空线直接引入建筑物内，但在入户处应装设避雷器或设2~3mm的空气间隙，并与绝缘子铁脚、金具连在一起接到防雷接地装置上，其 $R_{sk} \leqslant 10\Omega$。

3）第三类防雷建筑物的防雷措施。

① 防直击雷。宜采取在建筑物上装设避雷针或架空避雷网（带）或由其混合组合的接闪器。接闪器接地引下线 $R_{sk} \leqslant 30\Omega$。当建筑物高于60m时，应采取防侧击雷的措施。

② 防雷电感应。为防止雷电流流经引下线和接地装置时产生的高电位对附近金属物或电气线路的反击，引下线与附近金属物和电气线路的间距应符合规范的要求。

③ 防雷电波侵入

对电缆进出线，应在进出线端将电缆的金属外皮、钢管等与电气设备接地相连。当电缆转换为架空线时，应在转换处装设避雷器。电缆金属外皮和绝缘子铁脚、金具等应连在一起接地，其 $R_{sk} \leqslant 30\Omega$。进出建筑物的架空金属管道，在进出处应就近接到防雷或电气设备的接地装置上或独自接地，其 $R_{sk} \leqslant 30\Omega$。

6.2 电气装置接地

1. 接地有关概念

在低压配电系统中，发生电击伤亡事故总是难以杜绝的。因此必须加强安全保护的技术措施。根据IEC标准得出的电击三道防线中，第二道防线就是要求可靠接地。

(1) 接地和接地装置的概念

接地是为保证人身安全和设备安全而采取的技术措施。"地"系指零电位,所谓接地就是与零电位的大地相连接。

TN-S 或 TN-C-S 系统接地,在我国俗称接零,参考图 1-17。"零"系指多相系统的中性点,所谓接零就是与中性点相连接,故接零又可称为接中性点。

接地体是埋入地中并直接与大地接触的金属导体。专门为接地而人为装设的接地体,称为人工接地体;并不是专门用作接地体,而兼作接地体用的直接与大地接触的金属构件、金属管道及建筑物的钢筋混凝土等,称为自然接地体。连接接地体与设备、装置等的接地部分的金属导体,称为接地线。接地线在正常情况下是不带电的,但在故障情况下要通过故障接地电流。接地装置就是接地体、接地线及相连的金属结构物的总称。接地装置由接地线与接地体两部分组成。由若干接地体在大地中相互用接地线连接起来的一个整体,称为接地网,如图 6-9 所示。

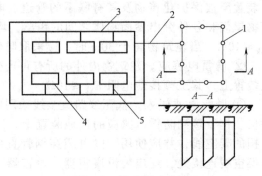

图 6-9 接地网示意图
1—接地体 2—接地线 3—接地干线 4—电气设备 5—接地支线

在正常或事故情况下,为保证电气设备可靠地运行,必须在供配电系统中某点实行接地,称为工作接地。出于安全目的,对人员能经常触及的、正常时不带电的金属外壳,因绝缘损坏而有可能带电的部分实行的接地,称为保护接地。只有在电压为 1000V 以下的中性点直接接地的系统中,才可采用接零保护作为安全措施,并实行重复接地,以减轻当零线断裂时发生触电的危险。

(2) 接地电流和对地电压

当电气设备发生接地故障时,电流就通过接地体向大地作半球形散开,这一电流称为接地电流。用 I_E 表示,如图 6-10 所示。

试验证明:在离接地点 20m 处,实际流散电流为零。对地电压 U_E 是指电气设备的接地部分(如接地的外壳等)与零电位的地之间的电位差。

(3) 接触电压和跨步电压

接触电压 U_t,是指设备在绝缘损坏时,在身体可同时触及的两部分之间出现的电位差。跨步电压 U_s,是指在接地故障点附近行走时,两脚之间所产生的电位差。越靠近接地点及跨步越大,则跨步电压越高。一般离接地点 20m 时,跨步电压为零,如图 6-11 所示。

如果人体同时接触具有不同电压的两处,则人体有触电电流流过。对人体有危险的接触电压是 50V 以上,对人体有危险的跨步电压是 100V 以上。

(4) 接地的类型

保护性接地:防雷接地、保护接地、防静电接地、防电蚀接地等。

功能性接地:工作接地、重复接地、屏蔽接地、逻辑接地和信号接地等。

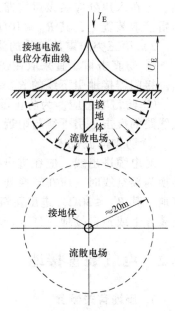

图 6-10 接地电流、对地电压及接地电位分布曲线

1) 保护性接地。

① 防雷接地：有防雷接地和防雷电感应接地两种。以防止雷电作用而作的接地称为防雷接地；以防止雷电感应产生高电位、产生火花放电或局部发热，从而造成易燃、易爆物品燃烧或爆炸而作的接地称为防雷电感应接地。

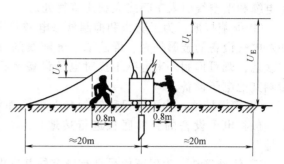

图 6-11 接触电压和跨步电压

② 保护接地：保护接地是为保障人身安全、防止间接触电而将设备的外露可导电部分接地。保护接地的形式有两种：一是设备的外露可导电部分经各自的接地线直接接地，如 TT 和 IT 系统中的接地；二是设备的外露可导电部分经公共的 PE 线或经 PEN 线接地，这种接地形式，在我国过去习惯上称为"保护接零"，如图 6-12 所示。

注意：在同一低压系统中，一般来说不能一部分采取保护接地，另一部分采用保护接零，否则当采取保护接地的设备发生单相接地故障时，采用保护接零设备的外露可导电部分将带上危险的过电压。

③ 防静电接地：为防止可能产生或聚集的静电荷，对设备、管道和容器等进行的接地，称为防静电接地。设备在移动或物体在管道中流动时，因摩擦产生的静电，聚集在导管、容器或加工设备上，形成很高的电位，对人身安全和建筑物都有危害。防静电接地的作用是当静电产生后，通过静电接地线，把静电引向大地，从而防止静电产生后对人体和设备造成的危害。

④ 防电蚀接地：地下埋设的金属体，如电缆金属外皮、金属导管等，接地后可防止电蚀侵入。

2) 功能性接地。

① 工作接地：工作接地是为保证电力系统和设备达到正常工作要求而进行的一种接地，如电源中性点接地、防雷装置的接地等。各种工作接地都有其各自的功能，例如，电源中性点直接接地，能在运行中维持三相系统中相线对地电压不变；电源中性点经消弧线圈接地，能在单相接地时消除接地点的断续电弧，防止系统出现过电压。至于防雷装置的接地，其功能是泄放雷电流，从而实现防雷的要求。如图 6-13 所示，相线 L1、L2、L3 的公共连接处的接地为工作接地，电动机外壳与 PEN 线的连接为保护接零，右侧 PEN 线的再次接地为重复接地。

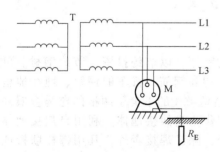

图 6-12 保护接地示意图

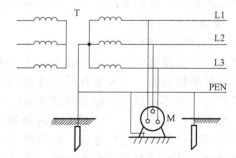

图 6-13 工作接地、重复接地和保护接地示意图

② 重复接地：重复接地是为确保 PE 线或 PEN 线安全可靠，除在中性点进行工作接地外，还应在 PE 线或 PEN 线的下列地方进行重复接地：一是在架空线路终端及沿线每 1km 处；二

是电缆和架空线引入车间或大型建筑物处。

③ 屏蔽接地：为了防止和抑制外来电磁感应干扰，而将电气干扰源引入大地的一种接地，如对电气设备的金属外壳、屏蔽罩、屏蔽线的外皮或建筑物的金属屏蔽体等进行的接地。这种接地，既可抑制外来电磁干扰对电子设备运行的影响，也可减少某一电子设备产生的干扰影响其他电子设备。

④ 逻辑接地：为了确保稳定的参考电位而将电子设备中适当的金属件进行的接地形式，如一般将电子设备的金属底板进行接地。通常把逻辑接地及其他信号系统的接地称为"直流地"。

⑤ 信号接地：为保证信号具有稳定的基准电位而设置的接地。

2. **电气装置的接地和接地电阻**

（1）电气装置的接地

根据我国的国标规定，电气装置应接地的金属部位有：

1）电机、变压器、电器、携带式或移动式用具等的金属底座和外壳。
2）电气设备的传动装置。
3）室内外装置的金属或钢筋混凝土构架以及靠近带电部分的金属遮栏和金属门。
4）配电、控制、保护用的屏及操作台等的金属框架和底座。
5）交、直流电力电缆的接头盒、终端头和膨胀器的金属外壳和电缆的金属护层、可触及的电缆金属保护管和穿线的钢管。
6）电缆桥架、支架和井架。
7）装有避雷线的电力线路杆塔。
8）装在配电线路杆上的电力设备。
9）在非沥青地面的居民区内，无避雷线的小接地电流架空线路的金属杆塔和钢筋混凝土杆塔。
10）电除尘器的构架。
11）封闭母线的外壳及其他裸露的金属部分。
12）电热设备的金属外壳。
13）控制电缆的金属护层。

（2）接地电阻及要求

接地电阻是接地体的流散电阻与接地线和接地体电阻的总和。由于接地线和接地体的电阻相对很小，可忽略不计，因此接地电阻主要就是接地体的流散电阻。

工频接地电流流过接地装置所呈现的接地电阻，称为工频接地电阻，用 R_x 表示。雷电流流过接地装置所呈现的接地电阻，称为冲击接地电阻，用 R_{sk} 表示。

3. **接地装置的装设**

（1）自然接地体的利用

在设计和装设接地装置时，首先应考虑自然接地体的利用，以节约投资，节约钢材。可作为自然接地体的有：与大地有可靠连接的建筑物的钢结构和钢筋、行车的钢轨、埋在地里的金属管道（但不包括可燃或有爆炸物质的管道），以及埋地敷设的不少于两根的电缆金属外皮等。对于变配电所来说，可利用建筑物钢筋混凝土基础作为自然接地体。利用自然接地体时，一定要保证良好的电气连接，在建筑物结构的结合处，除已焊接者外，凡用螺栓联接或其他联接的，都必须要采用跨接焊接，而且跨接线的参数不小于规定值。

（2）人工接地体的装设

人工接地体是特地为接地体而装设的接地装置。人工接地体的基本结构有两种：垂直埋设的人工接地体和水平埋设的人工接地体，如图 6-14 所示。人工接地体的接地电阻至少要占

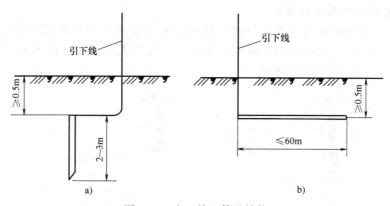

图 6-14 人工接地体的结构
a) 垂直埋设的人工接地体　b) 水平埋设的人工接地体

要求电阻值的一半以上。

按 GB 50169—2016《电气装置安装工程　接地装置施工及验收规范》的规定，钢接地体和接地线的截面积不应小于表 6-4 的规定。对于 110kV 及以上变电所或腐蚀性较强场所的接地装置，应采用热镀锌钢材，或适当加大截面积。

表 6-4　钢接地体的最小尺寸

种类、规格及单位		地上		地下	
		室内	室外	交流回路	直流回路
圆钢直径/mm		6	9	10	12
扁钢	截面/mm²	60	100	100	100
	厚度/mm	3	4	4	6
角钢厚度/mm		2	2.5	4	6
钢管管壁厚度/mm		2.5	2.5	3.5	4.5

接地网的布置应尽量使地面电位分布均匀，以降低接触电压和跨步电压，如图 6-15 所示为加装均压带的接地网。

（3）防雷装置接地的要求

避雷针宜装设独立的接地装置，防雷的接地装置及避雷针引下线的结构尺寸，应符合 GB 50057—2010《建筑物防雷设计规范》的规定。

为了防止雷击时雷电流在接地装置上产生的高电位对被保护的建筑物和配电装置及其接地装置进行"反击闪络"，危及建筑物和配电装置的安

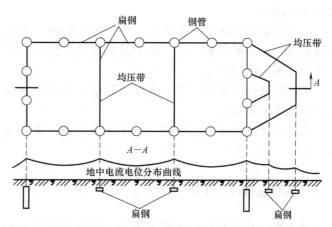

图 6-15 加装均压带的接地网

全，防直击雷的接地装置与建筑物和配电装置之间，应有一定的安全距离，此距离与建筑物的防雷等级有关。一般来说，空气中安全距离为大于 5m，地下为 3m。为了降低跨步电压，保障人身安全，防直击雷的人工接地体距离建筑物出入口或人行道的距离不应小于 3m，否则要采取其他措施。

4. 低压配电系统的等电位联结

等电位联结，是指使电气装置各外露可导电部分及装置外的导电部分的电位作实质上相等的电气联结。等电位联结的作用是降低接触电压，保障人身安全。图6-16所示为一个总等电位联结和局部等电位联结的示意图。

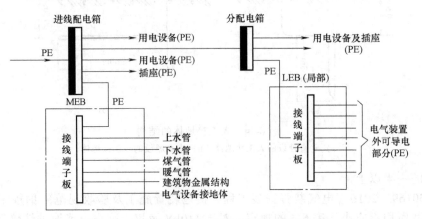

图6-16 总等电位联结和局部等电位联结示意图
MEB—总等电位联结　LEB—局部等电位联结

按 GB 50054—2011《低压配电设计规范》的规定，进行低压接地故障保护时，应在建筑物内作总等电位联结（用文字符号 MEB 表示）；当电气装置或某一部分的接地故障保护不能满足规定要求时，还应在局部范围作局部等电位联结（用文字符号 LEB 表示）。

电位差是引起电气事故的重要起因。我国以前对电网和线路的安全比较重视，但忽视了电位差的危害。实际上，尤其是在低压配电系统中，电位差的存在是造成人身电击、电气火灾以及电气、电子设备损坏的重要原因。

总等电位联结，是在建筑物的电源线路进线处，将 PE 干线或 PEN 线与电气装置的接地干线、建筑物金属构件及各种金属都相互作电气联结，使它们的电位基本相等，如图6-16所示的 MEB 部分。

辅助等电位联结是总等电位联结的辅助措施，它是某一局部范围内的等电位联结，如在远离总等电位的联结处、非常潮湿及触电危险性大的局部地域进行的补充等电位联结，如图6-16所示的 LEB 部分。

在一般电气装置中，要求等电位联结系统的导通良好，从等电位联结端子到被联结体末端的阻抗不大于4Ω。

注意：无论是总等电位联结，还是辅助等电位联结，与每一电气装置的其他系统只可联结一次。

6.3 静电及其防护

静电现象是一种常见的带电现象。它有其可利用的一面：如静电复印等；但也有其有害的一面：如静电放电，在粉尘和可燃气体多的地方，甚至可能引起爆炸等。因此，对其有害的一面应尽量避免。

1. 静电的产生及其危害

摩擦起电是大家熟悉的一种物理现象，通过摩擦使物体带上的电荷称为"静电"。物体的静电带电现象，按照伏特—赫姆霍兹假说，可以把静电带电机理分为接触、分离、摩擦三个过程。而我们日常生活中所遇见的静电现象绝大多数是固体与固体的接触和分离起电。分离起电的机理，就是指两种不同的固体紧密接触，分离以后，带上符号相反、电量相等的电荷，除了固体与固体接触，分离起电外，还有剥离起电、破裂起电、电解起电等。

  静电有一个很大的特点是静电电量不大而静电电压很高，有时可达数万伏，甚至10万V以上。静电电量虽然不大，不会直接使人致命，但其电压很高，很容易发生放电，出现静电火花，图6-17所示为静电放电危害电子设备的示意图。对静电的危害要引起高度的重视和足够的关注。

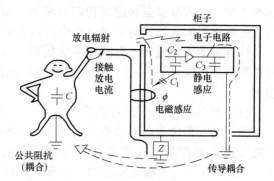

图6-17 静电放电危害电子设备示意图

2. 防静电方法

  由于静电放电的危害很大，越是精密的仪器仪表，越是高科技的技术，静电的危害越大。因此，要尽量避免静电危害。由上述可知，静电放电通过电磁感应、静电感应、传导耦合和放电辐射危害电气设备。因此，可分别采取下列措施进行防护。

（1）抑制静电放电

① 避免产生静电。机房工作面、地板等应铺设抗静电材料；接触和操作电气设备的人员切勿穿化纤等易带静电的衣服；操作人员应佩戴有金属接地链的手镯；环境相对湿度应保持在45%以上等。

② 提高电气设备表面的绝缘能力。如机壳涂绝缘漆或覆盖绝缘物质，操作开关等器件与机壳留有隔离间隔，使放电难以形成。

（2）抑制静电感应

① 尽量缩短信号线，减少外露面积。

② 尽量降低电路的阻抗。

③ 信号线电源线用屏蔽线或双绞线。

④ 整套设备放置在屏蔽室内。

⑤ 线间屏蔽，防止串扰。

⑥ 用差动输入、输出电路，减少共模噪声的影响。

（3）抑制电磁感应

① 被保护电路应尽量远离有放电感应电流的部位。

② 信号线与感应线电流的导线应垂直交叉。

③ 尽量缩小信号回路和环流面积，采用双绞线。

④ 加粗设备之间的接地线，信号线与接地线平行。

⑤ 用高磁导率的材料覆盖信号回路。

⑥ 对微弱信号电路采用三层屏蔽。

（4）抑制传导耦合

① 配线时尽量缩短公共阻抗导线长度。

② 机柜接地和系统接地分开，通过良好的接地让放电电流只流经机壳表面，能减少对机壳内电子器件工作的影响。

③ 禁止使用串联型接地方式。

④ 提高电子设备本身的抗噪声能力，如信号线上采用共模扼流圈或铁氧体磁心作为数字量线路滤波器，以及改进各种电磁屏蔽等措施。

(5) 做好防静电接地工作

为防止可能产生或聚集静电荷，对设备、管道和容器等进行的接地，称为静电接地。设备在移动或物体在管道中流动，因摩擦产生的静电，聚集在管道、容器或加工设备上，形成很高电位，对人身安全和建筑物都有危害。静电接地的作用是当静电产生后，通过静电接地线，把静电引向大地，防止静电产生后对人体和设备产生危害。

计算机的防静电放电有其相应的措施。首先要在安装环境和操作人员的服装材料和附加操作器具等方面加以注意，防止和抑制静电的产生；其次是降低设备对静电放电干扰的敏感度。

(6) 国家对静电防护的要求

为了考核静电放电对设备的影响。从1994年开始，国际上先后制定了IEC 901标准《工业过程测量和控制装置的电磁兼容性》，包括IEC 901-1《总论》、IEC 901-2《静电放电要求》、IEC 901-3《射频电磁场的抗扰度》、IEC 901-4《电快速瞬变脉冲群的要求》、IEC 901-5《浪涌抗扰度的要求》、IEC 901-6《高于9kHz的由射频电磁场感应所引起的射频传导干扰的抗扰度》。我国对IEC901标准相当重视，已于1993年起等效执行。对应标准是GB/T 17626.4—1998《工业过程测量和控制装置的电磁兼容性》。后经1998年修订执行，并于2008年再次更新为GB/T 17626.5—2008《电磁兼容试验和测量技术浪涌（冲击）抗扰度试验》，主要适用于电气和电子设备。

6.4 电气安全

在低压配电系统中，发生电击伤亡事故是难以杜绝的，即使在经济、技术发达的国家，国民文化水准较高的社会，也不例外。因此必须加强安全保护的技术措施。根据IEC标准得出的防电击三道防线中，第三道防线是防触电死亡措施，它是指人身受到电击后，如何减轻其危害程度，不至于有生命危险。

1. 电流对人体的作用及安全电流

(1) 电流对人体的作用

电流通过人体时，人体内部组织将产生复杂的作用。人体触电可分为两大类：一种是雷击或高压触电，较大的电流数量级通过人体所产生的热效应、化学效应和机械效应，将使人的机体受到严重的电灼伤、组织炭化坏死以及其他难以恢复的永久性伤害；另一种是低压触电，在几十至几百毫安的电流作用下，使人的机体产生病理、生理性反应，轻者出现针刺痛感，或痉挛、血压升高、心律不齐以致昏迷等暂时性功能失常，重的可引起呼吸停止、心跳骤停、心室纤维颤动等危及生命的伤害。

关于人体受电击时反应的研究，由图6-18中可看到，人体触电可分为四个区：①区—人体对触电无反应区；②区—人体对触电有麻木感，但无病理生理反应；对人体无害；③区—人体触电后，可产生心律不齐，血压升高，但一般无器质性损害；④区—人体触电后，可产生心室纤维性颤动，严重的可导致死亡。通常将①、②、③区称为安全区，③区与④区间的曲线称为安全曲线。至1994年，IEC又发表报告，对电击安全界限曲线作了新的修正，把有生命危险的电击能量从30mA·s改正为50mA·s。此外，在IEC的364-4号标准中规定：

1) 采用自动切断供电电源的保护措施时，低压系统的接地形式需与配电系统的制式、安全保护的方式及保护装置的特性相配合。

2) 采用断路器或熔断器自动切断发生故障的线路时，应保证接于该线路的手持式或移动式用电设备上任一点的接触电压，不超过表6-5所列的预期接触电压和持续时间规定。

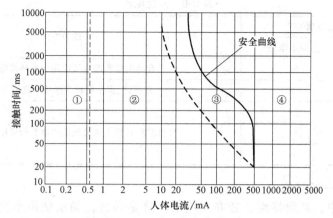

图 6-18 IEC 提出的人体触电时间和通过人体电流（50Hz）对人身机体反应的曲线

表 6-5 最大接触电压的持续时间

最大切断时间 t /s	预期接触电压/V		最大切断时间 t /s	预期接触电压/V	
	交流（有效值）	直流		交流（有效值）	直流
∞	<50	<120	0.2	110	1752
5	50	120	0.1	150	200
1	75	140	0.05	220	250
0.5	90	160	0.03	290	310
0.4	97	165			

（2）安全电流及有关因素

安全电流就是人体触电后最大的摆脱电流。各国规定不完全一致。我国依 1974 年 IEC 提出的 479 号报告，规定安全电流为 30mA（50Hz）。

安全电流与下列因素有关：

1）触电时间：触电时间在 0.2s 以下与 0.2s 以上，电流对人体的危害程度是有很大区别的。触电时间 0.2s 以上时，致颤电流值将急剧降低。

2）电流性质：试验表明，直流、交流和高频电流触电对人体的危害是不同的，以 50~100Hz 频率的电流对人体的危害最为严重。

3）电流路径：电流对人体的伤害程度主要取决于心脏受损的程度。试验表明，不同路径的电流对人体的危害是不同的，电流从手到脚特别是从手到胸对人体的危害最为严重。

4）体重和健康状况：健康人的心脏和衰弱有病人的心脏对电流损害的抵抗能力是不同的。人的心理、情绪好坏以及人的体重等，也使电流对人的危害有所差别。

2. 安全电压和人体电阻

安全电压就是不致使人直接死亡或致残的电压。实际上，从触电的角度来说，安全电压与人体电阻有关。

人体电阻由体内电阻和皮肤电阻两部分组成。体内电阻约 500Ω，与接触电压无关。皮肤电阻随皮肤表面的干湿、洁污状态和接触电压而变。从触电安全的角度考虑，人体电阻一般下限为 1700Ω。由于我国安全电流取 30mA，如人体电阻取 1700Ω，则人体允许持续接触的安全电压为

$$U_{saf} = 30\text{mA} \times 1700\Omega \approx 50\text{V}$$

这 50V 称为一般正常环境条件下允许持续接触的安全电压，如表 6-6 所示。

表 6-6 安全电压

安全电压(交流有效值)/V		选用举例
额定值	空载上限值	
42	50	在有触电危险的场所使用的手持式电动工具等
36	43	在矿井、多导电粉尘等场所使用的行灯等
24	29	
12	15	可供某些具有人体可能偶然触及的带电体设备选用
6	9	

3. 电气安全的一般措施

在供配电系统中，必须特别注意安全用电。这是因为，如果使用不当，可能会造成严重后果，如人身触电事故、火灾、爆炸等，给国家、社会和个人带来极大的损失。

保证电气安全的一般措施有：

（1）加强电气安全教育

无数电气事故的教训告诉人们：人员的思想麻痹大意，往往是造成人身事故的重要因素。因此必须加强安全教育，使所有人员都懂得安全生产的重大意义，人人树立安全第一的观点，个个都做安全教育工作，力争供电系统无事故运行，防患于未然。

（2）严格执行安全工作规程

经验告诉我们，国家颁布和现场制定的安全工作规程，是确保工作安全的基本依据。只有严格执行安全工作规程，才能确保工作安全。例如，在变配电所中工作，就须严格执行《电业安全工作规程》的有关规定：

1）电气工作人员须具备的条件：经医师鉴定，无妨碍工作的病症；具备必要的电气知识，且按其职务和工作性质，熟悉《电业安全工作规程》的有关部分，并经考试合格；学会紧急救护，特别要学会触电急救。

2）人体与带电体的安全距离。在进行地与带电体作业时，人体与带电体的安全距离不得小于表 6-7 所规定的值。

表 6-7 人体与带电体的安全距离

电压等级/kV	10	35	66	110	220	330
安全距离/m	0.4	0.6	0.7	1.0	1.9	2.6

3）在高压设备上工作时的要求。在高压设备上工作时必须遵守：填写工作票和口头、电话命令；至少应有两人在一起工作；完成保证工作人员安全的组织措施和技术措施。

保证安全的组织措施有工作票制度，工作许可证制度，工作监护制度，工作间断、转移和终结制度。保证安全的技术措施有停电、验电、装设接地线、悬挂标示牌和装设遮栏等。

4）加强运行维护和检修试验工作。加强日常的运行维护工作和定期的检修试验工作，对于保证供电系统的安全运行，也具有很重要的作用，特别是电气设备的交接试验。应遵循《电气装置安装工程电气设备交接试验标准》的规定。

5）采用安全电压和符合安全要求的相应电器。对于容易触电的场所和有触电危险的场所，应采用安全电压。在易燃、易爆场所，使用的电气设备和导线、电缆应采用符合要求的相应设备和导线、电缆。涉及易燃、易爆场所的供电设计与安装，应遵循国家相关的规定。

6）确保供电工程的设计安装质量。经验告诉我们，国家制定的设计、安装规范，是确保设计、安装质量的基本依据。供电工程的设计安装质量，直接关系到供电系统的安全运行。

如果设计或安装不合要求,将大大增加事故的可能性。因此必须精心设计和施工。要留给设计和施工足够的时间,并且不要因为赶时间而影响设计和施工的质量。严格按国家标准,如《供配电系统设计规范》《低电配电设计规范》《电气装置安装工程电力变压器、油浸电抗器、互感器施工及验收规范》《电气装置安装工程电缆线路施工及验收规范》《电气装置安装工程35kV 及以下架空电力线路施工及验收规范》等进行设计、施工,验收规范,确保供电系统的质量。

7)按规定采用电气安全用具。电气安全用具分为基本电气安全用具和辅助电气安全用具两类。

① 基本电气安全用具:这类安全用具的绝缘足以承受电气设备的工作电压,操作人员必须使用它,才允许操作带电设备,如操作隔离开关的绝缘钩棒等。

② 辅助电气安全用具:这类安全用具的绝缘不足以完全承受电气设备的工作电压,操作人员必须使用它,可使人身安全有进一步的保障,如绝缘手套、绝缘垫台及"禁止合闸,有人工作""止步,高压危险"等标示牌。

8)普及安全用电常识,正确处理电气失火事故。

6.5 接地电阻测试

1. 实训目的
1)了解 ZC-8 型接地电阻测量仪基本知识。
2)会使用 ZC-8 型接地电阻测量仪测试极低电阻。

2. ZC-8 型接地电阻测量仪基本知识
(1)ZC-8 型接地电阻测量仪

仪器主要是由手摇发电机、相敏整流放大器、电位器、电流互感器及检流计等构成,全部密封在铝合金铸造的外壳内。仪表都附带有两根探针,一根是电位探针,另一根是电流探针(三端钮的接地摇表、四端钮的接地摇表)。

注意:绝缘电阻表俗称"摇表",习称"兆欧表"。

(2)仪表量程

如图 6-19 所示,ZC-8 型接地摇表有两种量程,一种是 0-1-10-100Ω;另一种是 0-10-100-1000Ω。现有的接地摇表中,三个端钮的量程为 0-10-100-1000Ω;四个端钮的量程为 0-1-10-100Ω。

(3)正确读数

图 6-19 ZC-8 型接地电阻三端钮摇表和四端钮摇表

ZC-8型接地摇表的数字盘上显示为1、2、3、…、10共10个大格,每个大格中有10个小格。三端钮的接地摇表倍数盘内有1、10、100三种倍数;四端钮的接地摇表倍数盘内有0.1、1、10三种倍数。在规定转速内,仪表指针稳定时指针所指的数乘以所选择的倍数即是测量结果。例如:当指针指在8.8,而选择的倍数为10时,测量出来的电阻值为$8.8 \times 10\Omega = 88\Omega$(三端钮摇表最大倍率、四端钮摇表最大倍率)。

(4)接地探针的要求

用接地摇表测量接地电阻,关键是探针本身的接地电阻,如果探针本身接地电阻较大,会直接影响仪器的灵敏度,甚至测不出来。一般电流探针本身的接地电阻不应大于250Ω,电位探测针本身的接地电阻不应大于1000Ω,这些数值对大多数种类的土质是容易达到的。如在高土壤电阻率地区进行测量,可将探针周围的土壤用盐水浇湿,探针本身的电阻就会大大降低。探针一般采用直径为0.5cm、长度为0.5m的镀锌铁棒制作而成。

(5)仪表检查

1)外观检查。先检查仪表是否有试验合格标志,接着检查外观是否完好;然后看指针是否居中;最后轻摇摇把,看是否能轻松转动。

2)开路检查。三个端钮的接地摇表:将仪表电流端钮(C)和电位端钮(P)短接,然后轻摇摇表,摇表的指针直接偏向读数最大方向;四端钮的接地摇表:将仪表上的电流端钮(C1)和电位端钮(P1)短接,再将接地两端钮(C2、P2)短接(我们常说的"两两相接"),然后轻摇摇表,摇表的指针直接偏向读数最大方向。

3)短路检查。不管是三端钮的仪表还是四端钮的仪表,均将所有端钮连接起来,然后轻摇摇表,摇表的指针偏往"0"的方向。

通过上述三个步骤的检查后,基本上可以确定仪表是完好的。

(6)测量操作方法

1)接地摇表必须水平放置于平稳牢固的地方,以免在摇动时因抖动和倾斜产生测量误差。

2)三极法测量杆塔工频接地电阻的电极布置如图6-20a所示。

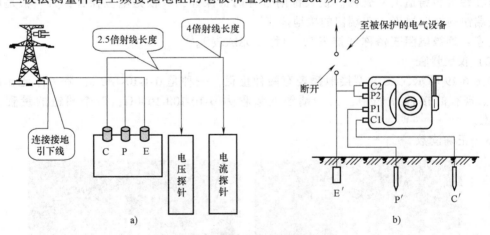

图6-20 三极法接地电阻测试图
a)杆塔工频接地电阻测试图 b)接地电阻测试接线图

电压极P辅助线长度:2.5(米);

电流极C辅助线长度:4(米)。

3)将表调至最大量程后,均匀摇动手柄,视被测物电阻的大小调整量程至接近被测物的电阻。一般规定转速为120r/min,待指针稳定下来再读数。

(7)测量技术措施及安全注意事项

1）解开和恢复接地引下线时均应戴绝缘手套。

2）按照接地装置规程要求，将两盘线展开并顺线路垂直方向拉，其中电流极为接地装置边线与射线之和的 4 倍，电压极为接地装置边线与射线之和的 2.5 倍，并注意两根线之间的距离不应小于 1m。两根探针打入地的深度不得小于 0.5m，并且拉线与探针必须连接可靠，接触良好。

3）必须确认负责拉线和打探针的人员在不碰触探针或其他裸露部分的情况下才可以摇动接地摇表。

4）摇测时，应从最大量程进行，根据被测物电阻的大小逐步调整量程。摇表的转速应保持在 120r/min（注：这个数不是绝对的，须根据表本身来定。目前新的一批表中，有要求 150r/min 的。）

5）若摇测时遇到较大的干扰，指针摆动幅度很大，无法读数，应先检查各连接点是否接触良好，然后再重测。如还是一样，可将摇速先增大后降低（不能低于规定值），直至指针比较稳定时读数，若指针仍有较小摆动，可取平均值。

6）接地电阻应在气候相对干燥的季节进行，避免雨后立即测量，以免测量结果不真实。

7）测量应遵守现场安全规定。雷云在杆塔上方活动时应停止测量，并撤离测量现场。

8）测量完毕，应对设备充分放电，否则容易引起触电事故。

3. 实训步骤

（1）使用接地电阻测试仪的准备工作

1）熟读接地电阻测量仪的使用说明书，应全面了解仪器的结构、性能及使用方法。

2）备齐测量时所必需的工具及全部仪器附件，并将仪器和接地探针擦拭干净，特别是接地探针，一定要将其表面影响导电能力的污垢及锈渍清理干净。

3）将接地干线与接地体的连接点或接地干线上所有接地支线的连接点断开，使接地体脱离任何连接关系成为独立体。

（2）使用接地电阻测试仪测量的步骤

1）将两个接地探针沿接地体辐射方向分别插入距接地体 20m、40m 的地下，插入深度为 400mm。

2）将接地电阻测量仪平放于接地体附近，并进行接线，接线方法如下：

① 用最短的专用导线将接地体与接地测量仪的接线端"E1"（三端钮的测量仪）或与 C2、P2 短接后的公共端（四端钮的测量仪）相连。

② 用最长的专用导线将距接地体 40m 的测量探针（电流探针）与测量仪的接线钮"C1"相连。

③ 用余下的长度居中的专用导线将距接地体 20m 的测量探针（电位探针）与测量仪的接线端"P1"相连。

3）将测量仪水平放置后，检查检流计的指针是否指向中心线，否则调节"零位调整器"使测量仪指针指向中心线。

4）将"倍率标度"（或称粗调旋钮）置于最大倍数，并慢慢地转动发电机转柄（指针开始偏移），同时旋动"测量标度盘"（或称细调旋钮）使检流计指针指向中心线。

5）当检流计的指针接近于平衡时（指针近于中心线）加快摇动转柄，使其转速达到 120r/min 以上，同时调整"测量标度盘"，使指针指向中心线。

6）若"测量标度盘"的读数过小（小于 1）不易读准确时，说明倍率标度倍数过大。此时应将"倍率标度"置于较小的倍数，重新调整"测量标度盘"使指针指向中心线上并读出准确读数。

7）计算测量结果，即 $R_{地}$ = "倍率标度"读数 × "测量标度盘"读数。

6.6 问题与思考

1) 保护接地有哪几种类型？作用分别是什么？
2) 避雷针、避雷器、避雷带各主要用在什么场合？

6.7 任务总结

　　过电压是指电气设备或线路上出现超过正常工作要求的电压升高，分为内部过电压和雷电过电压两大类。内部过电压指供配电系统内部由于开关操作、参数不利组合、单相接地等原因，使电力系统的工作状态突然改变，从而在其过渡过程中引起的过电压。雷电过电压是指雷云放电现象在电力网中引起的过电压，雷电过电压一般分为直击雷、间接雷击和雷电侵入波三种类型。雷电侵入波造成的雷害事故，要占所有雷害事故的 50%~70%。

　　防雷装置是接闪器、避雷器、引下线和接地装置等的总和。其中，直击雷的防御一般采用避雷针、避雷线、避雷网等避雷装置；感应雷的防御是对建筑物最有效的防护措施，通常把建筑物内的所有金属物，如设备外壳、管道、构架等均进行可靠接地，混凝土内的钢筋应绑扎或焊成闭合回路；雷电侵入波的防御一般采用避雷器。按防雷要求，建筑物根据其重要性、使用性质、发生雷电事故的可能性和后果，分为三类，并且，各类防雷建筑物采取的防雷措施和要求是不同的。有信息系统的建筑物需防雷击电磁脉冲时，按第三类防雷建筑物采取防直击雷的防雷措施；在考虑屏蔽时，防直击雷的接闪器宜采用避雷网，并且要合理选用和安装电涌保护器（SPD）以及做符合要求的等电位联结。信息系统的等电位联结目的在于减小需要防雷的空间内各金属物与各系统之间的电位差。

　　接地是保证人身安全和设备安全而采取的技术措施。在正常或事故情况下，为保证电气设备可靠地运行，必须在供配电系统中某点实行接地，称为工作接地；出于安全目的，对人员能经常触及的、正常时不带电的金属外壳，因绝缘损坏而有可能带电的部分实行的接地，称为保护接地。其中，保护性接地中的类型主要有：防雷接地、保护接地、防静电接地和防电蚀接地；功能性接地中主要的接地类型有：工作接地、重复接地、屏蔽接地、逻辑接地和信号接地。接地装置由接地线与接地体两部分组成。接地体包括自然接地体和人工接地体，首先考虑自然接地体的利用，在其不满足热稳定条件时，再装设人工接地装置。

　　静电现象是一种常见的带电现象，在生产和生活中，由于两种不同物质的物体相互摩擦，就会产生静电。静电的特点是静电电量不大而静电电压很高，虽然静电电量不大，不会直接使人致命，但其电压很高，很容易发生放电，出现静电火花，甚至对人体产生电击。静电放电一般通过电磁感应、静电感应、传导耦合和放电辐射等危害电气设备，而且越是精密的仪器仪表，越是高科技的技术，静电的危害越大。

　　安全电流就是人体触电后最大的摆脱电流；安全电压就是不致使人直接死亡或致残的电压。我国安全电流取 30mA，人体允许持续接触的安全电压一般为 50V。保证电气安全的一般措施有：①加强电气安全教育；②严格执行安全工作规程；③加强运行维护和检修试验工作；④采用安全电压和符合安全要求的相应电器；⑤确保供电工程的设计安装质量；⑥按规定采用电气安全用具；⑦普及安全用电常识，正确处理电气失火事故。

6.8 习题

　　6-1　过电压有哪几类？它们分别是怎样产生的？

6-2　什么叫雷暴日？它与电气防雷有什么关系？
6-3　对直击雷、感应雷和雷电侵入波分别采用什么防雷措施？
6-4　变配电所防直击雷的措施有哪些？
6-5　避雷针的主要功能是什么？
6-6　什么叫滚球法？如何用滚球法确定避雷针的保护范围？
6-7　高压电动机应采用哪类避雷器？为什么？
6-8　按照 IEC 标准可得出有几道防线？分别是什么？
6-9　什么叫接地装置？它由哪几部分组成？有什么作用？
6-10　什么叫工作接地？什么叫重复接地？什么叫保护接地？
6-11　什么是工频接地电阻和冲击接地电阻？
6-12　什么是接地电阻？它有哪几种？
6-13　什么是接地和接零？
6-14　为什么要用等电位联结？
6-15　什么是等电位联结？什么是总等电位联结？什么是辅助等电位联结？
6-16　静电是如何产生的？它有什么危害？
6-17　什么叫直接触电防护？什么叫间接触电防护？
6-18　什么叫安全电流？安全电流与哪些因素有关？我国规定的安全电流是多少？

附录

附录 A 常用设备的需要系数、二项式系数及功率因数

用电设备名称	需要系数 K_d	二项式系数 b	二项式系数 c	最大容量设备台数 x	功率因数 $\cos\varphi$	$\tan\varphi$
小批量生产金属冷加工机床	0.16~0.2	0.14	0.4	5	0.5	1.73
大批量生产金属冷加工机床	0.18~0.25	0.14	0.4	5	0.5	1.73
小批量生产金属热加工机床	0.25~0.3	0.24	0.4	5	0.6	1.33
大批量生产金属热加工机床	0.3~0.35	0.26	0.5	5	0.65	1.17
通风机、水泵、空压机	0.3~0.35	0.65	0.25	5	0.8	0.75
非联锁的连续运输机械	0.5~0.6	0.4	0.2	5	0.75	0.88
联锁的连续运输机械	0.65~0.7	0.6	0.2	5	0.75	0.88
锅炉房、机修、装配车间吊车	0.1~0.15	0.06	0.2	3	0.5	1.73
铸造车间吊车	0.15~0.25	0.09	0.3	3	0.5	1.73
自动装料电阻炉	0.75~0.8	0.7	0.3	2	0.95	0.33
非自动装料电阻炉	0.65~0.75	0.7	0.3	2	0.95	0.33
小型电阻炉、干燥箱	0.7	0.7	0.3	2	1.0	0
高频感应电炉(不带补偿)	0.8				0.6	1.33
工频感应电炉(不带补偿)	0.8				0.35	2.68
电弧熔炉	0.9				0.87	0.57
点焊机、缝焊机	0.35				0.6	1.33
对焊机、铆钉加热机	0.35				0.7	1.02
自动弧焊变压器	0.5				0.4	2.29
单头手动弧焊变压器	0.35				0.35	2.68
多头手动弧焊变压器	0.4				0.35	2.68
生产厂房、办公室、实验室照明	0.8~1				1	0
变配电室、仓库照明	0.5~0.7				1	0
生活照明	0.6~0.8				1	0
室外照明	1				1	0

附录 B 绝缘导线和电缆的电阻、电抗值

1. 室内明敷和穿管绝缘导线的电阻、电抗值

导线线芯额定截面积/mm²	电阻/(Ω/km)				电抗/(Ω/km)					
	导线温度/℃				明敷线距/mm				导线穿管	
	50		60		100		150			
	铝芯	铜芯	铝芯	铜芯	铝芯	铜芯	铝芯	铜芯	铝芯	铜芯
1.5		14		14.5		0.342		0.368		0.138
2.5	13.33	8.4	13.8	8.7	0.327	0.327	0.353	0.353	0.127	0.127
4	8.25	5.2	8.55	5.38	0.312	0.312	0.338	0.338	0.119	0.119
6	5.53	3.48	5.75	3.61	0.3	0.3	0.325	0.325	0.112	0.112
10	3.33	2.05	3.45	2.12	0.28	0.28	0.306	0.306	0.108	0.108
16	2.08	1.25	2.16	1.3	0.265	0.265	0.290	0.29	0.102	0.102
25	1.31	0.81	1.36	0.84	0.251	0.251	0.277	0.277	0.099	0.099
35	0.94	0.58	0.97	0.60	0.241	0.241	0.266	0.266	0.095	0.095
50	0.65	0.40	0.67	0.41	0.229	0.229	0.251	0.251	0.091	0.091
70	0.47	0.29	0.49	0.30	0.219	0.219	0.242	0.242	0.088	0.088
95	0.35	0.22	0.36	0.23	0.206	0.206	0.231	0.231	0.085	0.085
120	0.28	0.17	0.29	0.18	0.199	0.199	0.223	0.223	0.083	0.083
150	0.22	0.14	0.23	0.14	0.191	0.191	0.216	0.216	0.082	0.082
185	0.18	0.11	0.19	0.12	0.184	0.184	0.209	0.209	0.081	0.081
240	0.14	0.09	0.14	0.09	0.178	0.178	0.200	0.200	0.080	0.080

2. 电力电缆电阻、电抗值

导线线芯额定截面积/mm²	电阻/(Ω/km)								电抗/(Ω/km)					
	缆芯工作温度								额定电压/kV					
	55℃		60℃		75℃		80℃		1		6		10	
	铝芯	铜芯	铝芯	铜芯	铝芯	铜芯	铝芯	铜芯	绝缘	塑料	绝缘	塑料	绝缘	塑料
2.5	—	—	14.38	8.54	15.13	8.98	—	—	0.098	0.100	—	—	—	—
4	—	—	8.99	5.34	9.45	5.61	—	—	0.091	0.093	—	—	—	—
6	—	—	6	3.56	6.31	3.75	—	—	0.087	0.091	—	—	—	—
10	—	—	3.6	2.13	3.78	2.25	—	—	0.081	0.087	—	—	—	—
16	2.21	1.31	2.25	1.33	2.36	1.40	2.40	1.43	0.077	0.082	0.099	0.124	0.110	0.133
25	1.41	0.84	1.44	0.85	1.51	0.90	1.54	0.91	0.067	0.075	0.088	0.111	0.098	0.120
35	1.01	0.6	1.03	0.61	1.08	0.64	1.10	0.65	0.065	0.073	0.083	0.105	0.092	0.113
50	0.71	0.42	0.72	0.43	0.76	0.45	0.77	0.46	0.063	0.071	0.079	0.099	0.087	0.107
70	0.51	0.3	0.52	0.31	0.54	0.32	0.56	0.33	0.062	0.070	0.076	0.093	0.083	0.101
95	0.37	0.22	0.38	0.23	0.40	0.24	0.41	0.24	0.062	0.070	0.074	0.089	0.080	0.096
120	0.29	0.17	0.3	0.18	0.31	0.19	0.32	0.19	0.062	0.070	0.072	0.087	0.078	0.095
150	0.24	0.14	0.24	0.14	0.25	0.15	0.26	0.15	0.062	0.070	0.071	0.085	0.077	0.093
185	0.20	0.12	0.2	0.12	0.21	0.12	0.21	0.13	0.062	0.070	0.070	0.082	0.075	0.090
240	0.15	0.09	0.16	0.09	0.16	0.10	0.17	0.11	0.062	0.070	0.069	0.080	0.073	0.087

附录C S9系列6~10kV级铜绕组低损耗电力变压器的技术数据

额定容量 /kV·A	额定电压/kV 一次	二次	联结组标号	空载损耗 /W	负载损耗 /W	阻抗电压 (%)	空载电流 (%)
30	10.5,6.3	0.4	Yyn0	130	600	4	2.1
50	10.5,6.3	0.4	Yyn0	170	870	4	2.0
63	10.5,6.3	0.4	Yyn0	200	1040	4	1.9
80	10.5,6.3	0.4	Yyn0	240	1250	4	1.8
100	10.5,6.3	0.4	Yyn0	290	1500	4	1.6
		0.4	Dyn11	300	1470	4	4
125	10.5,6.3	0.4	Yyn0	340	1800	4	1.5
		0.4	Dyn11	360	1720	4	4
160	10.5,6.3	0.4	Yyn0	400	2200	4	1.4
		0.4	Dyn11	430	2100	4	3.5
200	10.5,6.3	0.4	Yyn0	480	2600	4	1.3
		0.4	Dyn11	500	2500	4	3.5
250	10.5,6.3	0.4	Yyn0	560	3050	4	1.2
		0.4	Dyn11	600	2900	4	3
315	10.5,6.3	0.4	Yyn0	670	2650	4	1.1
		0.4	Dyn11	720	3450	4	1.0
400	10.5,6.3	0.4	Yyn0	800	4300	4	3
		0.4	Dyn11	870	4200	4	1.0
500	10.5,6.3	0.4	Yyn0	960	5100	4	3
		0.4	Dyn11	1030	4950	4	1.0
630	10.5,6.3	0.4	Yyn0	1200	6200	4.5	0.9
		0.4	Dyn11	1300	5800	5	1.0
800	10.5,6.3	0.4	Yyn0	1400	7500	4.5	0.8
		0.4	Dyn11	1400	7500	5	2.5
1000	10.5,6.3	0.4	Yyn0	1700	10300	4.5	0.7
		0.4	Dyn11	1700	9200	5	1.7
1250	10.5,6.3	0.4	Yyn0	1950	12000	4.5	0.6
		0.4	Dyn11	2000	11000	5	2.5
1600	10.5,6.3	0.4	Yyn0	2400	14500	4.5	0.6
		0.4	Dyn11	2400	14000	6	2.5
2000	10.5,6.3	0.4	Yyn0	3000	1800	6	0.8
		0.4	Dyn11	3000	1800	6	0.8
2500	10.5,6.3	0.4	Yyn0	3500	2500	6	0.8
		0.4	Dyn11	3500	2500	6	0.8

附录 D 绝缘导线允许载流量

（导线正常允许最高温度为65℃）

塑料绝缘导线穿硬塑料管时的允许载流量/A

芯线截面积/mm²	芯线材质	2根单芯线 环境温度 25℃	30℃	35℃	40℃	2根穿管管径/mm	3根单芯线 环境温度 25℃	30℃	35℃	40℃	3根穿管管径/mm	4根单芯线 环境温度 25℃	30℃	35℃	40℃	4根穿管管径/mm	5根穿管管径/mm
2.5	铜	23	21	19	18	15	21	18	17	15	15	18	17	15	14	20	25
2.5	铝	18	16	15	14	15	16	14	13	12	15	14	13	12	11	20	25
4	铜	31	28	26	23	20	28	26	24	22	20	25	22	20	19	20	25
4	铝	24	22	20	18	20	22	20	19	17	20	19	17	16	15	20	25
6	铜	40	36	34	31	20	35	32	30	27	20	32	30	27	25	25	32
6	铝	31	28	26	24	20	27	25	23	21	20	25	23	21	19	25	32
10	铜	54	50	46	43	25	49	45	42	39	25	43	39	36	34	32	32
10	铝	42	39	36	33	25	38	35	32	30	25	33	30	28	26	32	32
16	铜	71	66	61	51	32	63	58	54	49	32	57	53	49	44	32	40
16	铝	55	51	47	43	32	49	45	42	38	32	44	41	38	34	32	40
25	铜	94	88	81	74	32	84	77	72	66	40	74	68	63	58	40	50
25	铝	73	68	63	57	32	65	60	56	51	40	57	53	49	45	40	50
35	铜	116	108	99	92	40	103	95	89	81	40	90	84	77	71	50	65
35	铝	90	84	77	71	40	80	74	69	63	40	70	65	60	55	50	65
50	铜	147	137	126	116	50	132	123	114	103	50	116	108	99	92	65	65
50	铝	114	106	98	90	50	102	95	89	80	50	90	84	77	71	65	65
70	铜	187	174	161	147	50	168	156	144	132	50	148	130	128	116	65	75
70	铝	145	135	125	114	50	130	121	112	102	50	115	107	98	90	65	75
95	铜	226	210	195	178	65	204	140	175	160	65	181	168	156	142	75	75
95	铝	175	163	151	138	65	158	147	136	124	65	140	130	121	110	75	75
120	铜	266	241	223	205	65	232	217	200	183	65	206	192	178	163	75	80
120	铝	206	187	173	158	65	180	168	155	142	65	160	149	138	126	75	80
150	铜	297	277	255	233	75	267	249	231	210	75	239	222	206	188	80	90
150	铝	230	215	198	181	75	207	193	179	163	75	185	172	160	146	80	90
185	铜	342	319	295	270	75	303	283	262	239	80	273	255	236	215	90	100
185	铝	265	247	220	209	75	235	219	203	185	80	212	198	183	167	90	100

参 考 文 献

[1] 江文,许慧中. 供配电技术 [M]. 北京:机械工业出版社,2016.
[2] 崔宏,高有清. 供配电技术 [M]. 北京:北京邮电大学出版社,2015.
[3] 张莹. 工厂供配电技术 [M]. 北京:电子工业出版社,2008.
[4] 刘介才. 供配电设计指导 [M]. 北京:机械工业出版社,1998.